実験医学 増刊 Vol.36-No.17 2018

教科書を書き換えろ！

染色体の新常識

ポリマー・相分離から
疾患・老化まで

編集＝平野達也，胡桃坂仁志

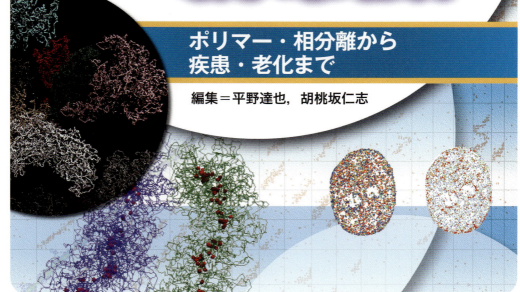

羊土社

【注意事項】本書の情報について

　本書に記載されている内容は，発行時点における最新の情報に基づき，正確を期するよう，執筆者，監修・編者ならびに出版社はそれぞれ最善の努力を払っております．しかし科学・医学・医療の進歩により，定義や概念，技術の操作方法や診療の方針が変更となり，本書をご使用になる時点においては記載された内容が正確かつ完全ではなくなる場合がございます．また，本書に記載されている企業名や商品名，URL等の情報が予告なく変更される場合もございますのでご了承ください．

序

　遺伝情報の発現と継承を担う染色体は，生命の本質であると言っても過言ではありません．その重要性を反映するように，染色体の研究は長い歴史をもちます．古典的な細胞学・生化学の時代から現代遺伝学・ゲノムの時代を経て，染色体研究は成熟期を迎えつつあると考えている研究者も多いかもしれません．しかし，本当にそうでしょうか．染色体を構成する部品のリストは完成しつつありますが，それらを組合わせて染色体の高次機能を試験管内に再構成する努力は，ようやくその第一歩を踏み出したばかりです．高い時空間分解能を有する顕微鏡技術に加えて，Hi-C技術が巨大ポリマーとしての染色体を解剖するための「新しい眼」を提供し，高次染色体の折れ畳みが数理モデリングとシミュレーションの対象になりつつあるのも過去数年の出来事です．こうした現状をかんがみると，染色体研究は成熟期にあるどころか，大きな脱皮期・革命期に差しかかっていると言った方が適切です．すでに理解したと思い込んでしまっていた問題のなかに，新しい疑問が次々と浮かび上がってきている時代です．新しい技術が想像を超えた領域に研究を誘っている時代です．本増刊号の目的は，こうした革命期に差しかかっている染色体研究を改めて見直すと同時に解明すべき問題を整理して今後の展開を見据えることにあります．

　一方，情報・知識の増大と研究活動の蛸壺化は隣り合わせの危険な関係にあることをわれわれ研究者は常に厳しく自問し続けなくてはなりません．井戸を深く掘ることに夢中になるあまり，いつの間にか，本当に重要な問題について幅広い議論ができなくなっていることはないでしょうか．また，急速に変貌しつつある染色体研究の魅力は若い世代や分野外の研究者に充分に伝わっているでしょうか．こうした危機感と問題意識を共有することができるよう，本増刊号の執筆者には広い視野と長いタイムスパンを意識していただくよう喚起しました．これまで何がわかっているか，何がわかっていないかを明確にするとともに，新技術開発の必要性も視野に入れて染色体研究のこれからについて大胆な議論を展開していただくようお願いしました．「古くて新しい」染色体研究の魅力と興奮を読者の皆さんに存分に伝えること，それが編者と執筆者に共通する熱い思いです．

2018年7月

平野達也

実験医学 増刊 Vol.36-No.17 2018

教科書を書き換えろ！
染色体の新常識

ポリマー・相分離から疾患・老化まで

序 .... 平野達也

概論 変貌する染色体研究の最前線 .... 平野達也，胡桃坂仁志　10 (2848)

第1章　染色体はどのような部品からできているのか？

1. ヒストンとヌクレオソームによるゲノム機能制御 ...... 胡桃坂仁志，小山昌子　19 (2857)
2. ヘテロクロマチン研究の現状と展望 .... 中山潤一　28 (2866)
3. セントロメア研究入門：分野の現状とこれから .... 深川竜郎　36 (2874)
4. テロメアの生物学
　　—老化・がん化の分子基盤 .... 林　眞理　44 (2882)
5. ヒストンの細胞内ダイナミクス .... 木村　宏　52 (2890)
6. クロマチンイメージングより迫る核内ダイナミクス .... 宮成悠介　59 (2897)

CONTENTS

第2章 染色体はどのようにして折り畳まれるのか？

1. 階層的クロマチンの高分子モデリング ……………………… 新海創也　65 (2903)

2. 分子動力学シミュレーションでみるクロマチン動態 ……… 高田彰二　72 (2910)

3. クロマチンダイナミクス
   ―クロマチンの物理的特性とその生物学的意味 …… 井手　聖，永島峻甫，前島一博　80 (2918)

4. Hi-C技術で捉えた染色体・クロマチンの高次構造 ……………… 永野　隆　87 (2925)

5. 複製タイミングと間期染色体構築 …………………… 平谷伊智朗，竹林慎一郎　95 (2933)

6. RNAと間期クロマチン構築 …………………………… 野澤竜介，斉藤典子　103 (2941)

第3章 どのようなタンパク質が高次染色体を制御しているのか？

1. コヒーシンによる染色体高次構造形成の分子機構 ……………… 村山泰斗　111 (2949)

2. コンデンシンによる分裂期染色体構築の分子メカニズム ……… 木下和久　118 (2956)

3. コヒーシン・コンデンシンの一分子解析 ……………………… 西山朋子　126 (2964)

4. 染色体分配：マルチステップに進む姉妹染色分体の分離
   ……………………………………………………………… 内田和彦，広田　亨　135 (2973)

第4章 染色体はどのようにして次世代に継承されるのか？

1. 減数分裂における相同染色体のペアリング ……………………………… 平岡　泰　142（2980）

2. 線虫・ショウジョウバエの減数分裂における染色体分離
   ─染色体の出会いと別れのダイナミクス
   …………………………………………… Peter M. Carlton，佐藤-カールトン 綾　149（2987）

3. 哺乳類卵母細胞における染色体分配
   ─細胞の特異性に対する染色体分配の恒常性と破綻を理解する ………… 北島智也　157（2995）

4. 哺乳類生殖系列におけるクロマチンリプログラミング
   ………………………………………… 野老美紀子，山縣一夫，山口幸佑，岡田由紀　163（3001）

第5章 染色体の異常はどのようにして疾患や老化を引き起こすのか？

1. クロマチン制御とがん ……………………………………………………… 高久誉大　170（3008）

2. がんにおけるコヒーシンおよび関連分子の遺伝子異常 ………………… 吉田健一　179（3017）

3. コヒーシン・コンデンシンの欠損を原因とする発生疾患
   ……………………………………………………………… 坂田豊典，白髭克彦　185（3023）

4. 放射線と染色体異常 ………………………………………………………… 田代　聡　192（3030）

5. ヘテロクロマチンと細胞老化 ……………………………………………… 成田匡志　197（3035）

6. 反復遺伝子の不安定化が引き起こす細胞老化 …………………………… 小林武彦　203（3041）

索　引 ……………………………………………………………………………………… 210（3048）

CONTENTS

表紙画像解説

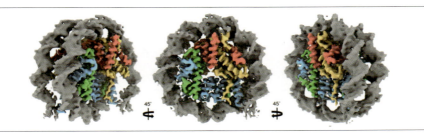

◆ ALB1 エンハンサー DNA 配列を含むヌクレオソームの cryo-EM 構造
詳細は第1章-1参照.

◆ 個々のヌクレオソームの動きを色分けすることにより，クロマチンの核内空間でのダイナミクスをあらわした「クロマチンヒートマップ」
詳細は第2章-3参照.

◆ 細胞周期 G1 期にあるマウスハプロイド ES 細胞の1細胞 Hi-C データから再構成した各染色体の立体構造モデル（染色体ごとに色分けして表示）
Image by Dr Csilla Várnai, Nuclear Dynamics Programme, The Babraham Institute, Cambridge, UK; from a research published in Nature, July 2017.

◆ 細胞分裂期のマウスハプロイド ES 細胞の1細胞 Hi-C データコンタクトマップ
詳細は第2章-4参照.

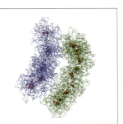

◆ コンデンシン間相互作用を仮定した分裂期染色体形成のシミュレーション
詳細は第3章-2参照．提供：境　祐二（東京大学）

執筆者一覧

●編 集

平野達也	理化学研究所開拓研究本部
胡桃坂仁志	東京大学定量生命科学研究所

●執 筆 （五十音順）

井手 聖	国立遺伝学研究所/総合研究大学院大学
内田和彦	公益財団法人がん研究会がん研究所実験病理部
岡田由紀	東京大学定量生命科学研究所病態発生制御研究分野
北島智也	理化学研究所生命機能科学研究センター染色体分配研究チーム
木下和久	理化学研究所開拓研究本部
木村 宏	東京工業大学科学技術創成研究院細胞制御工学研究センター
胡桃坂仁志	東京大学定量生命科学研究所
小林武彦	東京大学定量生命科学研究所
小山昌子	東京大学定量生命科学研究所
斉藤典子	公益財団法人がん研究会がん研究所
坂田豊典	東京大学定量生命科学研究所先端定量生命科学研究部門ゲノム情報解析研究分野
佐藤−カールトン 綾	京都大学大学院生命科学研究科染色体継承機能学分野
白髭克彦	東京大学定量生命科学研究所先端定量生命科学研究部門ゲノム情報解析研究分野
新海創也	理化学研究所生命機能科学研究センター発生動態研究チーム
高久誉大	米国国立環境健康科学研究所
高田彰二	京都大学大学院理学研究科
竹林慎一郎	三重大学大学院医学系研究科基礎医学系講座機能プロテオミクス分野
田代 聡	広島大学原爆放射線医科学研究所細胞修復制御研究分野
野老美紀子	近畿大学生物理工学部遺伝子工学科
永島崚甫	国立遺伝学研究所/総合研究大学院大学
永野 隆	ベイブラハム研究所/大阪大学蛋白質研究所細胞核動態情報研究室
中山潤一	基礎生物学研究所クロマチン制御研究部門
成田匡志	英国がん研究所，ケンブリッジ大学
西山朋子	名古屋大学大学院理学研究科生命理学専攻染色体生物学研究室
野澤竜介	英国エディンバラ大学
林 眞理	京都大学白眉センター/京都大学大学院生命科学研究科
平岡 泰	大阪大学大学院生命機能研究科
平谷伊智朗	理化学研究所生命機能科学研究センター発生エピジェネティクス研究チーム
平野達也	理化学研究所開拓研究本部
広田 亨	公益財団法人がん研究会がん研究所実験病理部
深川竜郎	大阪大学大学院生命機能研究科
前島一博	国立遺伝学研究所/総合研究大学院大学
宮成悠介	基礎生物学研究所/生命創成探究センター
村山泰斗	国立遺伝学研究所新分野創造センター染色体生化学研究室
山縣一夫	近畿大学生物理工学部遺伝子工学科
山口幸佑	東京大学定量生命科学研究所病態発生制御研究分野
吉田健一	京都大学大学院医学研究科腫瘍生物学
Peter M. Carlton	京都大学大学院生命科学研究科染色体継承機能学分野

実験医学 増刊 Vol.36-No.17 2018

教科書を書き換えろ！
染色体の新常識

ポリマー・相分離から疾患・老化まで

編集＝平野達也，胡桃坂仁志

概論

変貌する染色体研究の最前線

平野達也,胡桃坂仁志

染色体研究は,幅広く多岐にわたっているため,その全貌を捉えることは容易ではない.しかし,研究者には,常に広い視野と長い時間軸を意識して研究を進めてもらいたい.初学者には,溢れる情報に振り回されることなく,何が本質的かつおもしろい問題であるか,鋭い直観をもって見極めてもらいたい.その一助とすべく,この概論では,まず20世紀末までの染色体研究の歴史を振り返る.次に今世紀に入ってから急速に進展している技術革新と概念的変革について概説した後,本増刊号で取り上げるトピックスを紹介し各論への導入とする.

はじめに

染色体は,遺伝情報の発現と継承を担う細胞内装置である.間期(非分裂期)細胞においてクロマチンが収納されている細胞核は,細胞内最大のオルガネラであり,分裂期に現れるX字型の染色体は現代遺伝学のアイコンとでもいうべき存在である.圧倒的な長さのポリマー(ゲノムDNA)を含むという観点からみても,きわめて特殊な細胞内構造である.いや,この表現は適切ではない.生命はその誕生以来,遺伝情報の担体である長大なポリマーを,つくり,増やし,変化させることを通して進化してきたからである.染色体というポリマーは,生命の本質であると言っても過言ではない.

本増刊号では,染色体を対象とした幅広い研究の最前線を紹介し議論する.この概論では,まず染色体研究の歴史を振り返ることを通して,20世紀末までにわれわれが到達した染色体の理解を要約する.次に今世紀に入ってから大きな変貌を遂げつつある染色体研究の現状を最先端のアプローチという視点から概観した後,本増刊号の各論でとり上げるトピックスを整理する.

[略語]
ChromEMT:ChromEM tomography
cryo-EM:cryo-electron microscopy
Hi-C:high-throughput chromosome conformation capture
SMC:structural maintenance of chromosomes
TAD:topologically associating domain

The forefront of rapidly-evolving chromosome research
Tatsuya Hirano[1] /Hitoshi Kurumizaka[2]:RIKEN Cluster for Pioneering Research[1] /Institute for Quantitative Biosciences, The University of Tokyo[2] (理化学研究所開拓研究本部[1] /東京大学定量生命科学研究所[2])

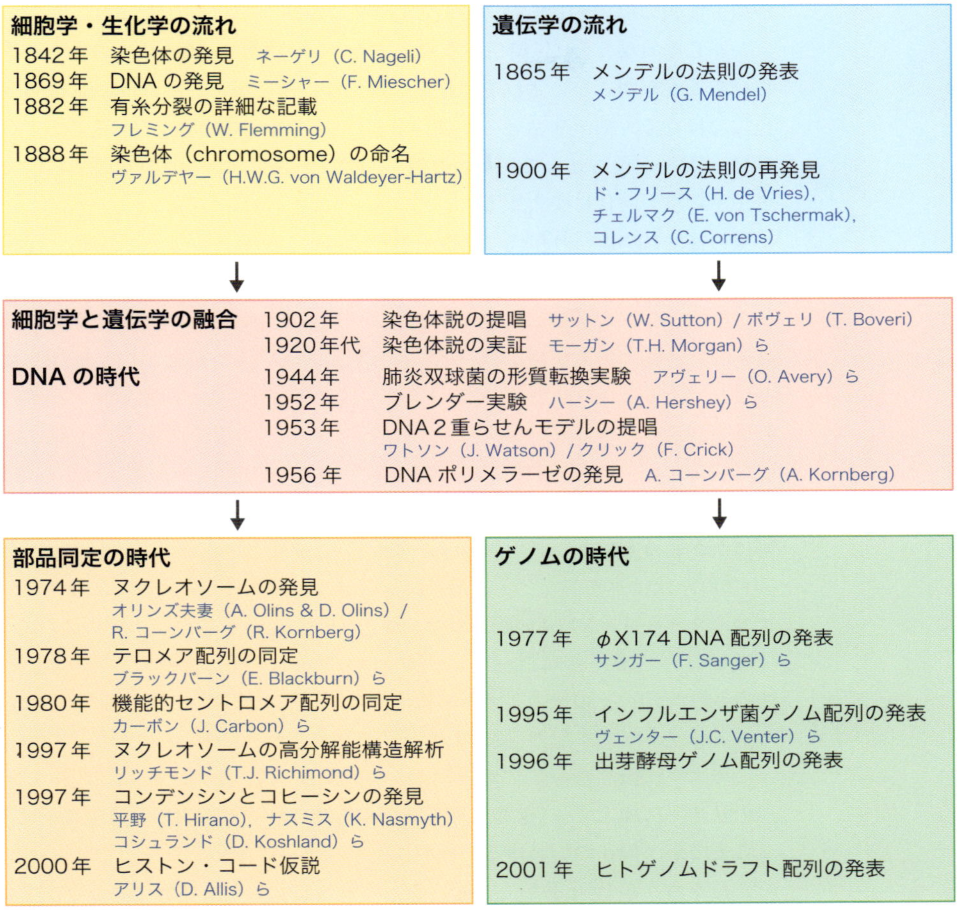

細胞学・生化学の流れ		遺伝学の流れ	
1842年	染色体の発見　ネーゲリ（C. Nageli）	1865年	メンデルの法則の発表
1869年	DNAの発見　ミーシャー（F. Miescher）		メンデル（G. Mendel）
1882年	有糸分裂の詳細な記載		
	フレミング（W. Flemming）	1900年	メンデルの法則の再発見
1888年	染色体（chromosome）の命名		ド・フリース（H. de Vries）,
	ヴァルデヤー（H.W.G. von Waldeyer-Hartz）		チェルマク（E. von Tschermak）,
			コレンス（C. Correns）

細胞学と遺伝学の融合	1902年	染色体説の提唱　サットン（W. Sutton）／ボヴェリ（T. Boveri）
	1920年代	染色体説の実証　モーガン（T.H. Morgan）ら
DNAの時代	1944年	肺炎双球菌の形質転換実験　アヴェリー（O. Avery）ら
	1952年	ブレンダー実験　ハーシー（A. Hershey）ら
	1953年	DNA 2重らせんモデルの提唱
		ワトソン（J. Watson）／クリック（F. Crick）
	1956年	DNAポリメラーゼの発見　A. コーンバーグ（A. Kornberg）

部品同定の時代		ゲノムの時代	
1974年	ヌクレオソームの発見		
	オリンズ夫妻（A. Olins & D. Olins）／	1977年	φX174 DNA配列の発表
	R. コーンバーグ（R. Kornberg）		サンガー（F. Sanger）ら
1978年	テロメア配列の同定		
	ブラックバーン（E. Blackburn）ら	1995年	インフルエンザ菌ゲノム配列の発表
1980年	機能的セントロメア配列の同定		ヴェンター（J.C. Venter）ら
	カーボン（J. Carbon）ら	1996年	出芽酵母ゲノム配列の発表
1997年	ヌクレオソームの高分解能構造解析		
	リッチモンド（T.J. Richimond）ら		
1997年	コンデンシンとコヒーシンの発見		
	平野（T. Hirano），ナスミス（K. Nasmyth）		
	コシュランド（D. Koshland）ら		
2000年	ヒストン・コード仮説	2001年	ヒトゲノムドラフト配列の発表
	アリス（D. Allis）ら		

図1　染色体研究小史
19世紀末の古典的な細胞学と生化学の流れが遺伝学の流れと合流し，20世紀初頭の染色体説の提唱と実証につながった．しかし，それに続くDNAの時代で主役を演じたのは，真核細胞ではなくバクテリアやバクテリオファージであった．1970年代から20世紀末にかけては，染色体の部品同定とゲノムの時代が併走した．21世紀に入ってから十数年が経過した現在，染色体研究は再び大きな革命期を迎えている．そのコンテンツを紹介し議論するのが，本増刊号の目的である．

1．染色体研究の歴史

　染色体研究の歴史は長い．今われわれが当たり前のように受け入れている知識，そして現在の教科書に掲載されている基本的な情報がどのような時系列で発見され蓄積してきたのか，それを改めて振り返っておくことは，染色体研究の現在と将来を考えるうえで決して無駄ではないだろう．染色体研究小史を図1にまとめたので，併せて参照されたい．
　19世紀末に塩基性染料で染色される物質として細胞内に見出された「染色体」が，メンデル（G. Mendel）遺伝学の流れと合流し，20世紀初頭のサットン（W. Sutton）とボヴェリ（T. Boveri）による染色体説（遺伝子が染色体上に存在するという説）の提唱へとつながった．染色体説は1920年代になってモーガン（T. H. Morgan）らによって実証され，ようやく染色体

が遺伝情報の担体として働いていることが認識されるようになった．

しかし皮肉なことに，染色体を構成するタンパク質とDNAのうち後者が遺伝情報をコードしていることが明らかにされる過程で決定的な役割を果たしたのは，真核細胞内に観察される染色体ではなく，細菌やファージが有するDNA分子であった[1)2)]．そして，1950～60年代にかけて，DNA2重らせんモデルの提唱[3)]やDNAポリメラーゼの発見[4)]に代表される，いわゆる分子生物学の時代に突入する．

その後，1970～90年代は真核生物の染色体を構成する部品を同定する時代であった．1970年代前半のヌクレオソームの発見[5)6)]とその命名[7)]に引き続き，繊毛虫テトラヒメナからテロメア配列[8)]が，出芽酵母からセントロメア配列[9)]が同定された．ヌクレオソームの構造解析には多くの時間と労力が割かれ，その高分解能構造解析が発表されるためには，1997年まで待たなければならなかった[10)]．一方，1990年代になって生化学，遺伝学，細胞生物学的アプローチの融合が進み，コンデンシン[11)]とコヒーシン[12)13)]に代表される高次染色体制御因子の発見として開花した．ほぼ同時期に，ヒストンアセチル化酵素[14)]と脱アセチル化酵素[15)]の発見からエピジェネティクスを分子の言葉で語る時代がはじまり，DNAのみならずヒストンも遺伝子制御にかかわるというヒストン・コード仮説[16)]が提唱された．

1990年代は本格的なゲノム解析がはじまった時代でもあった．5,400ヌクレオチド長のバクテリオファージφX174の配列がサンガー（F. Sanger）らによって決められたのは1977年にまで遡るが[17)]，1995年になって1.8 Mb（$= 1.8 \times 10^6$ b）長のインフルエンザ菌ゲノムの配列が報告された[18)]．その後のゲノム解析は指数関数的に加速し，出芽酵母ゲノム配列（1996年）[19)]，ヒトドラフトゲノム配列（2001年）[20)21)]の発表へと続く．

このように振り返ると，20世紀末の時点において，われわれは染色体を構成する基本的な部品のリストに加えて，（少なくともモデル生物の）ゲノム情報の概要を手に入れたことになる．ここまでが，現在のいわゆる"教科書"的な染色体像であろう．では，それで何がわかったと言えただろうか？ ヒトゲノム配列を手に入れてもヒトを理解することができなかったように，染色体構成タンパク質のリストを手に入れても，間期核内でクロマチン線維がどのように折りたたまれているのか，そこからどのようにして必要な時期に適切な遺伝情報を読み出すのか，間期クロマチンは分裂期にいかにして棒状のコンパクトな構造（すなわち狭義の染色体）に変換されるのか，そんな基本的な疑問に対してすらわれわれは回答をもっていなかったのである．

2．21世紀における染色体研究の最前線

ここで染色体のスケールをもう一度思い出しておこう．ヒト2倍体細胞が有するゲノムDNAは全長で2 mに達する．これがわずか直径10 μmの細胞核に収納されているのである．分裂期染色体を例にとると，そのスケール感はもっとわかりやすい．例えば，ヒト染色体のうち平均的な長さをもつ第8染色体は150 MbのDNA（その長さは50 mm）を有しているが，分裂期にはこれが5 μm長の棒状構造へと変換される．その長さの比は，じつに10,000倍に達する．これは東京スカイツリーの高さに相当する長さの細い糸を単三乾電池に詰め込む作業に匹敵する．細胞はいかにして，このような困難な作業を完遂しているのだろうか？ しかもヒト細胞には23対46本のDNAがあり，複製期を経ると姉妹染色体（姉妹DNA）となってその数は倍加するのである．激しく絡まりあった姉妹DNAを解きほぐしながら，どのようにして正確なセットの染色体を娘細胞に分配するのだろうか？ こうした複雑なプロセスの一部がわずかでも破綻

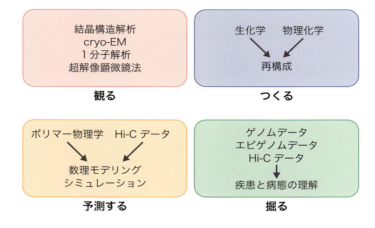

図2　現代の染色体研究で用いられる4つのアプローチ
「観る」「つくる」「予測する」「掘る」，いずれのアプローチにおいても学際化が顕著であり，技術革新とともに概念的な変革が進んでいる．

すれば，細胞の増殖や個体の生存に致命的な影響を与えることは想像に難くない．生物は，決して塩基配列というバーチャルな一次元情報を利用しているのではなく，染色体というデバイスを通して変換されるダイナミックな時空間四次元情報を利用しているのである．その背景にあるロジックを理解しない限り生物を理解することはできないという事実に，われわれは改めて気づいたのである．

こうした大きな問題を意識しつつ，この概論では，21世紀の染色体研究における主要なアプローチを4つに分類することを試みたい．すなわち，「観る」「つくる」「予測する」「掘る」である（図2）．

1）観る

「観る」ことは，生物学の基本である．近年では特に，タンパク質結晶構造解析を凌ぐ勢いで発展したクライオ電子顕微鏡法（cryo-electron microscopy：cryo-EM）によって，クロマチン関連タンパク質や複合体の構造が次々と明らかにされている[22) 23)]．また，タンパク質の蛍光標識が簡便かつ高感度になり，試験管内のリアルタイム1分子解析は一部の研究室に限られた特殊な技術ではなくなりつつある[24) 〜27)]．1分子解析は細胞内におけるヌクレオソームダイナミクスの観察にも適用され[28)]，超解像顕微鏡法（super-resolution microscopy）[29) 30)]は，後に紹介するHi-C（high-throughput chromosome conformation capture）技術と相補的な関係を築きつつある．さらには，電子顕微鏡観察にも適用できるDNA染色剤が開発され，三次元トモグラフィー解析が可能となった（ChromEM tomography：ChromEMT）[31)]．

2）つくる

精製した因子を用いて細胞内現象を試験管内に再構成することができれば，その現象の本質的理解は飛躍的に深まる．これは生化学の王道とでもいうべきアプローチであるが，クロマチンや染色体関連の複雑な事象を再構成することは必ずしも容易ではなかった．しかし，ようやく最近になって，クロマチン基質を用いた転写[32) 33)]と複製[34)]，分裂期染色体[35)]など，いくつかの成功例が報告されはじめている．一方，いわゆる相分離（phase separation）という物理化学の視点から細胞内構造の構築を研究するという大きな流れが現れ[36) 37)]，染色体研究にもイ

ンパクトを与えている．核小体は相分離研究のさきがけとなった対象であり[38]，ヘテロクロマチン[39)40]や分裂期染色体[41]も含めて，相分離現象まで視野に入れた次世代再構成系の確立が期待される．

3）予測する

今世紀に入ってからの染色体研究の大きな潮流の1つは，ポリマー物理学（polymer physics）の考えと手法を導入し，巨大なポリマーとしての染色体を問い直そうとする試みである[42]．その背景には，3C（chromosome conformation capture）[43]と次世代シークエンシングが融合してハイスループット化を可能としたHi-C技術の開発と発展がある[44]．この技術によって，細胞核内における染色体領域（座位）の相対配置がわかってきた．そこから得られたデータをもとにして，クロマチンや染色体の折れ畳みを数理モデリングとコンピューター・シミュレーションを通して予測することが試みられるとともに，TAD（topologically associating domain），A/Bコンパートメント（A/B compartment），染色体テリトリー（chromosome territory）という，間期染色体の階層性の理解が進んだ．この分野の技術開発は加速度を増すばかりであり，一細胞Hi-C[45)46]やポストHi-C技術とでもよぶべき先進テクノロジー[47]〜[49]も次々と報告されている．

4）掘る

インターネット時代のビッグデータが社会変革の原動力になるという議論が毎日のように新聞紙上を賑わしているが，染色体研究もその例外ではない．ゲノムデータは古くからビッグデータを代表するものの1つであり，ここにエピゲノムデータ，Hi-Cデータ，画像データが加わり，われわれの周辺には膨大なデータが日々蓄積している．数多くのデータベースが開発されているにもかかわらず，それらのデータは充分に利用されているとは言えないのが現状であろう．今まさに求められているのは，多層的なデータを掘り下げ（data mining），それらを有機的に統合し，細胞，個体，病態の理解を深めていくことである．そして，そうした作業は，深い生物学の知識と洞察に裏打ちされた創造的な問いかけがあってこそ，はじめて意味をもつものであることは言うまでもない．

3．本増刊号の章立てと特徴

前述のような時代背景を念頭におきつつ，本増刊号の章立てに沿って，その特徴を解説したい．各論で扱う研究対象については，**図3**も併せて参照されたい．

第1章「染色体はどのような部品からできているのか？」は，本増刊号各論の導入部としての役割を果たす．まず，染色体構造と機能の基盤となるヒストンとヌクレオソームの解説からはじまり，クライオ電顕を利用した最新の成果にも触れる．次に，ヘテロクロマチン，セントロメア，テロメアという高次の「部品」についての研究の現状とこれからを概観する．そして，シャペロンと翻訳後修飾を介したヒストンの生体内ダイナミクス，そして特異的な染色体座位の可視化技術を紹介する．

第2章「染色体はどのようにして折り畳まれるのか？」では，まずクロマチンの折れ畳みの理論と分子動力学シミュレーションを紹介し，高解像クロマチンダイナミクスの可視化技術とHi-C技術の最先端（特に一細胞Hi-C技術）を議論する．次に，複製タイミングという機能とA/Bコンパートメントという構造との間の密接な関係，そして間期クロマチン構築におけるRNAの役割が相分離という視点から議論される．

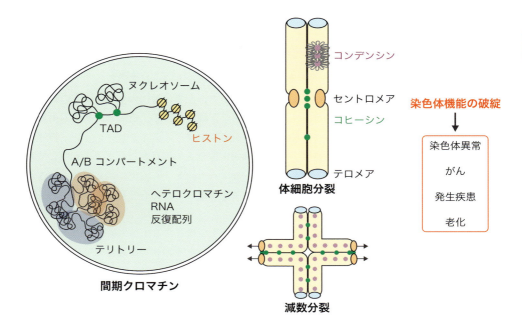

図3　本増刊号で扱われる染色体研究の対象
間期核クロマチンの階層性構造は主に第1章と第2章で，体細胞分裂で機能する染色体の部品と役者については主に第1章と第3章で扱う．減数分裂については第4章で，染色体機能の破綻を原因とする疾患や老化については第5章で議論する．

　第3章「どのようなタンパク質が高次染色体を制御しているのか？」では，染色体高次構造の主要な制御因子であるコヒーシンとコンデンシンに焦点をおいた各論を配する．コヒーシンとコンデンシンは，ともにSMC（structural maintenance of chromosomes）タンパク質をコアサブユニットとする複合体として研究されてきたが，最近では，Hi-C解析と数理モデリングをもとに提唱されたループ押出し（loop extrusion）モデルと関連づけて，両者の共通性と相異点がさかんに議論されるようになってきた．体細胞の染色体分離を支えるそれ以外の装置についても紹介される．

　第4章「染色体はどのようにして次世代に継承されるのか？」では，減数分裂，配偶子形成，受精という遺伝情報が世代を超えて受け継がれるメカニズムが議論される．これらの過程には，すべての真核生物に普遍的な論理が存在する一方で，体細胞分裂と比べて種間に大きな多様性が存在するのが特徴である．分裂酵母，ショウジョウバエ，線虫，哺乳動物というモデル生物を比較していくと，染色体のふるまいを通して進化という生物学の根本が色濃く見えてくる．

　第5章「染色体の異常はどのようにして疾患や老化を引き起こすのか？」では，染色体構造と機能の制御異常を原因とする疾患について解説する．近年，ヒストンとヒストンリモデラー，コヒーシンやコンデンシンの欠損を伴う細胞のがん化や発生異常が相次いで報告されている．そうした疾患の発症のメカニズムを理解する努力は，将来的には診断と治療につながることはいうまでもないが，同時に染色体生物学の奥深さを垣間見せてくれる．さらに，放射線の生体への影響を検定する術としての染色体異常の研究を現代の視点から問い直すとともに，染色体と老化の関係についても最新の知見を紹介し議論する．

おわりに

　本増刊号は，染色体研究のすべての領域をカバーしているわけではない．しかし，ヌクレオソームの構造から疾患や老化の研究まで，読者は現代の染色体研究の幅広さと奥深さを体験することになるだろう．そして，生化学，細胞生物学，遺伝学，ゲノム生物学といった従来のアプローチに，ポリマー物理学，コンピューター・シミュレーション，物理化学といった新しい考え方と技術が融合し，さらには臨床医学との接点がこれまでにも増して大きくなっている現状を理解していただけるはずである．一方，ゲノム編集，エピゲノム操作および合成生物学といった躍進しつつある技術を発展させるために必要不可欠な知識基盤を提供するのもまた，染色体生物学であることを忘れてはならない．

　染色体を深く理解することは，地球上に棲息するすべての生物，そしてわれわれ自身を理解し，その未来を展望することに他ならない．本増刊号を通して染色体の魅力と不可思議さに触れた読者の頭のなかには，次々と新しい疑問が湧いてくるだろう．それはわれわれの存在そのものにかかわる疑問に違いない．その疑問を解くのに必要なものは，あなた自身の好奇心と創造性，そして少しばかりの勇気である．

文献

1) Avery OT, et al：J Exp Med, 79：137-158, 1944
2) Hershey AD & Chase M：J Gen Physiol, 36：39-56, 1952
3) Watson JD & Crick FH：Nature, 171：737-738, 1953
4) Lehman IR, et al：J Biol Chem, 233：163-170, 1958
5) Olins AL & Olins DE：Science, 183：330-332, 1974
6) Kornberg RD：Science, 184：868-871, 1974
7) Oudet P, et al：Cell, 4：281-300, 1975
8) Blackburn EH & Gall JG：J Mol Biol, 120：33-53, 1978
9) Clarke L & Carbon J：Nature, 287：504-509, 1980
10) Luger K, et al：Nature, 389：251-260, 1997
11) Hirano T, et al：Cell, 89：511-521, 1997
12) Michaelis C, et al：Cell, 91：35-45, 1997
13) Guacci V, et al：Cell, 91：47-57, 1997
14) Brownell JE, et al：Cell, 84：843-851, 1996
15) Taunton J, et al：Science, 272：408-411, 1996
16) Strahl BD & Allis CD：Nature, 403：41-45, 2000
17) Sanger F, et al：Nature, 265：687-695, 1977
18) Fleischmann RD, et al：Science, 269：496-512, 1995
19) Goffeau A, et al：Science, 274：546, 563-567, 1996
20) Lander ES, et al：Nature, 409：860-921, 2001
21) Venter JC, et al：Science, 291：1304-1351, 2001
22) Wilson MD & Costa A：Acta Crystallogr D Struct Biol, 73：541-548, 2017
23) Machida S, et al：Mol Cell, 69：385-397.e8, 2018
24) Stigler J, et al：Cell Rep, 15：988-998, 2016
25) Kanke M, et al：EMBO J, 35：2686-2698, 2016
26) Terakawa T, et al：Science, 358：672-676, 2017
27) Ganji M, et al：Science, 360：102-105, 2018
28) Nozaki T, et al：Mol Cell, 67：282-293.e7, 2017
29) Wang S, et al：Science, 353：598-602, 2016
30) Walther N, et al：J Cell Biol, 217：2309-2328, 2018
31) Ou HD, et al：Science, 357：pii: eaag0025, 2017
32) Studitsky VM, et al：Science, 278：1960-1963, 1997

33) Bintu L, et al：Nat Struct Mol Biol, 18：1394-1399, 2011
34) Kurat CF, et al：Mol Cell, 65：117-130, 2017
35) Shintomi K, et al：Nat Cell Biol, 17：1014-1023, 2015
36) Shin Y & Brangwynne CP：Science, 357：pii: eaaf4382, 2017
37) Banani SF, et al：Nat Rev Mol Cell Biol, 18：285-298, 2017
38) Feric M, et al：Cell, 165：1686-1697, 2016
39) Larson AG, et al：Nature, 547：236-240, 2017
40) Strom AR, et al：Nature, 547：241-245, 2017
41) Yoshimura SH & Hirano T：J Cell Sci, 129：3963-3970, 2016
42) Marko JF：Physica A, 418：126-153, 2015
43) Dekker J, et al：Science, 295：1306-1311, 2002
44) Dekker J & Mirny L：Cell, 164：1110-1121, 2016
45) Flyamer IM, et al：Nature, 544：110-114, 2017
46) Nagano T, et al：Nature, 547：61-67, 2017
47) Beagrie RA, et al：Nature, 543：519-524, 2017
48) Quinodoz SA, et al：Cell, 174：744-757.e24, 2018
49) Chen Y, et al：J Cell Biol：10.1083/jcb.201807108, 2018

＜著者プロフィール＞
平野達也：1989年，京都大学大学院理学研究科博士課程修了．米国カリフォルニア大学サンフランシスコ校でのポスドクを経て，'95年からニューヨーク州郊外のコールド・スプリング・ハーバー研究所にて研究室を主宰（2003年よりFull Professor）．'07年理化学研究所（主任研究員）に移り，現在に至る．1994年にコンデンシンのコアサブユニットを発見して以来，四半世紀にわたって分野の発展とともに歩んできた．この間，多くのことがわかったようにも思える一方，一番知りたいことが何一つわかっていないようにも感じている．人生の目標は，絵画鑑賞を通してコンデンシンと染色体の理解を深めること．

胡桃坂仁志：1995年，埼玉大学大学院理工学研究科博士課程修了．米国NIHでのポスドクを経て，'97年から理化学研究所研究員，2003年から早稲田大学にて研究室を主宰（'08年より教授）．'18年より東京大学定量生命科学研究所（教授）に移り，現在に至る．1995年から一貫して，試験管内での再構成実験を基軸として，染色体の構造と機能の研究を行っている．人生の目標は，ギター演奏を通してヒストンと染色体の理解を深めること．代表曲として，Nucleosome song，染色体ラプソディーなど．

Enabling Epigenetics Research

エピジェネティクス
抗体、キット、受託サービス

The ChIP Assay Experts®

研究用試薬の開発で培った経験を活かし高品質な受託サービスを提供することで，エピジェネティクス研究を促進します。

抗体、キット他
- クロマチン免疫沈降(ChIP)用抗体（ヒストン、転写因子、修飾酵素）
- 転写調節因子研究用キット
- 遺伝子発現制御研究/DNAメチル化研究
- 組換えタンパク質

受託サービス
- クロマチン免疫沈降シーケンス（ChIP-Seq）
- ATAC-Seq
- ヒストン修飾解析
- DNAメチル化解析（RRBS、Bisulfite Sequencing）
- インタラクトーム解析（RIME、ChIP-MS）

QRコードから、新規にメール会員登録をしていただくと、特典（20%オフチケット）を進呈

アクティブ・モティフ株式会社
〒162-0824 東京都新宿区揚場町2-21
Tel: 03-5225-3638 Fax: 03-5261-8733
e-mail: japantech@activemotif.com   www.activemotif.jp

第1章　染色体はどのような部品からできているのか？

1. ヒストンとヌクレオソームによるゲノム機能制御

胡桃坂仁志，小山昌子

ゲノムDNAは遺伝情報をコードしている．生物の設計図ともいえるこの長大なゲノムDNAは，ヒストンによってコンパクトに巻きとられてヌクレオソームとよばれる構造体を形成し，小さな細胞核の中に収納されている．ヌクレオソームが連なって形成する高次の構造体をクロマチンとよぶ．近年の驚くべき発見により，クロマチンは，ゲノムDNAを核内に収納するための単なる糸巻きとしての役割だけではなく，その折り畳まれかた（立体構造）や動き（ダイナミクス）によって，遺伝情報の発現を複雑に制御していることが明らかになってきた．

はじめに

　生物の遺伝情報は，DNAの中にA，T，G，Cという4種類の塩基からなる配列情報として書き込まれている．ゲノムとは，ある種の生物を構築するために必要な，遺伝情報の最小の配列情報のことを示す．多細胞生物は，受精卵というたった1つの細胞から派生している．受精卵は，雄と雌がそれぞれ一組のゲノムDNAを提供してつくられる1個の細胞である．1つの生物個体を構築する際には，発生の過程で細胞分裂をくり返すことによって，それぞれの細胞が機能の異なるさまざまな組織や臓器へと分化する．それらの細胞はすべて受精卵から継承したゲノムと同一のゲノムをもっているのである．それでは，多細胞生物の細胞は，どのようにして同一のゲノムをもつ細胞から多様な形態と機能をもつ細胞集団を生み出すのであろうか．

　同一のゲノムをもつ細胞が，異なる性質をもつ細胞集団へと変化するメカニズムの根幹は，それぞれの細胞において必要な遺伝子群のみをオンにし，その他の遺伝子をオフにすることにある．このDNA塩基配列に依存しない遺伝子発現制御のしくみを「エピジェネティクス」とよぶ．近年，エピジェネティクスの本体が，ゲノムDNAの折り畳まれかた，すなわち"クロマチン構造"の違いであることが明らかになってきた．

　細胞核内でゲノムDNAは，クロマチンとよばれる，タンパク質とDNAとの複合体として折り畳まれている．クロマチンの主要なタンパク質成分はヒストンであり，ヒストンによって形成されるコアにDNAが巻きつくことで，クロマチンの基盤構造である「ヌクレオソーム」が構築される（**図1**）[1]．さらに，ヌクレオソームはゲノムDNA上に数珠状に連なってヌクレオソーム線維を形成し，それがさらに折り畳まれることでクロマチンを形成している（**図1**）．ヌクレオソームやクロマチンは，ヒトでは1.8 mにも及ぶ長いゲノムDNAを，直径5〜10 μmほどの小さな細胞核の中にコンパクトに収納するためにとても重要な機能を果た

Genome regulation by histones and nucleosomes
Hitoshi Kurumizaka/Masako Koyama：Institute for Quantitative Biosciences, The University of Tokyo（東京大学定量生命科学研究所）

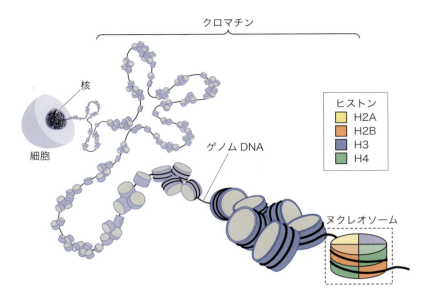

図1　クロマチンの構造
遺伝情報を担うゲノムDNAは，4種類のヒストンからなるヒストン八量体の周りに巻き付いてヌクレオソームを形成している．ヌクレオソームはゲノムDNA上に数珠状に連なり，クロマチンを形成して真核細胞の核の中にコンパクトに折り畳まれて収納されている．

している．一方で，ゲノムDNA上にヌクレオソームが形成されると，ヒストンがDNAに強固に結合しているために，遺伝子発現を制御するさまざまなDNA結合タンパク質群がDNAに結合できず，遺伝子の機能に対して阻害的に働く．

　生物は進化の過程で，"クロマチンにおけるゲノムDNAの折り畳まれかた"を多様に制御することによって，遺伝子の発現をクロマチン上で複雑に制御する方法を獲得してきた．それによって，1つの遺伝子の発現を，単にオンとオフの2段階ではなく，細胞の種類や環境の変化に応じて多段階に制御することが可能になった．この，クロマチンによるゲノムDNAの機能制御の獲得こそが，多様な組織や臓器をつくり出すエピジェネティクスの原理であると考えられている．

　実際に，多細胞生物のヒストンには，バリアントとよばれる亜種が多数存在し，さらにアセチル化やメチル化をはじめとする多様な翻訳後修飾が知られている．これらバリアントと修飾の組合わせが，ヌクレオソームやクロマチンの高次構造や動的性質にさらなる多様性を付与している．しかし，ヌクレオソームやクロマチンの立体構造に関する知見は，いまだ限定的であり，

クロマチン構造によるゲノムDNAの機能制御を理解するには程遠いのが現状である．そこで本稿では，エピジェネティクスのしくみの中心であるクロマチンを理解するための，ヒストンとヌクレオソーム構造の研究の現状を概説し，ゲノムDNA機能制御の解明のための展望について紹介する．

1 ヒストンの構造と八量体の形成

　ヒストンは，すべての真核生物に存在しており，そのアミノ酸配列の類似度は生物種間で非常に高く，真核生物で最もよく保存されているタンパク質として知られている．さらにヒストンは，細胞核の中で最も多量に存在するタンパク質でもある．これらのことは，ヒストンが真核生物の生命活動にとって必須のタンパク質であることを示している．

　ヒストンは，100〜200個程度のアミノ酸からなる，比較的小さな塩基性のタンパク質である．ヒストンには，ヌクレオソームを形成するコアヒストンと，隣り合うヌクレオソームを連結するリンカーDNAに結合しているリンカーヒストンが存在する．コアヒストン

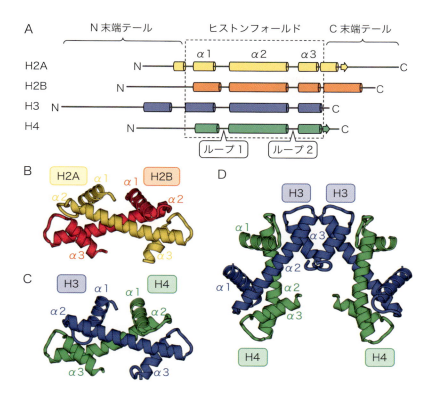

図2　4種類のヒストン
A）4種類のヒストンのドメイン構造．H2Aは黄色，H2Bは赤色，H3は青色，H4は緑色で示している．αヘリックス構造を円筒で，βシート構造を矢印で，ランダムコイル構造を黒線で表示している．ヒストンフォールド，N末端テール，C末端テール，α1～3，およびループ1，2をそれぞれ図示している．B）H2A-H2Bヘテロ二量体の結晶構造（PDB ID：1KX5）．C）H3-H4ヘテロ二量体の結晶構造．D）(H3-H4)$_2$ヘテロ四量体の結晶構造．

には4種類が存在し，それぞれH2A，H2B，H3，H4とよばれている（図2A）．これらのコアヒストン（以降，単にヒストンと表記）は，単量体としてはタンパク質として安定な構造を形成できないため，常に特定のヒストンとペア（二量体）を形成して存在している．H2AはH2Bと，H3はH4と結合して，安定なH2A-H2BおよびH3-H4ヘテロ二量体を形成する（図2B，C）．これらのヒストンは，いずれも「ヒストンフォールド（histone fold）」とよばれる，3個のα-ヘリックス（α1，α2，α3），α1とα2をつなぐループ（L1），α2とα3をつなぐループ（L2）からなる領域をもっている．ヒストンフォールド領域では，比較的長いα2を挟んで両側に短いα1とα3が配置されて，ダンベルのような形状となっている（図2B，C）．H2A-H2BおよびH3-H4ヘテロ二量体の中では，それぞれのヒストンフォールドが互いにH2AはH2Bと，H3はH4と特異的に結合して，握手をするようにヘテロ二量体を形成する（図2B，C）．加えて，H3-H4二量体は，さらにH3とH3の間で結合することで会合し，(H3-H4)$_2$ヘテロ四量体を形成する（図2D）．このようなヘテロ四量体の形成は，H2A-H2B二量体の間ではみられない．

ヌクレオソームの中では，(H2A-H2B) - (H4-H3) - (H3'-H4') - (H2B'-H2A') の順に，ヒストンヘテロ二量体がらせん状に連結することで，ヒストン八量体を形成している（図3）．その結果，ヒストン八量体の両端にはH2Aが配置されている．H2Aは，他のヒストンとは異なり，ヒストンH2A-H2BやH3-H4二量体を連結する性質をもたないため，4種類のヒストンが形成するらせん状構造は八量体で区切られることになる．

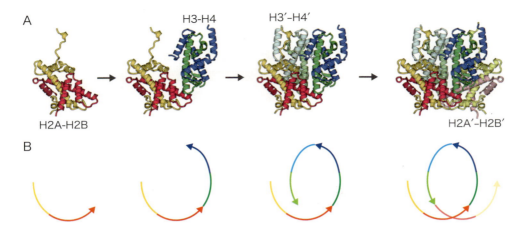

図3　ヒストン八量体の構造（PDB ID：1KX5）
A） ヌクレオソーム構造の中のヒストン八量体の構造．左から順に，H2A-H2B，(H2A-H2B)-(H4-H3)，(H2A-H2B)-(H4-H3)-(H3′-H4′)，(H2A-H2B)-(H4-H3)-(H3′-H4′)-(H2B′-H2A′) 複合体を表示している．**B）** Aで示したヒストン八量体のらせん構造を矢印で表示した．H2A，H2B，H3，H4は，図2と同じ色で表示しているが，二分子ずつあるヒストンのうち奥側のヒストンを薄い色で表示している．

2 ヒストンによるDNA結合とヌクレオソーム形成

ヌクレオソームの中では，ヒストン八量体の中央に位置する (H3-H4)₂ 四量体に，145〜147塩基対のDNAの中央領域が結合し，その両側にH2A-H2B二量体が対称的にDNAに結合している（図4A）．ヒストン八量体を形成する4分子のヒストン二量体は，それぞれ3カ所でDNAに結合している（図4B，C）．したがって，ヒストン八量体の中でヒストンフォールドは10塩基対ごとに合計12カ所でDNAに結合する．

ヌクレオソーム構造の中におけるヒストン-DNA結合点では，ヒストンの分子表面に存在するリジンやアルギニンなどの正に帯電した塩基性アミノ酸が，DNAの糖-リン酸骨格の負に帯電したリン酸基と，静電的な相互作用や水素結合を形成している．ヒストン八量体の中では，このリジンやアルギニンによる正電荷が等間隔に位置しており，この正電荷の間隔がちょうどDNAの10塩基対の長さに一致している．DNAの二重らせんは，およそ10塩基対で1巻きのピッチを有しているため，ヒストン八量体はDNAの1巻きごとに，DNAのリン酸骨格と結合することになる（図4D）．これらのヒストン-DNA結合と，ヒストンによって引き起こされるDNAの湾曲構造があいまって，ヒストン八量体は分子表面に沿ってDNAをしっかりと巻き付けることができる．

ヒストンがDNAを巻きとるしくみとして，ヒストンフォールドが形成するヒストン八量体が，DNAのリン酸骨格に非特異的に10塩基対の間隔で結合することをみてきた．一方で，ヒストンには，ヒストンフォールドのN末端側とC末端側に，決まった立体構造をもたないフレキシブルな「テール領域」が存在している（図2A）．ヒストンフォールドが形成するヒストン八量体による12カ所でのDNA結合に加えて，ヌクレオソーム中のDNAの両端では，H3のN末領域に存在するαNヘリックスとN末端テールの塩基性アミノ酸が共同してDNAの骨格のリン酸基と結合している．結果として，全体で約145塩基対のDNAをヒストン八量体の周りに結合させている（図4D）．実際に，H3のN末端テールを欠失させると，ヌクレオソームの安定性が低下することからも，ヌクレオソームの両端でのDNA結合がヌクレオソームの安定性において重要であることがわかる[2]．ヒストンは，DNAの塩基配列を特異的に認識して結合するのではなく，DNA骨格のリン酸基に非特異的に結合するため，ヒストンはDNA配列に関係なく，ゲノムのほぼ全領域に結合してヌクレオソームを形成することができる．

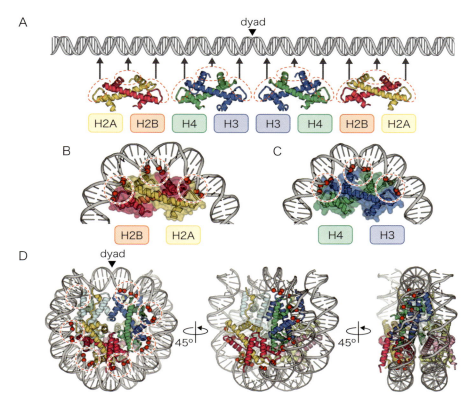

図4　ヌクレオソームの構造（PDB ID：1KX5）
A） ヌクレオソーム構造中におけるDNAとヒストンへテロ二量体の相互作用．一分子のヒストンへテロ二量体には，3カ所のDNA結合部位が存在しており（赤色の点線で囲った領域），DNAの副溝に約10塩基対おきに結合する（矢印で示した）．ヒストン八量体の中には四分子のヒストンへテロ二量体が存在するため，ヌクレオソーム構造の中でヒストンフォールドは合計12カ所でDNAに結合している．さらに，ヒストンH3のN末端側に存在するαヘリックス（αN）が，DNAの端に結合する．**B）** H2A–H2Bへテロ二量体とDNAの相互作用．H2AとH2Bをリボン表示と分子表面表示で，DNAをリボン表示で示している．ヒストンに結合しているDNAのリン原子を赤丸で示し，ヒストンとDNAの相互作用部位を赤色の点線で囲ってある．**C）** H3–H4へテロ二量体とDNAの相互作用．表示方法はBと同じ．**D）** ヌクレオソームの立体構造．ヒストンの表示色は，図3と同様である．

3 ヒストン翻訳後修飾がヌクレオソーム構造に与える影響

　ヒストンのテール領域では，特定のリジンやアルギニンなどの塩基性アミノ酸や，セリンやスレオニンなどのアミノ酸が選択的に翻訳後修飾を受けることがわかっている．ヒストンのリジン残基には，アセチル化を中心としたアシル化やメチル化が導入されたり，低分子量のタンパク質であるユビキチンが付加されたりする．ヒストンのアルギニン残基にはメチル化が，セリン残基やスレオニン残基にはリン酸化が導入されることが知られている．特にヒストンH3とH4のN末端テールに関して，翻訳後修飾を受ける例が多く報告されている．ヒストンのテール領域の翻訳後修飾によって，その近傍に結合しているDNAとの相互作用やヌクレオソーム間の相互作用に対して，直接的あるいは間接的な影響が及ぼされると考えられている[3]．ヒストンの翻訳後修飾は，ヒストンフォールドにおいても見出されており，これらはヌクレオソームの立体構造や安定性に変化を与えると考えられている[4]．

　ヒストンのテール領域のリジン残基がアセチル化修飾を受けると，リジンの正電荷が打ち消されるため，DNA骨格のリン酸基との静電的な結合が減じられることになる（図5）．特に，ヒストンH3のN末端テール

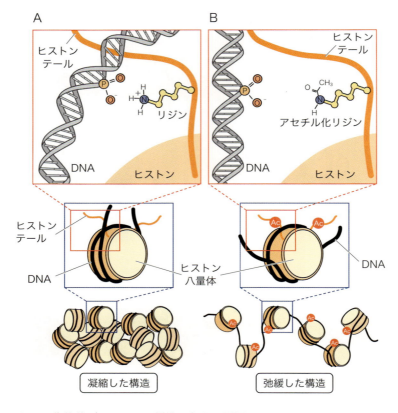

図5　ヒストンのアセチル化修飾がクロマチン構造に与える影響
A）未修飾のリジンは正電荷をもつため，DNAのリン酸骨格の負電荷と静電相互作用により結合して，凝縮したクロマチン構造をとりやすい．B）リジンがアセチル化修飾を受けると，リジンの正電荷が失われてDNAとの静電相互作用が弱くなるため，クロマチンは緩んだ構造をとりやすくなる．

のリジン残基は，ヌクレオソームの両端のDNAと近接して存在しているため，この領域のアセチル化修飾はヒストンとDNAとの結合を弱めることで，ヌクレオソーム中のDNAがよりフレキシブルに開いた構造になると考えられている．このような，ヒストンの翻訳後修飾による静電的相互作用の変化は，クロマチン線維におけるヌクレオソーム間の会合状態に対しても影響を及ぼす．ヌクレオソームのX線結晶解析における結晶のパッキングから，ヒストンH4のN末端テール領域は，隣接するヌクレオソームの酸性パッチ（H2AのC末端テール領域によって構成されている）に結合することによって，クロマチン構造をコンパクトに凝縮させることが示唆されている（**図5**）．したがって，H4のN末端テール領域のアセチル化修飾によって，このようなヒストンテールを介したヌクレオソーム間の

相互作用，ひいてはクロマチンの高次構造をも制御することができると考えられる．

ヒストンのテール領域の翻訳後修飾は，クロマチンに結合する制御タンパク質群の目印としての役割ももつ．代表例として，H3の9番目のリジン（H3K9）と27番目のリジン（H3K27）のメチル化修飾があげられる．これらのリジン残基のメチル化修飾は，ヘテロクロマチンとよばれる，遺伝子の発現が顕著に抑制されている染色体領域において特徴的にみられる．ヘテロクロマチンは，一般的に，DNAが高度に凝縮された領域と考えられており，細胞の種類や状態にかかわらず常に凝縮状態である「構成的（constitutive）ヘテロクロマチン」と，細胞特異的な遺伝子の不活化に際して形成される「条件的（facultative）ヘテロクロマチン」とに分けられる（ヘテロクロマチンについては第

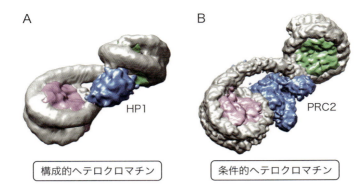

図6　HP1とPRC2が結合したダイヌクレオソームのクライオ電顕構造
A）HP1は，H3K9のメチル化修飾を認識し，2個のヌクレオソームを橋渡しするようにして結合する（EMD ID：6738）．B）PRC2は，H3K27のメチル化修飾を認識し，HP1と同様に2個のヌクレオソームを橋渡しするようにして結合する（EMD ID：7306）．二分子のヒストン八量体のうち一方をピンク色，もう一方を緑色，DNAを灰色，HP1とPRC2を青色で示した．

1章-2参照）．H3K9のメチル化修飾は，HP1とよばれるヘテロクロマチンタンパク質をよび込み，構成的ヘテロクロマチンを形成する．一方で，H3K27のメチル化修飾は，PRC2とよばれるタンパク質複合体をよび込み，条件的ヘテロクロマチンを形成することが知られている．これらのH3K9およびH3K27のメチル化修飾に，それぞれHP1とPRC2が直接結合し，2つのヌクレオソームを橋渡しする高次構造を形成することが，近年の構造解析研究から明らかになった（**図6**）．驚くべきことに，これらの構成的ヘテロクロマチンと条件的ヘテロクロマチンは，橋渡ししているタンパク質は異なるものの，非常によく似た基盤構造を形成していた[5) 6)]．ヒストンH3のN末端テール領域のメチル化修飾を認識するこれらのタンパク質は，クロマチンにおいてヌクレオソーム間の空間配置を制限することによって特徴的なクロマチン構造を形成し，さらに特定のタンパク質群と選択的に結合することによって，それぞれに特有の機能を発揮するのだと考えられる．

ヘテロクロマチンとは反対に，遺伝子の発現を活性化するヒストン修飾として，ヒストンテールのアセチル化修飾がある．特に，ヒストンH3の27番目のリジン（H3K27）のアセチル化修飾は，転写が活発に行われているゲノム領域に蓄積していることが報告されている[7)]．ヒストンのアセチル化修飾は，メチル化修飾と同様にクロマチン結合タンパク質をよび込む働きをする一方で，リジンの正電荷を打ち消すことで，ヒストンテールとDNAとの結合を弱める働きの両方をもつと考えられる．また，転写が活発に行われているゲノム領域では，ヒストンH2BのC末端テールの120番目のリジンに，ユビキチン化修飾が高頻度に見出されている[8)]．低分子量タンパク質であるユビキチンの付加によって，ヌクレオソーム間の相互作用が弱められ，クロマチンが転写されやすい開いた構造になると考えられている[9)]．どのヒストンの，どのアミノ酸に，どのような修飾が導入されるのかによって，クロマチンの高次構造やクロマチン結合タンパク質の種類が決定されることで，ゲノムDNAの機能が制御されている．

4 ヒストンバリアント

細胞核に存在するヒストンの大部分は，「主要型（canonical）」とよばれるヒストンである．ヒストンには，主要型に加えて，アミノ酸配列が少しだけ異なる「バリアント（variant）」が存在する．ヒストンの翻訳後修飾が，クロマチン結合因子群のよび込み，ヌクレオソーム中におけるヒストンとDNAの結合，クロマチンにおけるヌクレオソーム間相互作用，ヌクレオソームの構造と安定性などに対して影響を及ぼしているように，ヒストンバリアントも同様な働きをもつと考えられている．精子などの特殊な細胞が形成される過程では，そのために機能特化したヒストンバリアントが使用されることがわかっている[10)]．これらのヒ

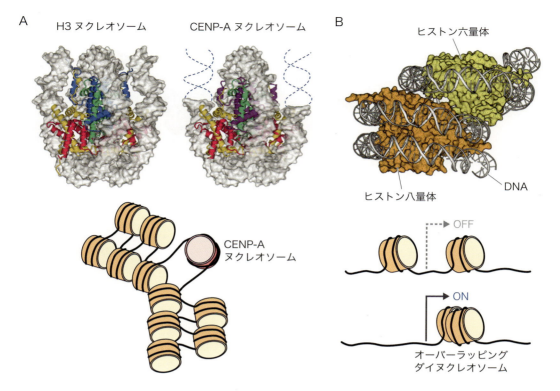

図7　ヌクレオソーム構造の多様性
A）セントロメア領域に形成されるクロマチン構造．セントロメアに局在するH3バリアントであるCENP-Aを含むヌクレオソーム（右，PDB ID：3AN2）は，主要型のヌクレオソーム（左，PDB ID：3AFA）と比較して末端のDNAの柔軟性が高い．セントロメア領域では，CENP-Aを含むヌクレオソームが特殊なクロマチン構造を形成して，セントロメア関連タンパク質群が結合するための目印となっているのだと考えられる．B）オーバーラッピングダイヌクレオソームの結晶構造（PDB ID：5GSE）．オーバーラッピングダイヌクレオソームは，転写が活発な遺伝子の転写開始点付近に多く存在することも示されており，転写との関連が指摘されている．

ストンバリアントは，ヌクレオソームの安定性を著しく低下させることで，ゲノム全体で起こる大規模なクロマチンの構造変動に貢献しているものと考えられる[11]．その他の組織や臓器が形成される過程においても，同様の機能を果たすヒストンバリアントが存在し，クロマチン構造を介して，細胞分化において重要な役割を果たしているのかもしれない．

ヒストンバリアントは，ゲノムDNA上の特定の領域に選択的に取り込まれることによって，その領域のクロマチンの高次構造を規定する．細胞内で比較的発現量の多いバリアントとして知られているH2A.Zは，転写開始点付近に局在することで，その領域のクロマチン構造を転写開始に適した構造に変換していると考えられている[12]．また，染色体機能ドメインを決定するヒストンバリアントの代表例として，セントロメア領域に特異的に局在するH3バリアントであるCENP-Aが知られている．セントロメアは，細胞分裂時に微小管が結合する，キネトコアが形成される染色体領域である（キネトコアについては第1章-3参照）．その機能を担保するために，CENP-Aは，主要型ヒストンが構築するクロマチンとは異なった高次構造を形成すると考えられている．CENP-Aは，主要型ヒストンと類似のヌクレオソーム構造を形成するが，ヌクレオソーム中のDNAの両端をフレキシブルにする性質をもっている（**図7A**）[13]．このようなCENP-Aの性質が，クロマチンの特殊な高次構造の形成を促すことで，セントロメアの機能が担われている．CENP-Aを含むヌクレオソームは，ヒストンH4の20番目のリジン

(H4K20) がメチル化されていることが明らかにされており，ヒストンバリアントとヒストン翻訳後修飾のクロストークによる，クロマチン構造と機能の制御の解明が待たれる[14]．

5 ヌクレオソームの構造多様性

4種類のヒストンは，ヒストン八量体を基盤としてヌクレオソームを形成している．このヌクレオソームを，ヒストン八量体にちなんでオクタソームとよぶが，それ以外にも，ヒストン六量体〔H2A-H2B二量体と(H3-H4)$_2$四量体をそれぞれ1分子ずつ含む〕からなるヘキサソームや，(H3-H4)$_2$四量体のみからなるテトラソームが知られている．加えて，オクタソームとヘキサソームが連結したヒストン十四量体に，250塩基対のDNAが連続的に3周巻きついたオーバーラッピングダイヌクレオソーム（overlapping dinucleosome）の構造が解明され，ヌクレオソームの構造多様性とゲノム上で遺伝子発現を制御するしくみについての関連が重要視されてきている（図7B）[15]．オーバーラッピングダイヌクレオソームは，活発に転写されている遺伝子の転写開始点付近に多く存在することも示されており，転写との関連が指摘されている．このようなヌクレオソーム構造の多様性は，ヒストン翻訳後修飾やヒストンバリアントによって制御されているとも考えられており，クロマチンの高次構造への影響も絶大である．ヌクレオソーム構造多型の種類，形成機構，形成部位やタイミング，性状，機能，高次クロマチン構造への影響など，すべて未解明であり，ゲノム機能制御メカニズムを理解するための根幹となる重要な課題である．

おわりに

ヒストンは，DNAを巻きつけることでヌクレオソームを形成し，真核生物の生命の設計図であるゲノムDNAを細胞核の中に収納している．一方で，ヌクレオソームの形成は，ゲノムにコードされた遺伝子の働きを多段階に制御するために重要であることが，近年の研究によって明らかになってきた．ヒストンの翻訳後修飾が細胞の性質を決定する遺伝情報として利用されているという「ヒストン・コード仮説」[16]や，ヒストンバリアントがゲノム機能領域を規定する主要な因子であるという「ヒストンバーコード仮説」[17]の提唱により，クロマチンによるゲノム機能制御の重要性が指摘されてきた．そして現在，クロマチンの構造や動態の異常が，がんはもとより，ウイルス感染，精神疾患，不妊，そしてメタボリックシンドロームにいたるまで，広範にわたる疾病の原因となることが明らかになってきた．クロマチンは，今からほぼ半世紀も前に発見されたものだが，現在，まさに最盛期を迎えようとしている．"古くて新しい研究領域"として，今後の発展が楽しみである．

文献

1) Luger K, et al：Nature, 389：251-260, 1997
2) Iwasaki W, et al：FEBS Open Bio, 3：363-369, 2013
3) Bannister AJ & Kouzarides T：Cell Res, 21：381-395, 2011
4) Tessarz P & Kouzarides T：Nat Rev Mol Cell Biol, 15：703-708, 2014
5) Machida S, et al：Mol Cell, 69：385-397.e8, 2018
6) Poepsel S, et al：Nat Struct Mol Biol, 25：154-162, 2018
7) Wang Z, et al：Nat Genet, 40：897-903, 2008
8) Minsky N, et al：Nat Cell Biol, 10：483-488, 2008
9) Machida S, et al：Open Biol, 6：pii: 160090, 2016
10) Ueda J, et al：Cell Rep, 18：593-600, 2017
11) Tachiwana H, et al：Proc Natl Acad Sci U S A, 107：10454-10459, 2010
12) Li B, et al：Cell, 128：707-719, 2007
13) Tachiwana H, et al：Nature, 476：232-235, 2011
14) Hori T, et al：Dev Cell, 29：740-749, 2014
15) Kato D, et al：Science, 356：205-208, 2017
16) Strahl BD & Allis CD：Nature, 403：41-45, 2000
17) Hake SB & Allis CD：Proc Natl Acad Sci U S A, 103：6428-6435, 2006

＜筆頭著者プロフィール＞
胡桃坂仁志：1989年，東京薬科大学薬学部卒業．'95年，埼玉大学大学院理工学研究科博士課程修了．米国NIHでのポスドクを経て，'97年から理化学研究所研究員，2003年から早稲田大学にて研究室を主宰（'18年より早稲田大学名誉教授）．'18年より東京大学定量生命科学研究所教授．クロマチン構造によって，どのように遺伝子発現が制御されているのかという疑問を，立体構造解析を通して化学の言葉で理解することをめざしています．

第1章　染色体はどのような部品からできているのか？

2. ヘテロクロマチン研究の現状と展望

中山潤一

> ヘテロクロマチンとは，間期の細胞核の内部に観察される高度に凝縮したクロマチン構造である．この構造は不要な遺伝子の発現抑制だけでなく，セントロメアやテロメアなどの染色体の機能ドメインの構築にも重要な役割を果たしている．ヘテロクロマチンは，特徴的なヒストンのメチル化修飾でマークされ，HP1を代表とするタンパク質が結合することで高次のクロマチン構造が形成されている．最近の解析から，ヘテロクロマチンの形成とRNAの関与が明らかにされ，さらには，相分離が関与するという新しいモデルが提唱されるなど，その構造基盤に関する理解が発展しつつある．

はじめに

　哺乳類動物細胞の核を電子顕微鏡で見ると，その内部は不均一であり，核膜近縁部や内部に密に凝縮した構造が観察される．この構造は，1928年，クロマチンの染色法を開発したEmil Heitzによって「ヘテロクロマチン」と名付けられた．ショウジョウバエの目の斑入りの現象（PEV）や，酵母の性決定遺伝子座の制御に関する遺伝学的研究，またヒストンの修飾酵素とその役割に関する研究の発展によって，ヘテロクロマチンの分子構造についての理解は著しく進展した．しかし，ヘテロクロマチンがどのように形成され，また維持されるのか，その詳細な機構については依然不明な点も数多く残されている．本稿では，これまで明らかにされたヘテロクロマチンの構造と機能について紹介するとともに，最近提案されたヘテロクロマチン形成の新しいモデルについても紹介し，ヘテロクロマチン研究の展望について議論してみたい．

1 ヘテロクロマチンの基本的特徴

　ヘテロクロマチンは細胞生物学的な観察から付けら

[略語]
- **CBX**：chromobox
- **CD**：chromo domain
- **CSD**：chromoshadow domain
- **ERV**：endogenous retrovirus
- **HP1**：heterochromatin protein 1
- **KRAB**：Krüppel-associated box
- **LBR**：Lamin B receptor
- **PEV**：position effect variegation
- **PRC**：polycomb repressive complex
- **RITS**：RNA-induced transcriptional silencing
- **RNAi**：RNA interference
- **SAHF**：senescence-associated heterochromatin foci

Understanding heterochromatin: current status and future perspective
Jun-ichi Nakayama：Division of Chromatin Regulation, National Institute for Basic Biology（基礎生物学研究所クロマチン制御研究部門）

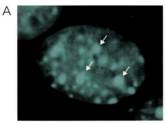

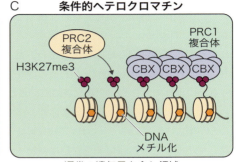

間期細胞核

B 構成的ヘテロクロマチン C 条件的ヘテロクロマチン

図1 構成的ヘテロクロマチンと条件的ヘテロクロマチン
A）マウスNIH3T3細胞をDAPIで染色した写真．DAPIで強く染色されるヘテロクロマチン領域を矢印で示した．
B）構成的ヘテロクロマチンの模式図．トランスポゾンや反復配列を含むゲノム領域は，SUV39Hなどのメチル化酵素によって，ヒストンH3の9番目のリジンがトリメチル化（あるいはジメチル化）される．このメチル化を認識して進化的に保存されたHP1が結合し，抑制的なクロマチン構造を形成する．C）条件的ヘテロクロマチンの模式図．潜在的な転写活性を有する遺伝子領域が発生や分化の過程でヘテロクロマチン化される．PRC2複合体によってヒストンH3の27番目のリジンがメチル化され，このPRC1複合体中のCBXファミリータンパク質がこのメチル化を認識する．哺乳類動物細胞ではDNAのメチル化も重要なマークとしてヘテロクロマチン化に寄与している．

れた名称だが，その機能的な特徴から大きく2種類に大別できる．1つは構成的（constitutive）ヘテロクロマチンとよばれ，トランスポゾンなどの反復配列を含むゲノム領域の転写や組換えを抑制しているほか，セントロメアやテロメアなど染色体機能ドメインの維持にも重要な役割を果たしている．もう1つは条件的（facultative）ヘテロクロマチンとよばれ，本来転写の潜在性を有する遺伝子領域，あるいは染色体全体に及ぶ領域が，発生や細胞分化の過程で抑制される場合に形成される構造である．最も顕著な例は，雌の哺乳類動物細胞で観察される不活性化X染色体である．

ヘテロクロマチンに共通する特徴としては，まずヒストンの低アセチル化があげられるが，これは転写のオフの状態と相関する特徴であり，必ずしもヘテロクロマチンを規定する修飾とは言えない．ヘテロクロマチンを特徴付ける別の修飾として，ヒストンH3のメチル化がある．まず構成的ヘテロクロマチンは，ヒストンH3の9番目のリジンのトリメチル化（H3K9me3）でマークされている．この修飾はSETドメインを有するメチル化酵素（ヒトではSUV39H1，SUV39H2，SETDB1，G9a，GLP）によってもたらされ，HP1に代表されるクロモドメインタンパク質によって特異的に認識される（図1）．H3K9me3とHP1によるヘテロクロマチンの基本構造は，分裂酵母からショウジョウバエ，ヒトを含む哺乳類動物細胞まで広く保存されている．一方，高等な真核生物のみで観察される条件的ヘテロクロマチンは，ヒストンH3の27番目のリジンのメチル化（H3K27me3）によってマークされている．この修飾はPRC2とよばれる複合体によってもたらされ，PRC1複合体に含まれる，クロモドメインをもつCBXファミリータンパク質によって特異的に認識される（図1）．以下本稿では，H3K9me3によって特徴付

けられる構成的ヘテロクロマチンを中心に議論する．条件的ヘテロクロマチンの詳細については他の優れた総説を参照してほしい[1]．

2 ヘテロクロマチンのダイナミクス

前述したように，H3K9me3で特徴付けられる構成的ヘテロクロマチンは，セントロメアの近傍領域やテロメアに存在し，染色体の機能や構造に重要な役割を果たしている．一方，H3K9me3のゲノムワイドなマッピング研究によって，この修飾が細胞分化に伴い，遺伝子領域を含む数kbから数Mbの領域にわたって存在することが明らかにされている[2]．同様に，H3K9me2でマークされた大きなドメインも，細胞分化に伴って形成されることが報告されている[3]．これらの修飾は，細胞分化に際して不要になった遺伝子を安定に抑制するために重要な役割を果たしていると考えられている．興味深いことに，山中因子（Oct4，Sox2，Klf4，cMyc）の導入によって細胞をリプログラミングする際，H3K9me3の状態が影響を及ぼすことが明らかにされている[4]．実際に，H3K9me3をもたらす主要な因子であるSUV39H1/2の遺伝子をノックダウンすると，iPS細胞の作製効率が上昇するのである．これは，細胞のリプログラミングにかかわる因子が標的遺伝子領域に結合する際，H3K9me3によって形成されるヘテロクロマチンが抑制的に働いているためだと考えられる．それゆえ，細胞分化の過程で確立されたヘテロクロマチンを取り除く，あるいは一過的に構造を緩めるような過程が，今後iPS細胞を臨床応用する際の鍵になるかもしれない．

ゲノムワイドなヒストン修飾の解析から，H3K9me2/3によってマークされたヘテロクロマチン領域が細胞分化に伴って形成されることが明らかにされたが，一部の細胞種ではさらに大きな核内の構造変化も観察される．通常の分化細胞では，ヘテロクロマチンは核膜の内側に張り付いたように存在している．これは核膜の内側でネットワークを形成している核ラミナと，ヘテロクロマチンの構造因子が物理的に相互作用しているためと考えられている．興味深いことに，夜行性動物の桿体細胞（主として暗所で働く視細胞の一種）では，ヘテロクロマチンが核の内部に集積し，これが細胞全体の光の透過性の向上につながっていることが報告された[5]．その後，ヘテロクロマチンの核膜への係留にLBR（lamin B receptor）とlamin A/Cが重要な役割を果たしていることも明らかにされている[6]．細胞の状況は異なるものの，細胞老化の際のSAHF（第5章-5参照）の形成にlamin B1の関与が報告されていることから[7]，核内の大きな構造変化にヘテロクロマチン因子と核ラミナとの相互作用が共通して機能しているのかもしれない．これらの相互作用が細胞分化の過程でどのように制御されているか，今後の研究の発展が期待される．

3 RNAを介したヘテロクロマチンの制御

ヘテロクロマチンは細胞の状況に応じてダイナミクに変化する．新しくヘテロクロマチンを確立する際，ヘテロクロマチンに特徴的なメチル化をもたらす酵素は，どのように標的ゲノム領域を見出すのだろうか？近年，ヘテロクロマチンを確立する過程にタンパク質をコードしないノンコーディングRNAが重要な役割を果たしていることが明らかにされている[8]．最もよく知られている例は，先に条件的ヘテロクロマチンの1つとしてあげたX染色体不活性化である．この過程では，X染色体にコードされたXistとよばれるRNAが不活性化されるX染色体を覆い，H3K27me3をもたらすPRC2をよび寄せる（図2A）．

RNAを介したヘテロクロマチン制御に関しては，分裂酵母で詳細に解析されている．分裂酵母には，一般的なRNAi機構で中心的な役割を果たす因子（Argonaute，Dicer，RNA依存RNAポリメラーゼ）と相同な因子が存在し，これらの遺伝子を欠損した細胞ではヘテロクロマチンの構造が異常になる．実際にはセントロメア近傍のくり返し配列がRNAポリメラーゼIIによって転写され，このRNAがRNAi機構を介してsiRNAに変換される．次に，このsiRNAを取り込んだRITSとよばれる複合体が転写されたヘテロクロマチン領域から転写された新生RNAに結合し，これがきっかけとなってメチル化酵素がリクルートされるという，フィードバックループの機構を介してH3K9me3がもたらされている（図2B）[9]．

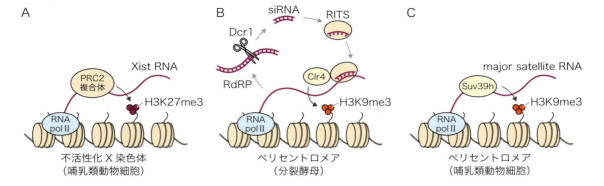

図2　RNAを介したヘテロクロマチン制御
A) 哺乳類動物細胞のX染色体不活性化の過程では，まずX染色体の不活性化中心から発現されたXist RNAがX染色体を覆う．次にXist RNAによってリクルートされたPRC2複合体がH3K27me3修飾を施し，X染色体全体の不活性化が起きる．B) 分裂酵母では，セントロメア近傍（ペリセントロメア）に存在する反復配列がRNAポリメラーゼIIによって転写される．このRNAはRNA依存RNAポリメラーゼ（RdRP）によって二本鎖RNAに変換された後，Dcr1の働きによって短い二本鎖siRNAに変換される．この二本鎖siRNAはRITS複合体に取り込まれ，RNA-RNAの塩基対を利用し転写されたRNAを標的とする．このRITSのターゲティングがメチル化酵素Clr4をよび込み，H3K9me3がもたらされる[9]．C) マウスでは，セントロメア近傍にmajor satelliteの反復配列が存在している．メチル化酵素であるSuv39hはmajor satelliteから転写されたRNAを標的として，H3K9me3をもたらしている[13]．

　RNAiとヘテロクロマチンの関係は，繊毛虫類テトラヒメナ，植物，線虫など，さまざまな生物種でも観察されている．それゆえ，これらの機能的なつながりの起源は古く，もともとはRNAを介して拡散する転位因子を抑制する，ゲノム防御のために働いていた機構だと考えられる．一方，ヒトを含む高等真核生物において，同様な機構がヘテロクロマチン形成に寄与しているかどうかはよくわかっていない．ハエやニワトリの細胞，あるいはマウスのES細胞では，Dicerの欠損によってヘテロクロマチン構造が異常になることから，RNAiとの機能的な関連が示唆されている．また，RNAiの中心的な因子であるArgonauteのサブファミリーに属するPiwiは，生殖細胞系列でトランスポゾンのサイレンシングに働いている．マウスのPiwiを欠損すると生殖細胞でレトロトランスポゾン上の*de novo* DNAメチル化が起きなくなることから[10]，RNAを介した経路によってDNAメチル化をもたらす機構の存在が想定されている．

　RNAiとは別に，ヘテロクロマチンの形成にRNAが機能的に関与していることを示唆する結果も報告されている．ヒト培養細胞を弱い界面活性剤で処理してからRNaseで処理すると，ヘテロクロマチンに局在していたHP1が遊離し，H3K9me3のシグナルが減弱する[11]．またマウスでは，受精後の雄性前核のヘテロクロマチンにヒストンH3.3が特異的に取り込まれ，変異H3.3（K27R）を導入するとヘテロクロマチン形成に異常がみられる．興味深いことに，セントロメアのくり返し配列（major satellite）に相当する二本鎖RNAを導入すると，その表現型が回復するということが報告されている[12]．これらの結果は，哺乳類細胞のヘテロクロマチンにおいて，RNAが何らかの構造的寄与をしていることを示唆している．最近われわれは，ヒストンのメチル化酵素であるSuv39h1がRNA結合能を有し，その活性がSuv39h1の機能に重要なことを明らかにしている[13]（図2C）．この結果は，ヘテロクロマチン由来のRNAがH3K9me3の導入過程に深く関与していることを裏付ける結果と考えられる．

4　内在性レトロウイルスとKRABジンクフィンガータンパク質

　内在性レトロウイルス（ERV）は，哺乳類ゲノムの約10％をも占める膨大な反復配列である．ERVはレトロウイルスに由来する特徴的な配列をもっており，

一部のERVは感染性のウイルスをつくり出す能力があると考えられている．ホストである哺乳類細胞はこれらのERVを厳密にコントロールし，不要な発現や他のゲノム領域への無秩序な転移を抑制している．ホストはゲノムに挿入されたERVをどのように認識してヘテロクロマチン化しているのか？ 前述したRNAiを介した機構はその候補と考えられ，実際にRNAi経路にかかわる因子の欠損でERVの発現上昇が観察されているが[14]，これがERV一般的な抑制機構として働いているかはよくわかっていない．RNAを介した機構とは別に注目されているのが，KRABジンクフィンガータンパク質（KRAB-ZFP）を介した認識機構である．

ヒトゲノムには約350のKRAB-ZFPが存在し，その起源は初期の四肢類までさかのぼることができる[15]．KRAB-ZFPはジンクフィンガードメインを介してERVに特徴的なDNA配列を認識して結合し，KRABとよばれるドメインを介して，コリプレッサーであるTrim28（KAP-1）やヒストンメチル化酵素であるSETDB1をリクルートし，ヘテロクロマチン特有のH3K9me3をもたらすと考えられている（図3）．実際にKRAB-ZFPの1つであるZFP809が，ゲノムに挿入されたERVの配列に結合できること，またTrim28やESETの変異でERVの発現抑制が解除されることも報告されている[16][17]．ただし，ヒトのゲノムに見出されるほとんどのKRAB-ZFPの機能は明らかにされておらず，多種多様なERVに対抗するための共進化の結果，これほど多くのファミリー遺伝子になったと推測されている．最近の研究から，KRAB-ZFPは単にERVを抑制するだけでなく，生物種特異的な遺伝子発現ネットワークの構築に寄与しているということが提唱されている[15]．最近ヒトのPEVを指標にしたスクリーニングで，SETDB1を含むHUSHとよばれる新しい複合体が単離されている[18]．この複合体がどのようにKRAB-ZFPと機能的に関連して特定のゲノム領域にH3K9me3をもたらしているか，今後研究の進展が期待される．

5 HP1と高次クロマチン構造

HP1は進化的に保存されたタンパク質であり，ヘテロクロマチン構造形成において中心的な役割を果たしている（図4）．HP1はN末端にクロモドメイン（CD），

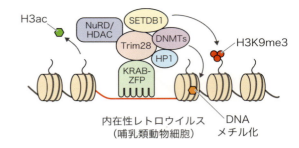

図3　内在性レトロウイルスとKRABジンクフィンガータンパク質
KRABジンクフィンガータンパク質（KRAB-ZFP）は，ジンクフィンガーを介してDNAに結合し，KRABドメインを介してTrim28（KAP1）をリクルートする．Trim28はメチル化酵素であるSETDB1，NuRDヒストン脱アセチル化酵素（HDAC）複合体，DNAメチル化酵素（DNMTs）をよび寄せ，ヒストンのH3K9me3マークやDNAメチル化を近傍のクロマチンにもたらすことで，内在性レトロウイルスの発現を抑制している．H3ac：H3のアセチル化．文献15中の図をもとに作成．

C末端側にクロモシャドウドメイン（CSD）をもち，これらのドメインは二次構造をとらないヒンジ領域でつながれている[19]（図4A）．HP1はCDを介してH3K9me3に結合し，CDのすぐ上流にある一続きの酸性アミノ酸残基によってその結合が調節されている．またHP1はCSDを介して二量体を形成し，その際にできる疎水性表面を介してさまざまな因子と結合する（図4B）．

H3K9me3で修飾されたヌクレオソームにHP1が結合することで，なぜ高次のクロマチン構造が形成されるのか，その構造基盤についてはじつはよくわかっていない．HP1は二量体を形成することから，HP1の結合によってヌクレオソーム同士が架橋されるというモデルが最も理解しやすい（図4B）．最近クライオ電顕を用いて，H3K9me3をもつジヌクレオソームにHP1が結合する構造が明らかにされ，実際にHP1がヌクレオソームを架橋している様子が確認された[20]．興味深いことに，HP1はヌクレオソームのリンカーDNAとは接触していないことが示された．これは，HP1がリンカーDNAに邪魔されることなく，さまざまなクロマチン制御因子と結合できることを示唆している．また分裂酵母のHP1タンパク質の1つSwi6を用いた実験から，Swi6がCDを介して結合し，二量体以上の多

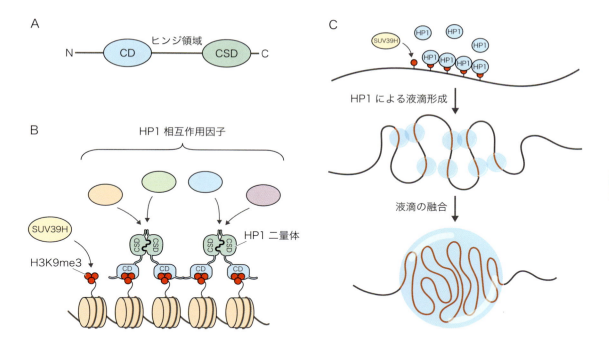

図4　HP1と高次クロマチン構造
　A) HP1の構造を示した模式図．クロモドメイン（CD）とクロモシャドウドメイン（CSD）が，フレキシブルなヒンジ領域によって結びつけられている．N末端の領域とヒンジ領域は，特徴的な構造をとらない，天然変性領域の性質をもつ．B) HP1の機能を示した模式図．HP1はCSDを介して二量体を形成し，H3K9me3をもつヌクレオソームに結合する．主にCSDによって形成された疎水性表面を介してさまざまなクロマチン制御因子をよび寄せ，抑制的なクロマチン構造を形成する．C)（上段）HP1がSUV39Hなどのメチル化酵素によってもたらされたH3K9me3に結合することで，HP1の局所的な濃度が上昇する．（中段）クロマチンに結合したHP1同士の相互作用（あるいは他の相互作用因子との結合）を介して，HP1による液滴状の構造が形成される．（下段）小さな液滴同士が融合することで，顕微鏡下で観察されるような大きなヘテロクロマチン構造が形成される．

量体を形成できること，またCD内のループ構造を介して，自己阻害的な調節機構を備えていることが報告されている[21]．HP1が二量体以上の多量体を形成できるというのは高次クロマチン構造の形成という観点から非常に興味深いが，同様なCDを介した相互作用はヒトのHP1では検出されず，どこまで一般的な構造特性であるかどうかは検証する必要があると考えられる．

　ヌクレオソームに結合するHP1の分子構造に関する理解は進展したが，そのような構造からどのように顕微鏡下で観察されるような大きな核内の構造体が形成されるのか，その間にはまだ大きなギャップが存在している．最近，ヘテロクロマチンの形成に相分離（phase separation）が関与しているという，非常に興味深いモデルが提唱された[22) 23)]（**図4C**）．相分離とは，核小体や種々のRNA小胞（RNA granule）のように，膜に覆われていない細胞内構造体を形成する原理として注目されており，特徴的な二次構造をもたない天然変性（intrinsically disordered）領域をもつタンパク質が凝集の中心的な役割を担っていると考えられている．HP1はN末端とヒンジ領域が天然変性の特徴をもっており，実際にショウジョウバエのHP1aとヒトのHP1αが in vitro で液滴を形成することが示されている[22) 23)]．また，ショウジョウバエの発生過程で形成される小さなヘテロクロマチンが融合する様子や，脂肪族アルコールに対する感受性などの性質から，顕微鏡下で観察されるヘテロクロマチンが相分離によって形成される他の細胞内構造とよく似た特徴をもつことが示されている[22)]．細胞生物学的な解析から，ヘテロクロマチン領域のなかでHP1がダイナミックに動く様子が確認されており，この相分離のモデルとよく一

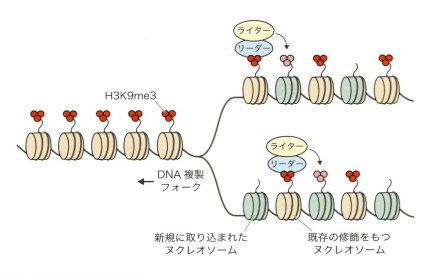

図5　ヒストンメチル化修飾の維持機構
DNA複製に際してヒストンのメチル化修飾の維持にかかわるモデル．新生DNA鎖（右）では，既存のH3K9me3を保持したヌクレオソームと，H3K9me3をもたない新規に取り込まれたヌクレオソームが混在している．既存の修飾を読みとる「リーダー」と同じ修飾を施す「ライター」が共役することでH3K9me3のマークが伝播されると考えられている．

致するように見える．また，ヘテロクロマチンがどのようにHP1を含む抑制因子をよび寄せ，一方でRNAポリメラーゼ等の転写関連因子を排除できるのか，この相分離の機構で説明できるかもしれない．しかし，in vitroで効率よく液滴を形成できるのは，3種類あるヒトのHP1アイソフォームのなかでHP1αだけであり[23]，in vitroでみられる性質と細胞内での機能の差が何に由来しているのか，今後解明すべき課題だと思われる．また相分離が転写を抑制するというヘテロクロマチン本来の機能にどの程度重要なのか，今後さらに検証が必要になると考えられる（相分離については，第6章-6も参照）．

6 ヒストンメチル化修飾の維持機構

H3K9me3はヘテロクロマチンの重要なマークであり，この修飾を新たなゲノム領域に導入するにはRNAを介した機構や，進化的に保存されたジンクフィンガータンパク質がかかわっていると述べた．ではいったん導入されたH3K9me3マークはDNA複製を通じてどのように安定的に維持されるのか．まずDNA複製に際して，ヒストンの修飾を施されたH3-H4の四量体はほとんど開裂することはないと考えられており，新生DNA鎖のヌクレオソームは，修飾をもった古いヌクレオソームと新たに取り込まれたヌクレオソームが混在していると想定されている．H3K9me3に限らず，新しく取り込まれたヌクレオソームに既存の修飾をもたらして，元の修飾状態を維持するための機構として考えられているのがヒストン修飾を読みとる「リーダー（reader）」と，修飾を入れる「ライター（writer）」の共役である（図5）．主要なメチル化酵素であるSUV39HはN末端側にCDをもっており，このCDを介してH3K9me3を認識して，H3K9me3をもたない隣のヌクレオソームに新たにメチル化を導入し，この共役を行っていると考えられる．

それでは，一度H3K9me3が確立されたら，その修飾はこの共役機構によって永続的なエピジェネティック修飾として維持されるのだろうか．分裂酵母を用いた巧妙な実験によってこの仮説が検証され，Epe1とよばれるH3K9me3の脱メチル化にかかわる因子が欠損している場合にのみ，H3K9me3の修飾が細胞分裂を経て安定に維持されることが明らかにされている[24)25)]．この結果から，DNA複製を通じてH3K9me3マークを維持するにはリーダーとライターの共役だけでは不十

分であり，他の例えばDNA配列を認識する因子と協調的に働くことで維持される機構が想定される．また，メチル化酵素と脱メチル化活性が拮抗的に働いているのは，おそらくH3K9me3によるマークが細胞の機能に必要な遺伝子領域にまで伝播してしまうのを防ぐ安全装置のようなものと考えることができるかもしれない．

おわりに

以上，ヘテロクロマチンに関する基本的な特徴を述べた後，いくつかの最近のトピックについて紹介した．ヘテロクロマチンが最初に命名されてから90年，またその主要な因子であるHP1が同定されて約30年が経つが，いまだにどのようにこの構造が形成され維持されるかの分子機構に関しては謎が残されている．ヘテロクロマチンは，トランスポゾンなど外来因子を抑制するだけでなく，発生や分化にかかわる遺伝子発現制御や染色体の機能ドメインの構築など多岐にわたる機能を果たし，その構造の破綻は疾病にもつながっている．今後，詳細な分子レベルの解析と，細胞生物学的な研究を融合させることで，さらに研究が発展し，この構造の理解が深まると期待される．

文献

1) Trojer P & Reinberg D：Mol Cell, 28：1-13, 2007
2) Hawkins RD, et al：Cell Stem Cell, 6：479-491, 2010
3) Wen B, et al：Nat Genet, 41：246-250, 2009
4) Soufi A, et al：Cell, 151：994-1004, 2012
5) Solovei I, et al：Cell, 137：356-368, 2009
6) Solovei I, et al：Cell, 152：584-598, 2013
7) Sadaie M, et al：Genes Dev, 27：1800-1808, 2013
8) Johnson WL & Straight AF：Curr Opin Cell Biol, 46：102-109, 2017
9) Goto DB & Nakayama J：Dev Growth Differ, 54：129-141, 2012
10) Kuramochi-Miyagawa S, et al：Genes Dev, 22：908-917, 2008
11) Maison C, et al：Nat Genet, 30：329-334, 2002
12) Santenard A, et al：Nat Cell Biol, 12：853-862, 2010
13) Shirai A, et al：Elife, 6：pii: e25317, 2017
14) Watanabe T, et al：Nature, 453：539-543, 2008
15) Ecco G, et al：Development, 144：2719-2729, 2017
16) Rowe HM, et al：Genome Res, 23：452-461, 2013
17) Matsui T, et al：Nature, 464：927-931, 2010
18) Tchasovnikarova IA, et al：Science, 348：1481-1485, 2015
19) Nishibuchi G & Nakayama J：J Biochem, 156：11-20, 2014
20) Machida S, et al：Mol Cell, 69：385-397.e8, 2018
21) Canzio D, et al：Nature, 496：377-381, 2013
22) Strom AR, et al：Nature, 547：241-245, 2017
23) Larson AG, et al：Nature, 547：236-240, 2017
24) Ragunathan K, et al：Science, 348：1258699, 2015
25) Audergon PN, et al：Science, 348：132-135, 2015

<著者プロフィール>
中山潤一：1971年，東京生まれ．基礎生物学研究所クロマチン制御研究部門教授．東京工業大学大学院生命理工学研究科博士課程修了後，コールドスプリングハーバー研究所・博士研究員，理化学研究所発生・再生科学総合研究センター・チームリーダー，名古屋市立大学大学院システム自然科学科・教授などを経て，2016年より現職．研究テーマは，クロマチンの構造変換による遺伝子発現制御など．生化学的研究と遺伝学的研究を結びつける研究をしたいと常々考えている．

第1章 染色体はどのような部品からできているのか？

3. セントロメア研究入門：分野の現状とこれから

深川竜郎

> セントロメアは，染色体の分配に必須な染色体上の機能領域である．染色体上でセントロメア領域が規定された後に，そこに動原体とよばれる構造体が形成され，それを両極から伸びてきた紡錘体微小管が捉えることによって染色体の分配が遂行される．一口にセントロメア研究といっても，そこには多様な研究が含まれる．数多くあるセントロメア研究のトピックスのうち，本稿ではセントロメア領域がどのような機構で規定されるのかを解明しようとする「セントロメアエピジェネティクス研究」とセントロメア領域が規定された後に，どのようにそこに動原体が形成されるのかを理解しようとする「動原体研究」に焦点をあて，分野の最新の動向と今後の課題について解説する．

はじめに

染色体が機能するための必要な要件として，自己増殖能があげられる．自己増殖には，親細胞で複製された染色体を娘細胞へ分配することが必須である．複製された染色体が，娘細胞へ均等に分配されることによって，親細胞と同じ染色体セットをもつ細胞がつくられる．「セントロメア」とは，染色体の娘細胞への均等分配を司る染色体上の機能領域であり（**図1**），古くから多様なモデル生物を用いてセントロメアに関する研究がさかんに行われてきた．一口にセントロメア研究といっても，セントロメア領域を構成するゲノムDNAの研究，セントロメア上に形成される構造体である動原体[※1]に関する研究，あるいは，細胞周期（特にM期）の進行を制御するM期チェックポイントの研究など多様な研究が含まれている．興味深いことに，セントロメア領域を構成するゲノムDNAの解析研究が活発に行われてきた一方，多くの生物種のセントロメア領域は，DNAの塩基配列に依存しないエピジェネティックな分子機構で決定されているという学説が有力であり，近年，セントロメア領域が規定されるしくみを解明しようとするエピジェネティクス研究もセントロメア研究の中心課題の1つである．本稿では，数多くあるセントロメア研究のトピックスのうち，セントロメア領

[略語]
CCAN：constitutive centromere associated network
CENP：centromere protein

> ※1 **動原体**
> 細胞分裂の際に，両極から伸びた紡錘体微小管が結合する染色体上の構造体のこと．動原体が形成される染色体領域がセントロメアである．

ABC of the centromere research: recent progress and future perspective in the research field
Tatsuo Fukagawa：Graduate School of Frontier Biosciences, Osaka University（大阪大学大学院生命機能研究科）

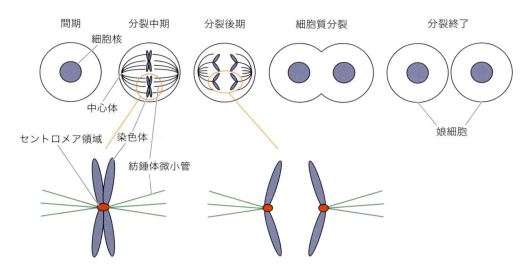

図1　細胞分裂の模式図とセントロメア
細胞分裂期に核膜が崩壊して，分裂期染色体構造が出現する．紡錘体微小管は，セントロメア領域に形成された動原体と結合して，染色体は娘細胞へ分配される．

域の規定にかかわるセントロメアエピジェネティクス研究とセントロメア研究が規定された後にどのように動原体が形成されるかという動原体研究に焦点をあて，分野の最新の動向と今後の課題について解説する．

1　セントロメアを構成するゲノムDNA

セントロメアを研究するためによく使われるモデル生物である出芽酵母（Saccharomyces cerevisiae）のセントロメア領域は，特異的なDNA配列によって規定されている[1]．同定された125 bpの配列は，S. cerevisiaeの全染色体に共通して存在することが明らかになっている．また，この特異的なDNA配列の一部に変異が入ると，この配列はセントロメアとして機能しなくなる．さらに，この配列を他の任意の染色体領域に挿入することでセントロメア機能を付与できることから，S. cerevisiaeのセントロメア領域は特異的なDNA配列によって規定されると考えられている[1]．

しかしながら，セントロメア領域が特異的なDNA配列によって規定される生物種は稀であり，多くの生物種では，特異的なDNA配列でセントロメア領域は規定されない．例えば，ヒトの染色体の場合，セントロメア領域にはαサテライトとよばれる171 bpを1単位とする配列がMbp程度の領域にわたり反復して存在している．すべての染色体に共通してαサテライト配列が存在することや，いくつかの機能アッセイから，αサテライトが染色体分配能にとって何らかの優位な点はあると思われるが[1]，一番大事な点は，αサテライト配列が全くない染色体にもセントロメア領域が形成され得るということである．これは，ネオセントロメアとよばれるユニークなセントロメアをもつ染色体の報告から明らかになった[1]．この染色体は，ある発育障害をもった患者の核型検査を行っている際に発見された染色体であり，ネオセントロメアにはαサテライト配列が存在しないにもかかわらず動原体タンパク質が結合してセントロメアとして機能する．通常のヒト細胞では，このネオセントロメアとなる染色体領域は，セントロメアとして機能していない．何らかの理由で，その領域がセントロメア化（ネオセントロメア化）してしまい，1本の染色体に2つのセントロメアができてしまったと予想される（**図2**）．1本の染色体に2つのセントロメアが存在すると染色体は不安定化して分断化されてしまう．ネオセントロメアをもって分断化した染色体にはαサテライト配列がないため，αサテライト配列をもたない染色体が検出されたと考えられている．現在では，ヒトでは複数種類のネオセントロメアをもつ染色体を含む細胞が見つかっている．また，ヒト以外の複数のモデル生物で実験的にもネオセント

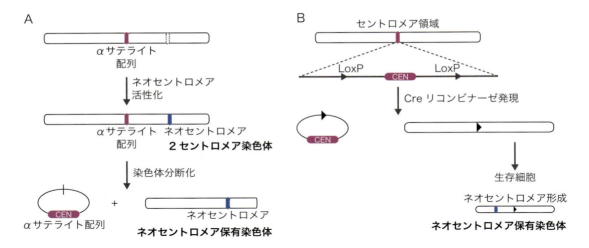

図2　セントロメアの活性化とネオセントロメア形成
A) ある種の染色体では，任意の領域がセントロメア化して新しいセントロメア（ネオセントロメア）が形成される場合がある．1本の染色体に2つのセントロメアができると染色体は不安定化して染色体の分断化が起こる．その場合は，ネオセントロメアをもつ染色体も分裂可能である．B) Aでは，天然にできたネオセントロメアであるが，本来のセントロメアを実験的に取り除いて人為的にネオセントロメア保有細胞を作製することができる．

ロメアを含む染色体をもつ細胞を作出できることから[2]（図2），ヒトを含む多くの生物種においては，特異的なDNA配列によってセントロメアが規定されるのではなく，DNA配列に依存しないエピジェネティックな分子機構でセントロメア領域が規定されると考えられている[1]．

2　セントロメアを規定するエピジェネティックマーカー

では，何がセントロメア領域を規定しているのであろうか．最近の研究では，セントロメア領域に特異的に局在するヒストンH3バリアントのCENP-Aがセントロメア領域を規定するエピジェネティックマーカーとして機能していることが明らかになってきた[1]．CENP-Aは，塩基配列で特異的に規定されている*S. cerevisiae*のセントロメアにも，ヒトのネオセントロメアにも共通に存在する．また，CENP-Aを除いた染色体では，ほとんどのセントロメアタンパク質がセントロメアから消失してしまう．これらの結果から，CENP-Aが通常のヒストンH3と置き換わったヌクレオソームが，セントロメア領域の規定に重要であると考えられている．

CENP-Aの特異性を調べる目的で，CENP-Aを含むヌクレオソームとH3を含むヌクレオソームとの違いについて，主にヒトCENP-Aを用いて各種の構造生物学的な解析が行われた[3]．その結果，CENP-Aを含むヌクレオソームは，H3を含むヌクレオソームに比べて，大きく変わらないものの，よりコンパクトな構造をとることが明らかになっている[3]．また，CENP-Aを含むヌクレオソーム構造そのものが，通常のヌクレオソーム構造とは，根本的に異なり四量体のヒストン構造をとるということを唱える研究者もいるが，最近は，通常のヌクレオソームと同様に，八量体のヒストン構造のまわりを，DNAが左巻きに巻いた構造をとるという考え方が主流である[1,3]．しかし，分子的にどのような違いがあるにせよ，CENP-Aを含むヌクレオソームと通常のヌクレオソームとの何らかの構造的な違いがセントロメア形成のエピジェネティックな目印となっていることは，この研究分野の統一的な見解である[1]．さらなるCENP-Aの詳細な解析によって，この違いを生み出す要因が明らかになると期待できる．

また，CENP-Aがどのようにして取り込まれるのか，あるいは，取り込まれたCENP-Aが安定なヌクレオソーム構造をどのように維持するのかを理解することもきわめて重要である．CENP-Aヌクレオソームの安

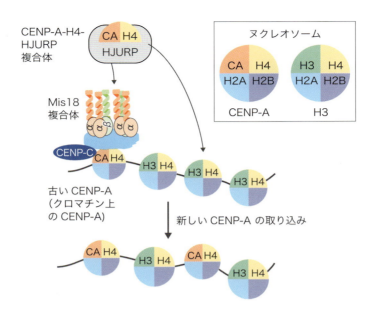

図3 セントロメアが規定される模式図
セントロメアを規定するヒストンであるCENP-Aは，クロマチンへ取り込まれる前に細胞質中でヒストンH4とHJURPと複合体をつくる（CENP-A-H4-HJURP複合体）．HJURPは，セントロメアクロマチン上に存在するMis18複合体を認識して，セントロメア領域に取り込まれる．Mis18複合体は，ヒト細胞ではCENP-Cを介して，あるいは他の生物ではCENP-Aと直接結合してクロマチン上に存在している．このようにして，一度形成されたセントロメア領域にまた新しいセントロメアはつくられる．

定性には，他のセントロメア局在タンパク質との結合も重要であり，CENP-C，CENP-Nとよばれるタンパク質が直接CENP-Aヌクレオソームと結合し，CENP-Aヌクレオソームの安定性に寄与していると考えられている[4)〜6)]．

3 セントロメアが規定される分子機構

CENP-Aはエピジェネティックマーカーであるので，CENP-Aがどのようにセントロメアに取り込まれるのかについての分子機構を明らかにすることは，セントロメアエピジェネティクス研究の中心的な課題である．通常のヒストンは，DNAの複製とカップルしてS期にクロマチンへ取り込まれるが，ヒト細胞では，CENP-Aはクロマチンの複製に依存しないG1期にヌクレオソームに取り込まれることが明らかにされている[1)]．この限られた時期に，セントロメア領域へ特異的にCENP-Aが取り込まれるためには，複数の補助因子が必要である．このような補助因子は，分裂酵母や線虫を用いてCENP-Aがセントロメアに局在できない変異体を解析した研究から同定されており，その相同因子がヒトでも同定されている[7)〜9)]．ヒト細胞では，hMis18α，hMis18βおよびMis18BP1（KNL2）と命名された3つのタンパク質からなるMis18複合体がCENP-Aの取り込みに関与する[8)9)]．ヒト細胞でMis18複合体の構成因子を機能破壊すると，CENP-Aのセントロメアへの取り込み効率が著しく阻害される[8)]．しかしながら，Mis18複合体は，ヒト細胞中ではCENP-Aとは直接結合しないことも示されているので，クロマチン領域に何らかの働きかけを行い，CENP-Aの取り込みを活発化させていると考えられている．したがって，Mis18複合体をCENP-A取り込みのためのライセンス因子とよぶ研究者もいる（**図3**）．

一方，ヒト細胞を材料として，セントロメアへ取り込まれる前の細胞質中のCENP-AとヒストンH4の複合体と直接結合するシャペロン因子が生化学手法を用いて探索され，HJURPとよばれる因子が同定された[10)11)]．HJURPは，細胞質中のCENP-AやH4とと

もに三量体を形成し，CENP-Aがセントロメアに取り込まれるG1期にのみセントロメアへ局在した後，CENP-Aがクロマチンに取り込まれた後にクロマチンから遊離する（**図3**）．CENP-Aと結合する領域は，高度に保存されており，*S. cerevisiae*にも相同因子が認められ，SMC3とよばれている．SMC3遺伝子の酵母変異体は，CENP-A（Cse4）の取り込みに異常がみられ，CENP-Aのシャペロン機能は進化的に保存されている．

近年，CENP-Aの取り込みにかかわる因子の分子実体に関する解析が急速に進んだ．Mis18複合体は，4つのMis18αと2つのMis18βで六量体を形成し，そこに2つのMis18BP1（KNL2）が結合し，最終的にヘテロ八量体で機能し，細胞分裂後期からG1期の間にのみセントロメアのクロマチン領域に結合する[12) 13)]．Mis18複合体の時期特異的なセントロメア領域への局在は，ポロキナーゼ1（PLK1）によるリン酸化により制御されている[14)]．Mis18複合体は，新しく取り込まれるCENP-Aにセントロメア領域の場所を示す必要がある．そのため，クロマチン上に乗った古いCENP-Aに結合してセントロメアに局在して目印として機能することが合目的的である．しかし，前述したように，ヒト細胞中ではCENP-AとMis18複合体は結合しない．ところが，CENP-Aを含むヌクレオソームと結合しているCENP-CとMis18複合体が結合するという報告があり[14)]，ヒト細胞で，Mis18複合体はCENP-Cを介して古いCENP-Aの目印となっていると予想される（**図3**）．最近，われわれとStraightのグループは独立に，Mis18複合体の構成因子の1つであるM18BP1（KNL2）がニワトリ，カエルの細胞で，それぞれクロマチン上に存在する古いCENP-Aと直接結合していることを見出した[15) 16)]．また，ほぼ同時期にシロイヌナズナでも，M18BP1（KNL2）とCENP-Aが結合することが報告されている[17)]．興味深いことに，M18BP1（KNL2）のCENP-A結合配列は，CENP-CのCENP-A結合配列と高い相同性をもっていた．しかしながら，ヒトM18BP1（KNL2）には，CENP-A結合配列が欠損していた．このことは，進化の過程でM18BP1（KNL2）のCENP-A結合配列が失われてしまったと考えられる．直接，間接にかかわらず，Mis18複合体がクロマチン上の（古い）CENP-Aと時期特異的に結合

して，セントロメアの目印として働くという機構は進化的に保存されている（**図3**）．

近年，HJURPとMis18複合体が直接結合することが生化学的に明らかになってきたので，細胞内では，CENP-A-H4-HJURPのヘテロ三量体がクロマチン上のMis18複合体を認識して，CENP-A-H4がセントロメア領域のクロマチンへ取り込まれるというモデルは有力である（**図3**）．しかし，現時点のモデルでは，CENP-A-H4-HJURPがMis18複合体を認識するところまでは理解できているが，CENP-Aがクロマチンへ取り込まれる際にどのようにHJURPが外れるのか，あるいは，クロマチン上でCENP-A-H4がどのような機構でヌクレオソームに取り込まれるのかなどについての詳細は明らかではなく，今後の研究課題と思われる．

また，CENP-A-H4がどのようにHJURPと結合しているのかについての理解も必要である．CENP-Aのヒストンホールドの領域内にはセントロメアターゲットドメイン（CATD）とよばれる領域が存在する[18)]．通常のヒストンH3のこの領域とCATDを置換すると，CATDが置換されたH3はセントロメアに局在できる．また，CATDとHJURPは結合するが，CENP-A-H4-HJURPのX線結晶構造解析から，CATD以外の領域もHJURPとの結合に重要であるとの報告もある[19)]．さらに，CATDが置換されたH3は，CENP-Aの機能を完全に補完できるわけではないので[18)]，CENP-Aがクロマチンに完全に取り込まれるためにHJURPやCENP-Aの未解明の機能ドメインの存在も考えられ，それらの研究はきわめて重要である．

4 セントロメアエピジェネティクスとヒストン修飾

CENP-Aに加えて，他のエピジェネティックマーカーがセントロメアで関与している可能性もある．一般にエピジェネティクス制御といえば，ヒストンの修飾が重要であり，セントロメア領域に特異的なヒストン修飾についても探索され[20)]，ヒストンH4の20番目のリジン残基のモノメチル化修飾（H4K20me1）と，ヒストンH4の5番目と12番目のリジン残基のアセチル化修飾（H4K5acとH4K12ac）がセントロメア領域で有意に濃縮されていることが報告されている[20) 21)]．

H4K20me1は，セントロメア領域のクロマチンに細胞周期を通じて存在し，動原体形成に関与している[21]．それに対して，H4K5acとH4K12acは，クロマチンに取り込まれる前のCENP-A-H4-HJUPR中でも見出され，CENP-Aのセントロメア領域への取り込みに関与している[21]．この他にも，セントロメア領域における各種のヒストン修飾が報告されており，セントロメア機能との関連解明が待たれている．特に，CENP-Aが直接受ける修飾は興味深く，CENP-Aの68番目のセリン残基のリン酸化[19]や，124番目のリジン残基のモノユビキチン化[22]が注目を受けている．これらの残基の重要性については，分野内でも論争が続いている．

5 セントロメアクロマチン上での動原体形成機構

セントロメア領域が規定されると，そこに100種類程度のタンパク質が集合して，紡錘体微小管と結合できる構造体である機能的な動原体が形成される．動原体の形成機構の解明は，セントロメア研究の中心的課題の1つである．10年くらい前までは，動原体を構成する因子の同定が大きな課題であったが，プロテオミクス技術の進展によって，ほとんどの構成因子は同定され，それらの集合機構の解明に研究の中心が移っている．

脊椎動物の動原体研究では，構成因子の局在性の解析や遺伝子破壊後の細胞の表現型解析，あるいは精製タンパク質の試験管内再構成などが行われ，構成因子はいくつかのグループに分けられることが明らかになっている[1]．大きな2つのグループとして，細胞周期を通じて構成的にセントロメア領域へ局在するCCAN（constitutive centromere associated network）※2とよばれるグループとG2期の後期から細胞分裂期にセントロメアへ局在し，紡錘体微小管と結合するKMNネットワーク※3とよばれる複合体が重要であり，動原体形成の鍵因子として機能している（図4）．

CCANは，CENP-C，CENP-H，-I，-K〜-U，-W，-Xの16種類のタンパク質からなる複合体であり，CENP-Aを含むクロマチンとKMNネットワークとの橋渡しをしている．CENP-Cは，そのC末端側がCENP-Aに直接結合するとともに，N末端側がKMNネットワークと結合するためにきわめて重要な働きを担うと考えられている[23]．CENP-Cに加えて，CENP-TもそのC末端側は，CENP-W，-Sおよび-Xとヒストン様の構造をとり，セントロメアDNAと結合する一方[24]，N末端側がKMNネットワークが結合できる[25]．動原体構成因子を非セントロメア領域に局在させ，人工的な動原体を作製しようと試みた実験では，CENP-CとCENP-Tが独立にKMNネットワークをリクルートして人工動原体が形成できることが示されており[1]，KMNネットワークのセントロメアへの局在には2つの経路があると考えられる（2パスウェイモデル）（図4）．一方，CENP-Tは，CENP-Cの下流に存在するため，動原体形成の中心はCENP-Cとする「CENP-Cブループリントモデル」を提唱する研究者もいる[23]．この2つのパスウェイが細胞内でどのように働いているか明らかにすることは，脊椎動物の動原体形成機構の理解のうえで不可欠である．興味深いことに，ハエや線虫のようにCENP-Cのみをもち，CENP-Tを欠いた生物が存在する一方，CENP-Tのみをもつ生物種も存在し，CENP-CパスウェイとCENP-Tパスウェイがどのように進化してきたかを解明することも，意義深い課題である．

KMNネットワークは，KNL1複合体，Mis12複合体，Ndc80複合体の3つの複合体を総称してよばれている．Ndc80複合体は，紡錘体微小管と直接結合するタンパク質複合体であり，セントロメア機能において本質的な働きを担っている[1]．Ndc80複合体と紡錘体微小管の結合は，オーロラBキナーゼによるリン酸化によって制御されており，動原体と紡錘体微小管の間違った結合を防ぐ分子機構として機能している．また，動原体や紡錘体微小管の不全を感知して細胞周期の進行を

> ※2 CCAN
> 動原体を構成するサブ複合体の1つで，CENP-C，-H，-I，-K〜-U，-W，-Xの16種類のタンパク質からなる．細胞周期を通じて構成的にセントロメアに結合していることからこの名称（constitutive centromere associated network）でよばれている．

> ※3 KMNネットワーク
> KNL1複合体，Mis12複合体，Ndc80複合体で構成される動原体の複合体の1つ．G2後期からM期にかけて，動原体に結合する．紡錘体微小管に直接結合する複合体である．

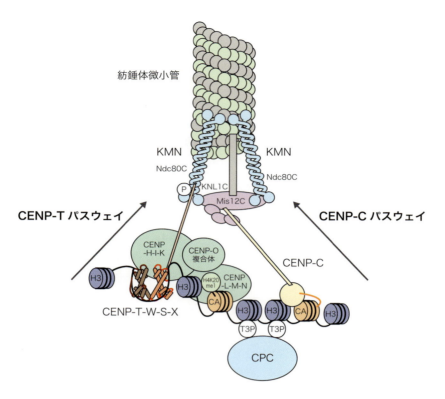

図4 動原体形成における2パスウェイモデル
CCANがKMNをリクルートすることが動原体形成の鍵となるが，CCANタンパク質のうちCENP-CとCENP-T-W-S-Xが独立にKMNをリクルートするというモデルが提唱されている．

停車させるM期チェックポイントタンパク質は，KMNネットワークを介してセントロメアに局在する[1]．

おわりに

ここまで述べてきたように，セントロメア研究には，多くの課題があり多様な手法が用いられている．DNAやクロマチン構造の理解をめざしたゲノム科学，変異体の作製を行う分子遺伝学，染色体動態を観察する細胞生物学，構成タンパク質の再構成を行う生化学，高分解能での構成因子の構造を明らかにする構造生物学，微小管との結合を1分子イメージングで理解しようとする生物物理学などが含まれ，今後分子シミュレーション研究なども行われていくと予想される．セントロメア研究は，歴史こそ古いが，構成因子の同定が約10年前ということを考えると，多様な手法を用いて，多角的なアプローチで研究が行われるようになったのは比較的最近のことである．にもかかわらず，前述したように解決しなければならない問題も山積されている．また，全生物に共通した染色体分配機構がある一方，生物種や細胞種ごとに特有のセントロメア構造やその構築原理が存在することも示唆されており，生物の多様性の面からの理解も今後必要になってくると思われる．染色体の分配にかかわる染色体上の機能領域であるセントロメアには，多くの研究者を惹きつけてやまない謎がまだまだ残されている．

文献

1) Fukagawa T & Earnshaw WC：Dev Cell, 30：496-508, 2014
2) Shang WH, et al：Dev Cell, 24：635-648, 2013
3) Tachiwana H, et al：Nature, 476：232-235, 2011
4) Guo LY, et al：Nat Commun, 8：15775, 2017
5) Pentakota S, et al：Elife, 6：pii: e33442, 2017
6) Chittori S, et al：Science, 359：339-343, 2018
7) Hayashi T, et al：Cell, 118：715-729, 2004

8) Fujita Y, et al：Dev Cell, 12：17-30, 2007
9) Maddox PS, et al：J Cell Biol, 176：757-763, 2007
10) Foltz DR, et al：Cell, 137：472-484, 2009
11) Dunleavy EM, et al：Cell, 137：485-497, 2009
12) Subramanian L, et al：EMBO Rep, 17：496-507, 2016
13) Pan D, et al：Elife, 6：pii: e23352, 2017
14) McKinley KL & Cheeseman IM：Cell, 158：397-411, 2014
15) Hori T, et al：Dev Cell, 42：181-189.e3, 2017
16) French BT, et al：Dev Cell, 42：190-199.e10, 2017
17) Sandmann M, et al：Plant Cell, 29：144-155, 2017
18) Fachinetti D, et al：Nat Cell Biol, 15：1056-1066, 2013
19) Yu Z, et al：Dev Cell, 32：68-81, 2015
20) Hori T, et al：Dev Cell, 29：740-749, 2014
21) Shang WH, et al：Nat Commun, 7：13465, 2016
22) Niikura Y, et al：Dev Cell, 32：589-603, 2015
23) Klare K, et al：J Cell Biol, 210：11-22, 2015
24) Nishino T, et al：Cell, 148：487-501, 2012
25) Nishino T, et al：EMBO J, 32：424-436, 2013

＜著者プロフィール＞
深川竜郎：1995年にオックスフォード大学のEd Southernの研究室でWilliam Brownとセントロメアや人工染色体に関する研究をはじめて以来，一貫してセントロメアに関連する生命現象を研究している．国立遺伝学研究所にて研究室を開き，10数年遺伝研で研究をしていたが，2015年より大阪大学生命機能研究科に研究室を移して，セントロメア生物学研究を継続して楽しんでいる．

第1章 染色体はどのような部品からできているのか？

4. テロメアの生物学
―老化・がん化の分子基盤

林　眞理

真核生物染色体の自然末端は，DNA切断による傷害末端と区別して保護しなければならず，その役割を担うのがテロメアである．2009年にノーベル生理学・医学賞がテロメア研究の功績に与えられてから9年が経過し，テロメア研究は基礎分野のみならず，老化やがん化とのかかわりから臨床・応用分野に幅広く展開を見せている．本稿ではまず生物種間におけるテロメアの類似点と相違点を整理しながら，テロメアの本質的な機能と重要性について概説する．そして主に哺乳動物の研究から明らかになったヒトテロメアの構造，老化やがん化における役割を論説し，今後のテロメア研究の展開を基礎研究分野の視点から議論したい．

はじめに

テロメア研究の歴史は，2人のノーベル賞受賞者によって1930年代に幕を開けた．MullerとMcClintockはそれぞれショウジョウバエ，トウモロコシの染色体に放射線を照射する研究から，自然な染色体末端が保護されていると考え，Mullerはそのような保護構造を「テロメア」と名付けた．DNAの構造や複製様式が明らかにされると，一方向性のDNAポリメラーゼは，ラギング鎖のDNA末端を完全に複製できないことが予想され，末端複製問題として発表された．このことは，テロメアDNAの末端が複製のたびに短くなることを意味しており，細胞分裂を続ける単細胞真核生物においては，末端複製問題を解消してテロメアDNAを維持する機構の存在が示唆された．その後GreiderとBlackburnによってテロメア配列を伸長するRNA依存的DNAポリメラーゼが同定され，テロメラーゼと名付けられた．Szostakらは出芽酵母テロメラーゼ変異株のスクリーニングに成功し，細胞分裂とともにテロメア短小化と細胞老化の表現型を示すことを発見した．

[略語]
ALT：alternative lengthening of telomere
　　　（テロメラーゼ非依存的テロメア伸長）
BIR：break-induced replication
BFB：breakage-fusion-bridge
CST複合体：Cdc13/Ctc1-Stn1-Ten1 complex
DC症候群：dyskeratosis congenita syndrome
DDR：DNA damage response（DNA傷害反応）
DSB：double strand break（二重鎖切断）

HPV：human papillomavirus
HR：homologous recombination（相同組換え）
LINE：long interspersed element
NHEJ：non-homologous end joining
　　　（非相同末端結合）
TIF：telomere dysfunction induced foci
　　　（DNA傷害として認識されたテロメア）

Biology of Telomeres-a molecular basis of aging and tumorigenesis
Makoto T Hayashi[1) 2)]：The Hakubi Center for Advanced Research, Kyoto University[1)] /Graduate School of Biostudies, Kyoto University[2)]（京都大学白眉センター[1)] / 京都大学大学院生命科学研究科[2)]）

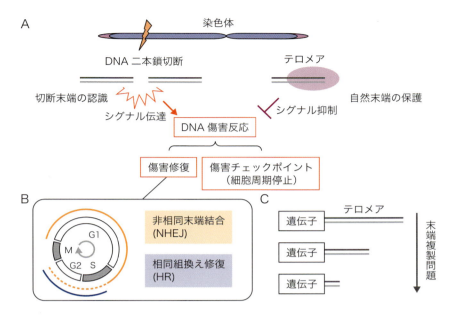

図1　テロメアの機能
A）染色体DNAの切断（DSB）は最も重篤なDNA傷害の1つで，すぐさま切断末端が認識されるとともにシグナルが伝達され，DNA傷害反応（DDR）が活性化される．DDRにおいては傷害チェックポイントによって細胞周期が停止され，その間に傷害が修復される．修復が完了すると細胞周期は再開される．線状染色体の自然末端は，同様の反応を引き起こしてしまうため，テロメアという特殊なDNAとタンパク質の複合体によって保護されている．B）細胞周期における傷害修復経路の選択．HRは正常な姉妹染色体の配列をコピーするため非常に正確であるが，NHEJは再結合部位に欠失や挿入変異が入ることがある．C）末端複製問題によってDNA末端が短小化すると，遺伝情報が失われる危険がある．テロメアは特定のタンパク質をコードしておらず反復配列であるため，末端短小化の緩衝装置の機能を果たす．

これら一連の研究の功績を讃えて，2009年にBlackburn, Greider, Szostakの3氏にノーベル生理学・医学賞が授与された[1]．

ヒトのテロメア配列やテロメラーゼが同定されると，ヒトの体細胞ではテロメラーゼが十分に発現しておらず，テロメアが分裂のたびに短くなっていることが確認された．さらにテロメラーゼの過剰発現によって体細胞が不死化されることが証明され，テロメアと老化が密接にかかわることが明らかとなった．一方，がん細胞ではテロメラーゼが発現されており，がん細胞の無限増殖能にテロメアの維持が必須であることがわかると，テロメアとがんとの関係にも注目が集まり，テロメア研究は基礎分野のみならず臨床応用分野にも大きな展開を見せている．本稿ではテロメアの本質的重要性を概説するとともに，応用分野にも資するテロメアと老化やがん化とのかかわりについて，テロメア構造との観点から議論したい．

1 テロメアの生物学

1）テロメアの機能

テロメアは，特殊なDNA配列と，そこに結合するタンパク質からなる複合体である．テロメアを構成する分子機構は生物種ごとに多様性がみられるが，必要とされる機能は一貫している．染色体末端を，DNA傷害で生じたDSB（double strand break）末端と区別して保護することである（**図1A**）．DSBの放置は遺伝情報の喪失をもたらすため，すぐさまDDR（DNA damage response）を惹起し，特定のタンパク質群による切断面の認識，シグナルの伝達，細胞周期の停止，DNA傷害の修復がカスケード状に展開される（**図1A**）．細胞周期の停止機構はDNA傷害チェックポイントとよばれ，これにより傷害の次世代への継承が妨げられる．この間に，傷害修復反応が進行し，細胞周期に応じて異なる反応によってDNA傷害が修復される．

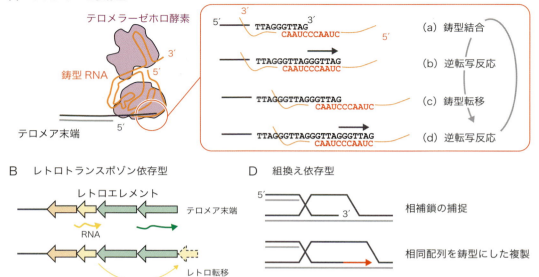

図2 テロメア配列維持機構の多様性

A）テロメラーゼは複数のタンパク質が結合した複合体であり,鋳型部分を含むRNAとも結合している.ここではヒトのテロメラーゼをモデルとして示す.テロメラーゼは,テロメア結合因子との相互作用によってテロメア末端への局在を制御されている.鋳型RNAは13 merのGテイルと相補的な配列をもち,その3'側の一部がGテイル末端へ結合すると(a),逆転写によって残りの部位が伸長される(b).これによって新たにできた末端部位に,鋳型RNAがスライドして結合し(c),再び逆転写反応が起きる(d).このくり返しによって,テロメア末端の伸長が行われる.**B）**染色体末端に複数のLINEが局在する種では,RNAの転写と逆転写を介して,新しいコピーが染色体末端に転移されることで末端が維持される.**C）**テロメアリピート内にLINEが挿入された例.非常に弱いテロメラーゼ活性によるリピート付加と,LINEのテロメアリピート内転移によって末端を維持する.**D）**染色体末端に長さや配列の多様な反復配列が見つかる場合には,組換えによってテロメアが維持されている可能性が高い.LINEも転移だけでなく組換えによって保持することもできる.反応は相補鎖の捕捉からはじまり,相同鎖をテンプレートにした複製,その相補鎖の合成という順に進行する.この反応をBIR(break-induced replication)とよぶこともある.

G1期においては,NHEJ(non-homologous end joining)によって,切断断片どうしが直接再結合される.一方S期後期からG2期にかけては,主にHR(homologous recombination)によって,複製後の姉妹染色体をテンプレートとした修復が行われる(**図1B**).よってテロメアは,これらの反応を染色体末端において抑制しなければならない.また,もう1つのテロメアの重要な機能として,末端複製問題に対する緩衝装置の役割があげられる.複製による末端配列の短小化は末端近傍の遺伝情報の喪失につながるため,テロメアがある程度の短小化を許容している(**図1C**).

2）テロメアの多様性

前述の機能を保証するためには,テロメア配列を他の染色体領域と異なる配列として伸長・維持する機構,および末端保護と維持を担うテロメア結合タンパク質の存在が必要不可欠であり,これらはすべての線状染色体をもつ真核生物で共通した特徴といえる.しかしその分子機構については多様性がみられる.前者については3つの機構が報告されており(**図2**),後者はテロメア配列に依存して多様化する傾向がある(**図3**).

ⅰ）テロメラーゼによる維持機構

テロメラーゼは真核生物において最も普遍的にみら

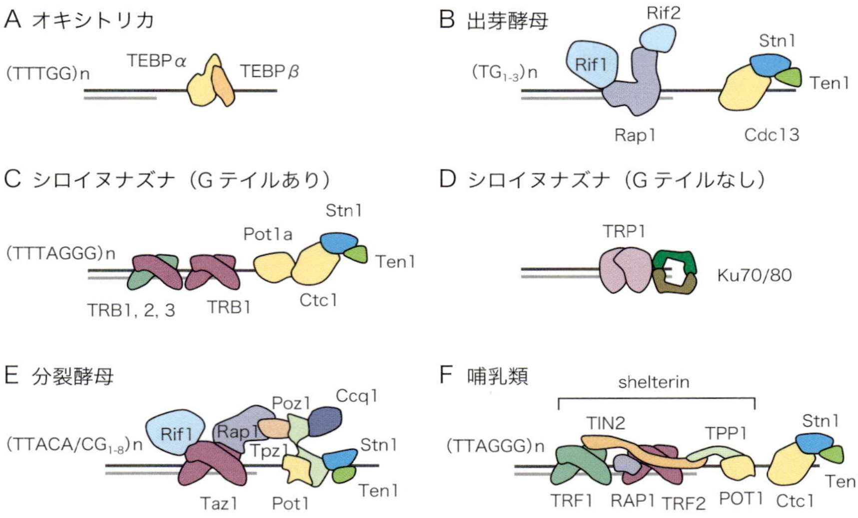

図3　テロメア結合タンパク質の多様性

A) 単細胞生物オキシトリカのテロメアGテイルにはTEBPα/βヘテロダイマーが結合し，末端保護やテロメラーゼ活性の制御を担う．**B)** 出芽酵母の二本鎖はRap1，GテイルはCST複合体が結合し，独立に機能している．**C)** シロイヌナズナは複数の二本鎖結合タンパク質（TRB1, 2, 3）をもつ．これらはホモ・ヘテロダイマーやマルチマーを形成し，テロメア二本鎖に結合する．Gテイルには一本鎖結合タンパク質Pot1aが結合，CST複合体と協調してテロメラーゼの活性を制御している．**D)** シロイヌナズナテロメアは平滑末端でも安定に維持される．これには，非常によく種間保存されたDNA傷害修復タンパク質であるKu複合体が，テロメア結合タンパク質TRP1との結合を介して関与している．**E)** 分裂酵母テロメアタンパク質複合体は哺乳類のそれと構造的，機能的に類似している．Taz1は二本鎖，Pot1は一本鎖に直接結合する一方，Rap1-Poz1-Tpz1がそれらの間を架橋している．またRif1，Ccq1がそれぞれTaz1，Tpz1に結合し，複製制御やテロメラーゼ活性制御に機能している．CST複合体のうちCdc13/Ctc1のホモログは同定されておらず，Stn1-Ten1はTpz1を介してテロメア一本鎖に結合すると考えられている．**F)** マウスやヒトのテロメア二本鎖はTRF1，TRF2に，一本鎖はPOT1に認識され，それらの間をTIN2-TPP1が架橋している．このように多様なテロメア結合因子が同定されているが，種を超えた特徴として，二本鎖テロメア配列への結合はMyb/Santやそれに類似するドメインが，一本鎖テロメア結合はOB（oligonucleotide/oligosaccharide binding）-foldドメインが担うことが多い．それぞれの生物種において，テロメア結合因子は他にも同定されているが，ここでは主に恒常的にテロメアに結合し，テロメア長制御やテロメア保護に関与するものを示している．

れる機構である（**図2A**）．RNA中の短い配列をくり返し鋳型としてテロメアを伸長するため，テロメア配列は単純リピート配列となることが多く，動物，菌類，アメーボゾアでは(TTAGGG)n，植物では(TTTAGGG)n，節足動物では(TTAGG)nが広くみられる．モデル生物では，テトラヒメナ(TTGGGG)n，出芽酵母(TG$_{1-3}$)n，分裂酵母(TTACAG$_{1-8}$)n，線虫(TTAGGC)n，シロイヌナズナ(TTTAGGG)nなどが含まれる．その普遍性は真核生物共通の祖先がテロメラーゼ依存的にテロメア維持していたことを示唆しているが，進化の過程においてテロメラーゼは複数回独立に失われている．

目を含む複数の目においてテロメラーゼやテロメア配列が失われている[2]．キイロショウジョウバエでは染色体末端にnon-LTR型レトロトランスポゾン（LINE）配列が存在し，末端配列維持に機能している（**図2B**）．カイコ，トリボリウムはそれぞれ(TTAGG)n，(TCAGG)n配列を末端に有するが，テロメア配列内にそれぞれの配列特異的LINEが挿入されている（**図2C**）．これらの生物種はテロメラーゼ活性が非常に弱く，テロメラーゼ型からレトロトランスポゾン型への遷移過程であるという興味深い仮説が提唱されている[3]．

ii）レトロトランスポゾンによる維持機構

例えば昆虫綱ではショウジョウバエ科の属する双翅

iii）相同組換え経路による維持機構

オオユスリカなど双翅目に属する昆虫では，染色体末端に長さや配列の多様なサテライトリピートが見つ

かっており，HR経路に依存した機構でテロメアが維持されていると提唱されている[3]．またこの機構は，テロメラーゼ依存型の生物がテロメラーゼを失った際に活性化されることが知られている．例えば出芽酵母，分裂酵母におけるテロメラーゼ遺伝子の欠失は，HR依存型のサバイバーを生じる[4)5)]．また，興味深いことにヒトのがん細胞の90％はテロメラーゼ依存型である一方，残り10％はHRに依存したテロメラーゼ非依存的テロメア伸長（ALT）を活性化している[6]（図2D）．

iv）テロメア結合タンパク質

テロメア配列特異的に結合する因子と，DNA傷害末端などにも結合するテロメア非特異的因子とがある．前者では，テロメア配列に応じて種間での多様性がみられるが，その機能はおおむね保存されており，末端の保護，複製制御，テロメラーゼ制御などを担っている[7)8)]（図3）．またテロメア配列非特異的因子であっても，テロメア特異的因子との相互作用などで制御され協調することで，テロメア保護や維持に機能している．例えばKu複合体などがこれにあたる．ショウジョウバエのレトロトランスポゾン配列にもHOAP，HipHop，Ver，Moiといった結合因子が同定されているが，これらは配列非特異的因子であり，どのように染色体末端に局在するのかはよくわかっていない[9]．

2 ヒトテロメアの構造と機能

1）ヒトテロメアの構造

テロメアDNAは二本鎖部位が2〜10 kb程度で，3′末端が突出するGテイル構造をとる（図4A）．二本鎖，一本鎖部位に直接結合するタンパク質として，TRF1，TRF2およびPOT1がそれぞれ同定されている．さらにそれらに結合・架橋するタンパク質としてTIN2，TPP1，RAP1が同定されており，複合体を総称してshelterinとよぶ[10]（図3F）．またPOT1と相互作用することが知られるテロメア一本鎖結合因子としてCST（Ctc1/Cdc13, Stn1, Ten1）複合体が同定されている．非常に保存された因子で（図3），テロメアの保護やテロメラーゼ制御に必要とされているが，機能未知の部分も多い[11]．さらに近年新たに，長すぎるテロメアをトリミングするテロメア結合因子TZAPが同定さ

れた[12]．他の機能未知因子の探索は今後の課題である．

染色体末端ではTRF2の働きによってGテイルが二本鎖部位に潜り込み，ループ構造（Tループ）をとることで末端を物理的に保護すると考えられている[13]（図4A）．またTRF1とTRF2は，TRFHドメインを介してさまざまな因子と結合することができ，細胞周期やその他の条件依存的にテロメアにリクルートされるタンパク質によってもテロメアの正常な機能が保たれている．例えば，複製困難領域であるテロメアでは，BLMヘリカーゼをTRF1がリクルートすることで円滑な複製が保障されている[14]．

2）テロメアと老化

i）細胞老化におけるテロメアの役割

ここからは，より生理的なテロメアの機能について解説する．細胞の複製老化メカニズムは，短小化して保護の解かれたテロメアによるDDRの活性化である．また単細胞生物においてもテロメラーゼの働きを阻害すると，ある一定回数の分裂をくり返した後に細胞が死滅するため，テロメア長は細胞の分裂回数を決める時計の役割を果たしているといえる．では，老化の際のテロメア末端はどのような構造をとるのだろうか．

ii）テロメア保護の3段階仮説

TRF2かテロメアリピートを完全に失った染色体末端は，チェックポイントを活性化することで細胞周期を止め，脱保護されたテロメア間のNHEJにより，染色体末端の融合が起きる（図4D）．では，ヒト体細胞において徐々に短小化するテロメアは，保護構造から突如として脱保護状態になるのだろうか？がん細胞テロメアの観察から，保護状態（closed-state）（図4B）と脱保護状態（open-state）（図4D）の間には遷移的な状態として「半保護状態（intermediate-state）※1」が存在することが提唱された[15]．保護状態が解かれて，DNA傷害として認識されたテロメアは，ヒストンH2A.Xのリン酸化や53BP1などの因子が結合したTIF（telo-

---

※1　半保護状態

脱保護状態テロメアが2つ存在し，NHEJによって融合されたとしよう．するとこれは傷害修復であるため，チェックポイントを解除する．融合染色体はS期を経てM期にもち越され，正常な染色体分配を阻害し，さまざまながん化に資する異常を生じる．よって半保護状態のテロメアは，細胞老化において，染色体融合を引き起こさずに，安全に細胞周期を停止する機能をもつと考えられる．

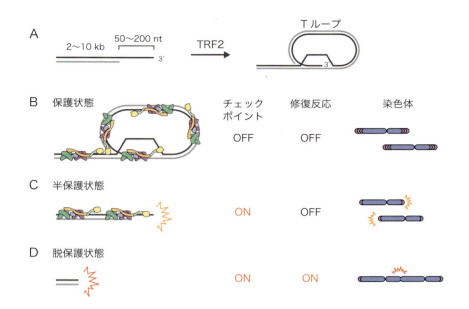

図4　哺乳類テロメア保護機構
A）GテイルはTRF2の機能によって二本鎖リピート部位へ潜り込み，ループ状の構造（Tループ）を形成する．B）保護状態では，Tループによって末端が完全に保護され，チェックポイント，修復反応ともに不活化されている．C）半保護状態はテロメアリピートの短小化や細胞周期M期停止によってもたらされ，DNA傷害チェックポイントを活性化するが，修復反応は依然抑制する．よって染色体末端の融合は起きない．おそらく末端部位に依然としてTRF2などが結合しており，修復反応を抑制していると考えられる．D）脱保護状態はテロメアリピートをほぼ完全に喪失した状態で，通常のDNA傷害と同じようにチェックポイント，修復反応を活性化する．結果として染色体間の融合が起こりうる．

mere dysfunction induced foci）を形成する．複製によって短小化したテロメアはTIFを形成するが，染色体末端の融合は引き起こさない[16]．このことはこれらのテロメアが，傷として認識されているにもかかわらず，NHEJによる融合を免れていることを示している．つまり半保護状態とは，DNA傷害チェックポイントを活性化するが，NHEJを抑制する状態である（**図4C**）．このことから分裂をくり返したヒト体細胞では，半保護状態のテロメアがDNA傷害チェックポイントを活性化することで細胞周期が停止する，つまり細胞老化に至ると提唱された[16]．

われわれはさらに，半保護状態テロメアが細胞周期M期停止によっても引き起こされることを発見した[17]．いまだ分子機構に不明な点が多いが，M期停止細胞の細胞死や，続くG1期での細胞周期停止にかかわっていると考えられ，染色体不安定化に資するM期停止細胞を集団から除去する役割を担っているというモデルを提唱した（**図5A**）．

ⅲ）個体老化とテロメアの関係

ヒトの個体老化とテロメア長には相関があり，年齢の増加とテロメア長は反比例する．しかし明確な因果関係が明らかになったのは，ヒトにおけるテロメラーゼ関連遺伝子の疾患の同定による．

ヒトの骨髄疾患で，早老症[※2]様の症状を呈するDC（dyskeratosis conjenita）症候群の患者において，テロメラーゼの活性化にかかわるDyskerinという遺伝子に変異が同定された．その後次々とテロメラーゼ関連遺伝子やテロメア維持機構関連因子の変異を原因とする疾患が報告されている[18]．このことはヒトにおいてもテロメア維持機構の破綻が個体老化の引き金となる

※2　早老症
若年において白髪，脱毛，白内障など老化様の症状がみられる遺伝的疾患．ウェルナー症候群（Werner），ハッチンソン・ギルフォード・プロジェリア症候群（Hutchinson-Gilford Progeria）などがよく知られる．患者では同年齢の健常者と比較してテロメアの短小化がみられる．

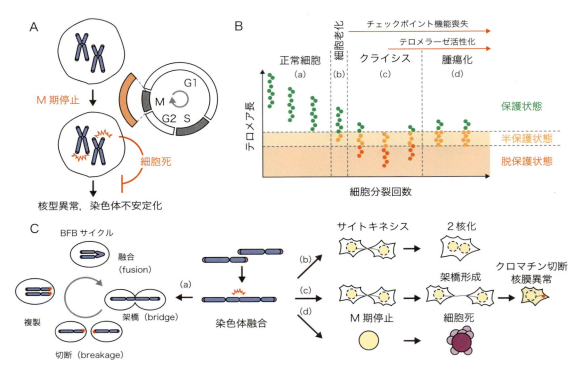

図5 テロメア末端保護状態の生理的機能
A) 細胞周期M期停止は，半保護状態のテロメアを生じる．M期停止細胞は染色体分配の失敗を経て，核型異常や染色体不安定化を引き起こす可能性をもつ．半保護状態テロメアはM期細胞死や，続くG1期での細胞周期停止を介して，異常な細胞の増殖を防ぐ．B) ヒト体細胞におけるテロメア長と細胞分裂回数の関係．1つの細胞内のテロメア長のばらつきをドットとしてあらわす．各染色体のテロメア長はばらついているが，正常細胞では保護状態（緑）である．テロメラーゼを発現していない細胞では分裂のたびにテロメアが短小化する（a）．ある分裂回数に達すると半保護状態（橙）となったテロメアが生じ，DNA傷害チェックポイント依存的に細胞周期が停止する（b）．チェックポイントを失った細胞は分裂を続け，クライシス期に突入する（c）．脱保護状態（赤）の染色体末端が出現し，染色体融合に依存した染色体異常が蓄積すると同時に細胞は死滅する．稀にテロメラーゼを活性化した細胞ではテロメア長が回復し，増殖を続けて腫瘍となる（d）．ほとんどの腫瘍細胞のテロメアは非常に短く，保護状態と半保護状態のテロメアが観察される．C) 染色体融合の運命に関する複数の仮説．(a) BFBサイクル仮説，(b) サイトキネシス阻害による2核（4倍体）形成，(c) 架橋形成に続くクロマチン切断と核膜の異常，(d) M期停止，M期テロメア脱保護（A参照）に続く細胞死．

証明となった．一方疾患のない正常なヒト個体においては，さまざまな要因が老化にかかわると考えられるため，テロメア短小化の老化への寄与がどの程度あるかは今後の解析が待たれる[18]．

3）テロメアと細胞のがん化

複製老化の際に活性化されるべきチェックポイント経路に変異があるとどうなるだろうか．例えば有名な例は，子宮頸がんの原因となるヒトパピローマウイルス（HPV）の産生するがん遺伝子E6とE7によるチェックポイント因子p53とRbの機能阻害である．E6/E7を発現した細胞は細胞老化を回避し，さらに分裂を続けることができる．しかしテロメアは短小化を続けるため，半保護状態を通り越し，脱保護状態へと移行して染色体融合が生じる（図5B）．この時期はクライシス期とよばれ，細胞死が頻発することで細胞集団は徐々に減弱していく．しかし一部の細胞においてテロメラーゼが活性化されることで不死化し，腫瘍化すると考えられている．つまりクライシス期は細胞のがん化の最初期段階と捉えることができる．

染色体の融合の引き起こす異常として，最も広く受け入れられている仮説は染色体が融合と切断をくり返すBFBサイクル仮説[※3]である（図5C-a）[19]．一方融

合によって生じたM期後期のクロマチン架橋がサイトキネシス阻害，細胞の2核化を引き起こすというモデルや（**図5C-b**）[20]，同架橋が続くG1期にもち越され，核膜異常，ヌクレアーゼによる切断などを経て染色体異常を引き起こすというモデルも近年提唱されている（**図5C-c**）[21]．一方われわれは，染色体融合が細胞周期M期の停止を引き起こし，その後の細胞死を誘導することを報告した（**図5C-d**）[22]．すなわち，クライシス期の染色体融合は，がん化を促進する染色体不安定化と，がん化を抑制する細胞死の双方にかかわる諸刃の剣のような働きをすると考えられるが，染色体融合がM期停止を引き起こす機構や，前述のさまざまな融合後の表現型が，それぞれ排他的であるのか，互いに因果関係があるのかについてはよくわかっていない．

おわりに

テロメアの生物学において基礎学問として興味深いのは，テロメアの進化や現生生物におけるテロメア維持機構の多様性と普遍性である．シークエンス技術が発展した現在においても，高度に反復した配列であるテロメアやその近傍配列の解析は容易ではない．今後さまざまな生物種において染色体末端配列，結合タンパク質やその維持機構が明らかになるにつれ，まだ未知のテロメア維持機構が発見される可能性もある．誌面の都合上触れることができなかったが，環状染色体から線状染色体への進化も非常に興味深いトピックである[23]．

同じく今後の展開が期待されるのは，テロメアとさまざまな生体反応の関係の理解である．例えば本稿でとり上げた細胞・個体老化や細胞のがん化との関係に付随した問題として，さまざまな内因性・外因性のストレスとテロメア長，個体寿命の関連や，テロメア長が世代を超えて遺伝する様式などがあげられる．一般の興味を引くトピックでもあるため，相関関係と因果関係を明確に区別する堅実なサイエンスが求められることは言うまでもない．

文献

1) Blackburn EH, et al：Nat Med, 12：1133-1138, 2006
2) Mason JM, et al：Chromosoma, 125：65-73, 2016
3) Mason JM, et al：Telomere Maintenance in Organisms without Telomerase.「DNA Replication-Current Advances」（Seligmann H, ed），pp323-346, IntechOpen, 2011
4) Claussin C & Chang M：Microb Cell, 2：308-321, 2015
5) Jain D, et al：Nature, 467：223-227, 2010
6) Pickett HA & Reddel RR：Nat Struct Mol Biol, 22：875-880, 2015
7) Procházková Schrumpfová P, et al：Front Plant Sci, 7：851, 2016
8) Giraud-Panis MJ, et al：Front Oncol, 3：48, 2013
9) Kordyukova M, et al：Curr Opin Genet Dev, 49：56-62, 2018
10) Palm W & de Lange T：Annu Rev Genet, 42：301-334, 2008
11) Ishikawa F：CST Complex and Telomere Maintenance.「DNA Replication, Recombination, and Repair」（Hanaoka F & Sugasawa K, eds），pp389-401, Springer, 2016
12) Li JS, et al：Science, 355：638-641, 2017
13) Doksani Y, et al：Cell, 155：345-356, 2013
14) Zimmermann M, et al：Genes Dev, 28：2477-2491, 2014
15) Cesare AJ & Karlseder J：Curr Opin Cell Biol, 24：731-738, 2012
16) Cesare AJ, et al：Mol Cell, 51：141-155, 2013
17) Hayashi MT, et al：Nat Struct Mol Biol, 19：387-394, 2012
18) Blackburn EH, et al：Science, 350：1193-1198, 2015
19) Maser RS & DePinho RA：Science, 297：565-569, 2002
20) Pampalona J, et al：PLoS Genet, 8：e1002679, 2012
21) Maciejowski J, et al：Cell, 163：1641-1654, 2015
22) Hayashi MT, et al：Nature, 522：492-496, 2015
23) de Lange T：Front Genet, 6：321, 2015

※3 BFBサイクル仮説

融合（fusion）した染色体がM期後期から終期に架橋（bridge）を形成，細胞質分裂時に切断（breakage）されることで続く細胞周期に新たな融合（fusion）を生じるというサイクルをくり返すモデルであり，がん細胞においてみられるテロメア近傍領域の異常なくり返し配列増幅が間接的証拠となっている．

＜著者プロフィール＞

林 眞理：分裂酵母のDNA複製研究で大阪大学理学研究科卒業・理学博士（升方久夫教授）．2009〜'15年まで米国ソーク研究所に留学，Jan Karlseder研究室で，ヒト培養細胞のテロメア研究に従事．'15年より京都大学白眉研究者．染色体の維持や継承の美しさに惹かれて研究を続けてきた．現在は染色体維持機構の破綻が細胞にもたらす影響に特に興味がある．染色体融合を可視化するシステムの開発などを通してこの問題に挑戦している．

第1章　染色体はどのような部品からできているのか？

5. ヒストンの細胞内ダイナミクス

木村　宏

> ヒストンは，細胞質で合成された後にシャペロンと結合して細胞核に輸送され，H3-H4がDNAとともにテトラソームを形成し，ついでH2A-H2Bがアセンブルすることでヌクレオソームが形成される．H3には，複製依存的なバリアント（H3.1，H3.2）と複製非依存的なバリアント（H3.3等）が存在し，それぞれに特異的なシャペロンが働く．いったん形成されたヌクレオソームは試験管内では非常に安定であるが，エンハンサーなどのアクセシビリティーが高くアセチル化された領域では高頻度でH3の交換が起こる．ヒストン分子自体のダイナミクスに加えて，ゲノム機能の発現に重要なヒストン修飾のダイナミクスも最近追跡できるようになってきた．

はじめに

ヌクレオソームは，H2A，H2B，H3，H4の4つのコアヒストンが2分子ずつ存在する八量体と約150塩基対のDNAが結合した構造である（ヒストンとヌクレオソームについては第1章-1を参照）．このヌクレオソーム構造は生化学的に非常に安定であるが，生体内ではダイナミックに変動し，ヒストンの入れ換えが起こる．また，ヒストン分子の入れ換えはなくとも，ヒストン上の翻訳後修飾により，ヌクレオソームの性

[略語]
ANP32E：acidic leucine-rich nuclear phosphoprotein 32 family member E
ASF1：anti-silencing function 1
ATRX：α-thalassemia/mental retardation X-linked
CAF1：chromatin assembly factor 1
ChIP：chromatin immunoprecipitation（クロマチン免疫沈降）
DAXX：death domain-associated protein
FACT：facilitating chromatin transcription
HAT1：histone acetyltransferase 1
HDAC1：histone deacetylase 1
HIRA：histone cell cycle regulation-defective homolog A
INO80：inositol-requiring protein 80
NAP1：nucleosome assembly protein 1
NASP：nuclear autoantigenic sperm protein
PCNA：proliferating cell nuclear antigen（増殖細胞核抗原）
PR-Set7：PR/SET domain-containing protein 7
RbAp46/48：pRb-associated protein 46 and 48
SETDB1：SET domain bifurcated 1
SUV420H1/2：suppressor of variegation 4-20 homolog 1 and 2
SWR1：Swi2/Snf2-related 1

Histone dynamics in cells
Hiroshi Kimura：Cell Biology Center, Institute of Innovative Research Tokyo Institute of Technology（東京工業大学科学技術創成研究院細胞制御工学研究センター）

質が変わりうる．このようなヌクレオソームのダイナミクスは，ゲノム機能の維持・複製・発現の制御にかかわると考えられる．

1 ヒストン分子のダイナミクス

1）ヒストンシャペロン

　細胞質で合成されたヒストンは，H2AとH2B，H3とH4がそれぞれシャペロンと結合しつつH2A-H2BまたはH3-H4の二量体を形成し，インポーティンにより核に輸送される[1]．シャペロンは，塩基性のヒストンが酸性のDNAと非特異的に結合するのを防ぎ，ヌクレオソームの形成を促進するタンパク質である．細胞核に入ったヒストンは，DNA複製依存的または非依存的にヌクレオソームに取り込まれる．高等真核生物では，複製依存的に取り込まれるH3バリアント（H3.1，H3.2；本稿では，複製依存的H3バリアントとしてH3.1を代表とする）と複製に依存せずに取り込まれるH3バリアント（H3.3等）が存在し，H3.1/H3.2-H4とH3.3-H4複合体は細胞核内で結合するシャペロンが異なる（図1）[2]．H3.1/H3.2-H4とH3.3-H4に共通するシャペロンとして，NASP（nuclear autoantigenic sperm protein），ASF1（anti-silencing function 1），RbAp46/48（pRb-associated protein 46 and 48）などが働く[1]．一方，H2A-H2B複合体もNAP1（nucleosome assembly protein 1）等のシャペロンやインポーティンと結合し，核内に運ばれる．いったんヌクレオソームが形成されると大部分のH3-H4は安定に保持されるが，H2A-H2Bは頻繁に交換される[3]．核内でのH2A-H2Bの交換反応にはFACT（facilitating chromatin transcription）が主要な役割を果たすと考えられている[1]．

2）H3-H4のダイナミクス

　新規に合成されたH3，H4は，熱ショックタンパク質（Hsc70，Hsp90）と結合した後，NASPとともにH3-H4複合体を形成する（図1）[4][5]．NASPと結合したH3-H4は安定に維持され，核内でAsf1に受け継がれる．細胞質でH3，H4が過剰に存在すると熱ショックタンパク質を介した分解系により分解される．ヒストンはS期に大量に合成されるが，DNA複製が阻害された場合などに過剰のヒストンが供給されることになる．そのような場合に，一定量のヒストンを確保し過剰量のヒストンを分解する必要があるが，NASPをはじめとしたシャペロンとの結合や分解系により，ヌクレオソームと結合しない状態のH3-H4の量が絶妙に調節されている．また，後述するように，逆にH3-H4との結合によりシャペロンの量が調節されることも報告されており[6]，ヒストンとシャペロンの量はさまざまなレベルで調節されており，その全貌の解明が待たれる．RbAp46/48は，主にH3-H4複合体中のH4と結合することに加え，ヒストンアセチル化酵素HAT1（histone acetyltransferase 1）と結合するため，ヌクレオソームに取り込まれる前のヒストンH4は，HAT1の基質であるLys5とLys12がアセチル化された状態（H4K5acK12ac[※1]）にある（図1）[7]．酵母では，ヒストンアセチル化酵素Rtt109がAsf1との複合体の構成成分であることから，ヒストンH3のLys56がアセチル化状態（H3K56ac[※2]）にあるが，動物細胞では，ヌクレオソームと結合していないH3にこのアセチル化はほとんど検出されない[8]．

　哺乳類細胞のDNA複製の際には，複製依存的H3バリアントとH4の複合体（H3.1/H3.2-H4）がクロマチンに取り込まれる（図2）．この複製依存的なH3-H4アセンブリには，CAF1（chromatin assembly factor 1）が働く[1]．CAF1は，DNAポリメラーゼδの補助因子であるPCNA（proliferating cell nuclear antigen：増殖細胞核抗原）と結合し，複製フォークの進行に伴うヌクレオソームのアセンブリを促進する．シャペロンと結合しているときのH3とH4は，H3-H4の二量体であるが，新規ヌクレオソームを形成する際には，2つの二量体が結合した四量体としてDNAと結合しヌクレオソーム様のテトラソーム構造を形成する．その後，2つのH2A-H2B複合体がアセンブルし，ヒストン八量体のヌクレオソームが完成する．新規に形成されたヌクレオソームは，一過的にH4K5acK12ac状態であるが，すみやかに脱アセチル化される．DNA複製時にすでにクロマチンに取り込まれているヒストンのうち，H3-H4の大部分は四量体のまま娘DNA鎖

※1　5番目と12番目のリジン残基がアセチル化されたヒストンH4．

※2　56番目のセリン残基がアセチル化されたヒストンH3．

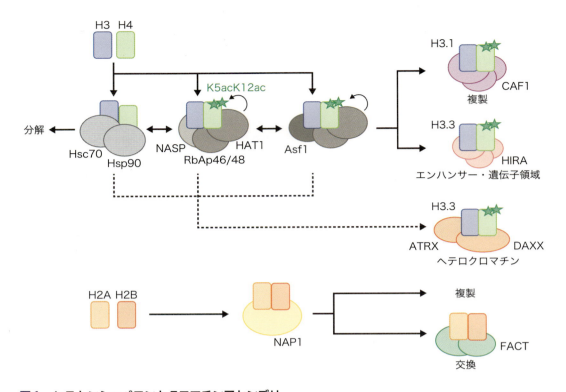

図1 ヒストンシャペロンとクロマチンアセンブリ
H3-H4のヌクレオソームアセンブリは，複雑なシャペロンネットワークにより媒介される．詳細は本文参照．

に受け継がれる（**図2**）．一方，H2A-H2Bの二量体は，ヌクレオソームからいったん解離し，新旧いずれのH3-H4を含むヌクレオソームにも取り込まれる．

複製に依存しないヌクレオソームアセンブリには，H3.3（またはその類縁体バリアント）とH4の複合体が用いられる[1]．ヌクレオソームを形成するH3-H4は比較的安定に保持されるが，特定のゲノム領域では交換反応が起こる．最近，パルスチェイス-クロマチン免疫沈降法（time-ChIP：chromatin immunoprecipitation）を用いて，マウス胚性幹（ES）細胞におけるH3.1とH3.3の交換の頻度が網羅的に解析された[9]．どちらのバリアントとも，エンハンサー領域（特にスーパーエンハンサーとよばれる領域）でターンオーバーが速く，逆にポリコムタンパク質が結合する転写が抑制された領域ではターンオーバーが遅いという傾向がみられている（**図2**）．また，分化誘導した場合も，分化特異的なエンハンサーで速いターンオーバーがみられている．ターンオーバーの速さはクロマチンアクセシビリティーと相関しており，転写因子やクロマチンリモデリング因子の存在により，ヒストンの交換が促進されると考えられる[10]．また，RNAポリメラーゼによる転写伸長はH3-H4の完全な解離がなくとも進行するが，高頻度で転写される遺伝子領域においてもH3.3-H4の交換が起こる[11]．このような交換反応により，増殖を停止した細胞ではH3.3の割合が増え，出生後400日経ったラットの脳では，全H3の87％をH3.3が占めることが示されている[12]．

H3.3-H4のアセンブリに働くシャペロンとして，CAF1ではなく，HIRA（histone cell cycle regulation-defective homolog A）複合体，DAXX（death domain-associated protein）複合体などが知られている[1]．HIRA複合体は，転写因子やRNAポリメラーゼⅡと結合し，転写される遺伝子のプロモーター上や遺伝子領域に存在するヌクレオソームのヒストン交換に働くほか，ヌクレオソーム間のギャップでの新規ヌクレオソーム形成も媒介する．一方，DAXXはATRX

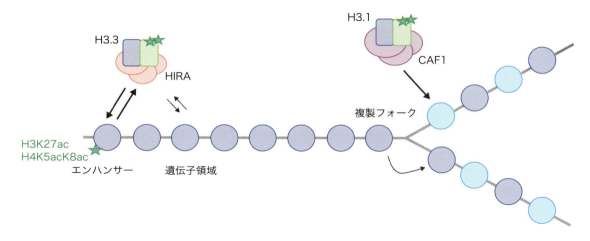

図2　ヒストンH3の取り込みと交換
H3.1は複製依存的にヌクレオソームにアセンブリし，H3.3は複製非依存的にエンハンサー領域で速い交換反応が起こる．複製前のヌクレオソーム中に存在した大部分のH3は娘鎖にランダムに分配される．

（α-thalassemia/mental retardation X-linked）と複合体を形成することで，ATRXのトリメチル化H3 Lys9（H3K9me3※3）結合ドメインを介した結合により，ヘテロクロマチン領域に局在し，テロメアやペリセントロメア領域のヒストン交換に働く[13]．また，DAXXは，H3K9のトリメチル化酵素であるSETDB1（SET domain bifurcated 1）やヒストン脱アセチル化酵素HDAC1（histone deacetylase 1）を含む複合体とも直接結合することで，内在性レトロウイルスの転写抑制に働くことも知られている．DAXXはH3.3-H4と結合すると安定化することから，ヌクレオソームに取り込まれていないH3.3-H4がDAXXの量を制御することで，遺伝子発現の調節に働くことも示唆されている[6]．

3）H2A-H2Bのダイナミクス

H2A-H2Bは，大部分のゲノム領域で比較的速く（半減期2時間程度で）交換されるが，さまざまな活性に伴ってより積極的に交換反応が起こる[3)14]．エンハンサー上でH3-H4の交換が起こる際はもちろんのこと，転写や修復に依存した交換も起こる．H2AのバリアントであるH2A.Zは，転写開始領域やエンハンサー，

インスレーター領域などに局在しており，転写の制御（活性化と抑制の両方）に働くと考えられている[15]．また，初期胚では，DNAメチル化と排他的な局在を示す[16]．H2A.ZのヌクレオソームへのアセンブリはSWR1（Swi2/Snf2-related 1）クロマチンリモデリング因子複合体が，ヌクレオソームからの除去には，INO80（inositol-requiring protein 80）クロマチンリモデリング因子複合体やANP32E（acidic leucine-rich nuclear phosphoprotein 32 family member E）により媒介される．H2A.XとH2A.Zは，DNA損傷修復の際に交換が促進され，H2A.Xの翻訳後修飾とともにクロマチンの損傷応答に働く[17)18]．

2 ヒストン修飾のダイナミクス

1）ヒストン分子ダイナミクスとヒストン修飾

ヒストン分子そのもののダイナミクスに加え，その翻訳後修飾のダイナミクスは，遺伝子発現をはじめとしたゲノム機能の制御に重要な役割を果たしている[19]．また，ヒストンの修飾はヌクレオソームの安定性（すなわちヒストンのダイナミクス）にも寄与する．特に，アミノ基のアセチル化は，電荷を変えることで，ヒストンとDNAとの結合に直接影響しうる．正電荷をもつリジン残基の側鎖にアセチル基が付加されると，電

※3　9番目のリジン残基がトリメチル化されたヒストンH3．

荷をもたなくなることから，リジンやアルギニンにより正電荷をもつヒストンと，リン酸により負電荷をもつDNAとの結合が弱くなると考えられる．実際，少数のリジン残基のアセチル化ではヌクレオソームの物理化学的性質はほとんど影響されないが，高度にアセチル化されると，in vitroでヌクレオソームは不安定になる[20]．細胞中では，アセチル化の影響はこのような物理化学的な性質の違いに加えて，特定の部位のアセチル化を特異的に認識するタンパク質を介して，ヒストンのダイナミクスが制御されると考えられる．アセチル化されたヒストンに特異的に結合するドメインとしてブロモドメインが知られており，ブロモドメインをもつタンパク質は，転写因子やアセチル化酵素，クロマチンリモデリング因子など多岐にわたっている[21]．ヒストンのターンオーバーが速いエンハンサー領域では，H3のLys 27のアセチル化（H3K27ac[※4]）やH4のK5とK8のアセチル化（H4K5acK8ac[※5]）が検出されることから，これらのアセチル化ヒストンに結合するブロモドメインをもつタンパク質（Brd4やクロマチンリモデリング因子など）が，ヒストン交換を促進すると考えられる．

2）クロマチンアセンブリと細胞周期におけるヒストン修飾ダイナミクス

前述のように，クロマチンに取り込まれる前のH4はH4K5acK12ac状態にあり，この修飾はヒストンの核輸送やDNA複製，複製後のクロマチン構造構築等に働くと考えられている[1)7)]．ニワトリDT40細胞でHAT1を欠損させてそれらのアセチル化を消失させた場合，細胞は正常に増殖するが，DNA複製ストレスからの回復に問題が生じることが示されている[22]．一方，哺乳類細胞において，クロマチンに取り込まれる前のH3は，その約5〜30％でK9がモノメチル化（H3K9me1[※6]）されている[8]．このH3K9me1の意義は不明であるが，トリメチル化の酵素の基質としてヘテロクロマチンの形成に働くとも考えられている．

細胞が複製するときは，通常，親細胞と同一の性質をもつ2つの娘細胞ができる．このとき，エピゲノム状態が維持されることで遺伝子発現パターンは維持される．すなわち，クロマチンに取り込まれたヒストンは，親細胞と同じ修飾状態となる．親細胞のヌクレオソームを構成していたH3-H4はランダムに2つの娘鎖に分配されるため，H3-H4上のヒストン修飾も娘細胞クロマチンに半分の密度で保持される．新規にアセンブリしたヌクレオソームは，前述の修飾状態から周りの修飾状態に変換される．アセチル化や転写活性化に関与するH3のLys4のメチル化は，プロモーターやエンハンサー等のDNA配列等に結合する因子などに媒介されてすみやかに付加されると考えられる．実際，これらの修飾のターンオーバーは速いことが示されている[23)24)]．一方，転写抑制に働くH3 Lys9トリメチル化（H3K9me3）やH3 Lys27トリメチル化（H3K27me3[※7]）などの修飾は，複製後すぐには付加されず，G2期から細胞分裂を経て，G1期を通して緩やかに回復する（**図3**）[24]．転写の活性化に働くアセチル化やH3K4トリメチル化などが限定的な局在を示すのに対して，これらの抑制的な修飾はヘテロクロマチン上に広範に存在する．そのため，修飾の密度が半分になっても抑制的な役割を果たすことができると考えられる．H3K9me3やH3K27me3のメチル化酵素がヘテロクロマチン上に局在するにもかかわらず，これらの抑制的な修飾がゆっくりとしか回復しないことから，メチル化酵素の存在量や活性が低く抑えられていることが推察される．これらの酵素の働きが強すぎるとヘテロクロマチンの広がりが進みすぎるかもしれない．一方，これらの修飾レベルは，次のS期がはじまる前に回復している必要があるため，抑制的な修飾がS期の制御に働く可能性がある．

いくつかのヒストン修飾は細胞周期で大きく変動する（**図3**）．ヒストンH4 Lys20のモノメチル化（H4K20me1[※8]）レベルは，G2期からM期にかけて大きく上昇し，G1期の進行につれてしだいに減少する[25)26)]．この変動は，モノメチル化酵素（PR/SET domain-containing protein 7：PR-Set7），脱メチル化酵素（PHD finger protein 8：PHF8），ジ・トリメチル化酵素（suppressor of variegation 4-20

※4　27番目のリジン残基がアセチル化されたヒストンH3．
※5　5番目と8番目のリジン残基がアセチル化されたヒストンH4．
※6　9番目のリジン残基がモノメチル化されたヒストンH3．
※7　27番目のリジン残基がトリメチル化されたヒストンH3．
※8　20番目のリジン残基がモノメチル化されたヒストンH4．

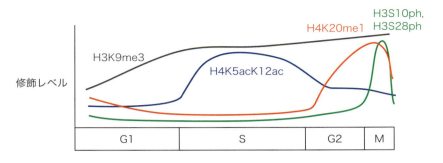

図3　細胞周期におけるヒストン修飾のダイナミクス
ヘテロクロマチンに存在する抑制的修飾（H3K9me3）は，複製して新規に取り込まれたヌクレオソーム上にゆっくりと付加される（複製フォークの進行とカップリングはしていない）．いくつかのヒストン修飾は，細胞周期の進行に伴ってダイナミックに変動する．H4K5acK12ac，H4K20me1，H3S10ph（またはH3S28ph）は，それぞれS期，G2期，M期のよいマーカーとなる．

homolog 1 and 2：SUV420H1/2）のバランスにより調節される．PR-Set7の阻害によりH4K20me1を低下させると細胞分裂に異常が生じることから，その染色体分配に対する重要性が示されている[25]．H4K20me1は，コンデンシンとの結合が示唆されているほか，Cenp-Aのパートナーとしてセントロメアクロマチンに存在することが示されており[27]，これらの機能を介して分裂期クロマチン形成や正常な染色体分配に寄与すると考えられる．また，ヒストンH3のセリン残基（Ser10, Ser28）やスレオニン残基（Thr3）のリン酸化（H3S10ph[※9]，H3S28ph[※10]，H3T3ph[※11]）はM期に大きく上昇する．Ser10やSer28のリン酸化は，オーロラキナーゼBによりS期から少しずつ起こりはじめるがPP1とのバランスによりダイナミックに制御され，核膜が消失する時期に爆発的に促進される[28]．そのため，分裂前中期から中期にかけて大部分のH3でSer10のリン酸化が起こるが，このリン酸化の意義についてはよくわかっていない．一方，Haspinにより形成されるH3T3phは，Survivinと結合することや非対称分裂の制御に働くことがわかっている[29]．細胞周期とヒストン修飾の制御やヒストン修飾意義については未解明なことも多く，その全貌の解明が待たれる．

3）転写活性化とヒストン修飾ダイナミクス

ChIP-seqにより，特定のヒストン修飾と転写との相関性がわかってきた．例えば，転写される遺伝子の転写開始点付近にはH3K4me3[※12]とH3K27acが，エンハンサー領域ではH3K4me1[※13]とH3K27acが濃縮される[19]．しかし，これらの修飾が転写活性化に先立って起こるのか，あるいは，転写された結果として付加されるのか，というダイナミクスの視点に立った解析はあまり行われておらず，転写活性化におけるヒストン修飾の機能の理解には至っていない．実際，遺伝子領域に起こる脱アセチル化やH3 Lys6のメチル化は，RNAポリメラーゼIIに結合する脱アセチル化酵素やメチル化酵素が働くことから，転写に依存した修飾制御であると考えられている．最近，ヒストンやRNAポリメラーゼIIの修飾の動態を生細胞で追跡することが可能になり，H3K27acの存在がグルココルチコイドによる転写の活性化を促進することが示された[30]．

おわりに

シャペロンとの複合体解析をきっかけとして，ヒストンのダイナミクスを司る分子とその作用機構が明らかになってきた．また，ChIP-seqなどのエピゲノム解析を応用して，新規にヒストン分子が取り込まれるゲ

※9　10番目のセリン残基がリン酸化されたヒストンH3．
※10　28番目のセリン残基がリン酸化されたヒストンH3．
※11　3番目のスレオニン残基がリン酸化されたヒストンH3．

※12　4番目のリジン残基がトリメチル化されたヒストンH3．
※13　4番目のリジン残基がモノメチル化されたヒストンH3．

ノム領域の同定やターンオーバーの速さの解析も可能になり，ヒストン分子のダイナミクスに関する理解が大きく進んでいる．同様に，ヒストン修飾のゲノムワイドな局在とそのダイナミクスは，主にChIP-seqによる解析で理解が進んできた．これらの生化学，エピゲノムを用いた解析法に加え，細胞生物学的な解析も進んでいる．当初のフォトブリーチ法を用いた生細胞動態計測によりグローバルなヒストンのダイナミクスが明らかにされてきたが，最近のゲノム可視化技術の開発により特定のゲノム領域での分子や修飾のダイナミクス解析にも道が開かれている（可視化技術については第1章-6，第2章-3参照）．今後，これらの手法をさらに発展させ，また，統合させることで，ヒストン分子とその修飾のダイナミクスの制御機構とゲノム機能発現に対する意義を明らかにすることができると考えられる．一方，培養細胞レベルではなく，発生や分化，病態変化に伴う生体内のヒストンダイナミクスに関しては，あまり理解が進んでいない．生体内の特定の組織や発生段階における少数の細胞を材料とした解析技術，生体イメージング技術を開発・発展させることが求められる．

文献

1) Hammond CM, et al：Nat Rev Mol Cell Biol, 18：141-158, 2017
2) Tagami H, et al：Cell, 116：51-61, 2004
3) Kimura H & Cook PR：J Cell Biol, 153：1341-1353, 2001
4) Campos EI, et al：Nat Struct Mol Biol, 17：1343-1351, 2010
5) Cook AJ, et al：Mol Cell, 44：918-927, 2011
6) Hoelper D, et al：Nat Commun, 8：1193, 2017
7) Parthun MR：Oncogene, 26：5319-5328, 2007
8) Jasencakova Z, et al：Mol Cell, 37：736-743, 2010
9) Deaton AM, et al：Elife, 5：pii: e15316, 2016
10) Harada A, et al：EMBO J, 31：2994-3007, 2012
11) Kulaeva O, et al：Biochim Biophys Acta, 1829：76-83, 2013
12) Piña B & Suau P：Dev Biol, 123：51-58, 1987
13) Voon HP & Wong LH：Nucleic Acids Res, 44：1496-1501, 2016
14) Kimura H, et al：J Cell Biol, 175：389-400, 2006
15) Bönisch C & Hake SB：Nucleic Acids Res, 40：10719-10741, 2012
16) Murphy PJ, et al：Cell, 172：993-1006.e13, 2018
17) Ikura M, et al：Mol Cell Biol, 36：1595-1607, 2016
18) Fukuto A, et al：Nucleus, 9：87-94, 2018
19) Kimura H：J Hum Genet, 58：439-445, 2013
20) Brower-Toland B, et al：J Mol Biol, 346：135-146, 2005
21) Fujisawa T & Filippakopoulos P：Nat Rev Mol Cell Biol, 18：246-262, 2017
22) Barman HK, et al：Biochem Biophys Res Commun, 345：1547-1557, 2006
23) Zee BM, et al：J Biol Chem, 285：3341-3350, 2010
24) Alabert C, et al：Genes Dev, 29：585-590, 2015
25) Beck DB, et al：Genes Dev, 26：325-337, 2012
26) Sato Y, et al：J Mol Biol, 428：3885-3902, 2016
27) Hori T, et al：Dev Cell, 29：740-749, 2014
28) Hayashi-Takanaka Y, et al：J Cell Biol, 187：781-790, 2009
29) Kelly AE, et al：Science, 330：235-239, 2010
30) Stasevich TJ, et al：Nature, 516：272-275, 2014

＜著者プロフィール＞

木村　宏：北海道大学理学部化学第二学科卒業，1996年北海道大学博士（理学）．オックスフォード大学博士研究員，東京医科歯科大学助教授，京都大学特任教授，大阪大学准教授，等を経て，東京工業大学科学技術創成研究院細胞制御工学研究センター教授．ヒストン修飾と転写の生細胞イメージングを中心に，細胞核構造とクロマチンによるゲノム制御機構に関する研究を行っている．

第1章　染色体はどのような部品からできているのか？

6. クロマチンイメージングより迫る核内ダイナミクス

宮成悠介

蛍光試薬で染色された細胞の核を，蛍光顕微鏡を使って眺めてみると，ゲノムDNAは直径数μmの核の内部に収納されていることがわかる．しかしながら，DNA線維の一本一本がどのように核内空間に存在しているのかは見えてこない．これまでの研究から，核内のゲノムDNAの空間的な配置やクロマチン線維の高次構造は，転写反応や複製などのゲノム機能と密接に関与していることが明らかとなってきた．本稿では，種々のクロマチンイメージング技術を紹介するとともに，イメージングによって明らかになったクロマチン動態の役割について議論する．

はじめに

これまでに，多くの生物種のゲノムDNAの塩基配列が決定され，転写制御因子などのさまざまなDNA結合タンパク質が同定されてきた．また近年では，DNAのメチル化やヒストン修飾などのエピジェネティクス修飾が，ゲノム機能に密接に関与していることが明らかになりつつある．しかしながら，核内空間でくり広げられる転写反応は，われわれが想像しているよりも複雑に制御されており，ゲノムDNA配列，転写制御タンパク質，エピジェネティクス修飾などの多くの「役者」が明らかになった現在でも，遺伝子発現の制御機構の全容を理解したとは言いがたい．最近になって，転写制御機構を理解するうえで，これらの役者に加えて，核内におけるクロマチンの局在に注目が集まっている．核内空間は一様ではなく，空間内のどこにクロマチンが局在するかによって，その転写活性などが大きく影響を受ける．また，クロマチン線維は相互作用することで階層的なクロマチン高次構造を形成している．さらに，それらのクロマチン高次構造はダイナミックに変化し，細胞種特異的な遺伝子発現の形成や，細胞間の遺伝子発現の「ゆらぎ」などにも寄与していると考えられている．本稿では，核内空間におけるクロマチン動態を研究するための種々のイメージング技術および，それらの技術によって得られた知見を紹介する．

[略語]
ATAC-seq：assay for transposase-accessible chromatin sequencing
CRISPR：clustered regularly interspaced short palindromic repeat
FISH：fluorescent *in situ* hybridization
STORM：stochastic optical reconstruction microscopy
TAD：topologically associating domain
TALE：transcription activator-like effector
TGV：TALE-mediated genome visualization
ZF：zinc finger

Dissecting nuclear dynamics through chromatin imaging
Yusuke Miyanari[1) 2)]：National Institute for Basic Biology[1)] /Exploratory Research Center on Life and Living Systems[2)]（基礎生物学研究所[1)] /生命創成探究センター[2)]）

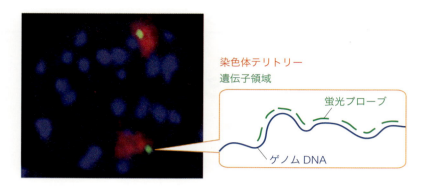

図1 DNA-FISHによる染色体テリトリーと遺伝子領域のイメージング
蛍光プローブを核内のゲノムDNAにハイブリダイズさせることによって，標的ゲノム領域の核内局在をイメージングすることができる．写真は，マウス胚性幹細胞における6番染色体（赤）とNanog遺伝子座（緑）に対するDNA-FISH．

1 DNA-FISH—固定標本における標的ゲノムDNAの核内局在の可視化

DNA-FISH法は，固定した細胞内における標的ゲノム領域の核内局在を，蛍光顕微鏡を用いて観察できる技術である（**図1**）．DNA-FISH法では，蛍光ラベルされた一本鎖DNAプローブを細胞にハイブリダイズさせることによって，そのプローブに相補的な標的ゲノムDNAの核内局在を検出する．また，免疫染色やRNA-FISHと組合わせることによって，標的ゲノム領域と，さまざまな核内構造体（転写ファクトリー，核内ボディ，核小体，核膜など）や転写産物との共局在を解析することが可能である[1]．個々の遺伝子領域を検出するプローブとしてはBACやFosmidなどによってコードされる50〜200 kbp程度のゲノム領域が必要である．

核内空間において，それぞれの染色体は混ざり合うことなく，固有のテリトリー（染色体テリトリー）を形成して存在する．染色体全域をカバーする蛍光プローブでDNA-FISHを行うことで，染色体テリトリーを可視化することができる（**図1**）．染色体テリトリーの立体構造は細胞間で不均一であり，その構造は遺伝子発現に大きな影響を与えると報告されている[2]．ヒトの場合，個々の染色体上には数百〜数千個の遺伝子がコードされており，染色体プローブと遺伝子領域に対するBACプローブを用いてDNA-FISHを行うことで，染色体テリトリー内部の遺伝子領域の局在を解析することが可能となる．染色体テリトリーの内部に局在する遺伝子領域の転写活性は低い傾向にあり，一部の遺伝子では転写活性化に伴って，遺伝子領域が染色体テリトリーの辺縁部に局在する傾向が高いことが報告されている[3]．一方で，どのようにして転写活性化された遺伝子群が，染色体テリトリーの辺縁に集合していくのかは明らかになっておらず，非常に興味深い．また，染色体テリトリーの核内局在は，染色体全体の転写活性と相関があることが報告されており，転写活性の高い染色体は核内空間の内側に局在する傾向にある[2]．細胞分裂に伴って，染色体テリトリーの核内局在はいったんリセットされることから，染色体テリトリーの核内動態は個々の細胞間の転写活性の不均一性に寄与していると考えられるが，その詳細は明らかになっていない．

このように，DNA-FISH法は古くから使われている手法であるが，非常にパワフルであり，標的ゲノム領域の核内局在をイメージングする方法としての第一選択肢である．

2 標的ゲノム領域のライブイメージング技術

クロマチン高次構造は，時間とともにダイナミックに変化する動的なものであり，クロマチン線維が動くことによって，その高次構造も変化し，転写などのさまざまな核内現象に影響を与えると考えられる．前述

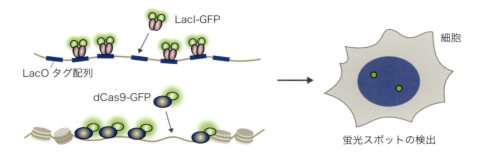

図2 標的ゲノム領域のライブイメージング
LacO/LacI–GFPシステムでは，標的ゲノム領域に複数のLacO配列を挿入することによって，LacI–GFPの集積シグナルを蛍光スポットとして観察することができる．一方，dCas9–GFPシステムでは，標的ゲノムに対する複数のsgRNAを導入することにより，蛍光シグナルをライブイメージングすることが可能となる．

したDNA–FISH法は固定した細胞を用いるために，生きた細胞内でのクロマチンの「動き」を解析することはできない．ここでは，さまざまなDNA結合タンパク質を用いた標的ゲノム領域のライブイメージング技術を紹介する．

1）タグ配列の挿入によるクロマチンイメージング

バクテリア由来のDNA結合タンパク質であるLacIは，17塩基からなるDNA配列（LacO配列）に特異的に結合する．LacO/LacI–GFPシステムでは，標的ゲノム領域の近傍に約250個のLacO配列をタンデムに並べたタグ配列（約10 kbp）を挿入し，細胞内にLacI–GFPを発現させることで，標的ゲノム領域の核内局在をライブイメージングすることが可能である[4]．LacIはホモダイマーとしてDNAに結合することから，標的ゲノム領域に約500個のGFP分子が集積し，比較的明るいスポット上の蛍光シグナルを得ることができる（**図2**）．これまでに複数のグループが，遺伝子領域のライブイメージングを行い，転写活性化状態と遺伝子領域のクロマチン動態の関連について報告しているが，個々の遺伝子領域や細胞種によってその相関は大きく異なる[5]〜[7]．

また，同様な実験系としてTetO/TetRシステムがあり，異なる色の蛍光タンパク質を用いることで複数のゲノム領域をマルチカラーでイメージングすることも可能である[4]．一方，リピート状のタグ配列をゲノムに挿入することは，その標的ゲノム領域のクロマチン構造に影響を及ぼすリスクがあるため，注意が必要である．タグ配列挿入による影響を軽減するために，多くの場合が標的遺伝子領域から数10 kb程度離れたゲノム領域にタグ配列を挿入する．

近年報告されたANCHOR/ParBシステムでは，リピート配列ではない比較的小さなタグ配列（ANCH配列，約1 kbp）を用いることで標的ゲノム領域をライブイメージングすることができる[6]．ANCH配列に特異的に結合するParB–GFPを細胞内に発現させると，ParB–GFPはいったんANCH配列に特異的に結合する．さらに，周辺のゲノム領域にもParB–GFPの結合が起こり，ParB–GFP分子の局所的な集積が誘導される．ANCHORシステムでは，ANCH配列を挿入した周囲のクロマチンへの影響が少なく，LacO/LacI–GFPシステムに代わる新たなライブイメージングシステムとして注目されている．

2）改変型DNA結合タンパク質を用いたクロマチンイメージング

前述のLacO/LacI–GFPなどのシステムでは，ゲノムDNAへのタグ配列の挿入が必須であるが，最近になって，タグ配列の挿入を必要としないクロマチンライブイメージング技術が複数報告されている．その技術の基盤となっているのが，ゲノム編集技術にも用いられているZF（zinc finger），TALE（transcription activator-like effector），やCRISPR/Cas9などの改変型DNA結合タンパク質である．2007年にZaalのグループは，DNA結合タンパク質であるZFタンパク質を人工的にデザインすることによって，シロイヌナズナのペリセントロメア配列に特異的に結合する改変型ZFタンパク質を報告した[8]．その改変型ZFタンパク質

をGFPと融合させ，細胞内で発現させることによって，標的であるペリセントロメア配列の核内局在を生きた細胞内でライブイメージングすることに成功している．2013年にわれわれのグループは，別の改変型DNA結合タンパク質であるTALEを利用して，生きた細胞内で標的クロマチン配列を可視化する技術を報告した（TGV：TALE-mediated genome visualization）[9]．TALEはZFと比べて，その結合特異性を自在にデザインすることができる．また，その配列特異性は非常に高く，1塩基の配列の違いも認識することが可能である．われわれはこのTALEの高い配列特異性を利用し，父方と母方のペリセントロメア領域を異なる蛍光タンパク質でライブイメージングすることに成功している．また，このTGV法を用いることで，マウス胚発生過程における父方および母方由来の染色体の動態をライブイメージングした解析も報告されている[10]．一方で，ZFやTALEによって可視化できる標的配列は，セントロメアやテロメアなどのコピー数の多いくり返し配列に限定されており，ゲノム上に1コピーしかないゲノム領域のイメージングは，現在のところ，容易ではない．

3）dCas9-GFPを用いたライブイメージング

2014年に，Bo Huangらの研究グループは，CRISPR/Cas9システムを応用したクロマチンイメージング技術を報告した[11]．CRISPR/Cas9システムでは，Cas9の結合特異性がsgRNAの配列によって決定される．彼らは，ヌクレアーゼ活性をもたないCas9（dCas9）にGFPを融合させたコンストラクトを細胞内に導入することによって，標的クロマチン配列をライブイメージングすることに成功している．CRISPR/Cas9システムでは，前述したZFやTALEと比較して，コンストラクション作製における労力は少なく，大量のsgRNA発現コンストラクトを容易に作製できる[12]．彼らは標的ゲノム領域に約50種類のsgRNAをタイリング状にデザインし，それらを細胞内で発現させることによって，1コピーのゲノム領域のイメージングに成功している．このシステムでは，タグ配列の挿入を必要としないことが最も大きなアドバンテージである．一方で，標的クロマチンに結合しているGFPが～50個程度と少ないために，蛍光シグナルの検出には高感度の蛍光顕微鏡などが必要となる．また，LacO/LacI-GFPシステムと比べて，その蛍光強度の弱さから長時間のライブイメージングは容易ではない．安定してライブイメージングするためには，より多くの蛍光タンパク質を標的ゲノム領域にリクルートさせる必要がある．GFPの代わりにSunTagを融合させることによって，1分子のdCas9に由来する蛍光シグナルを増強できるが，1コピーのゲノム領域のライブイメージングは，現在のところ容易ではない[13]．また，dCas9-GFPなどの外来のレポータータンパク質を細胞内に発現させることは，標的クロマチンに副次的な影響を与えうることを注意しておく必要がある．

3 クロマチン高次構造を可視化する技術

次世代シークエンサーを応用したさまざまな技術革新により，核内におけるより詳細なクロマチン高次構造が明らかとなっている．最近になって，クロマチン高次構造のイメージング技術が報告されており，ここではクロマチンドメインと，アクセッシブルクロマチン領域をイメージングする2つの最新技術を紹介する．

1）クロマチンドメインの三次元構造をイメージングする

Hi-C法などの次世代シークエンサーを応用したクロマチン高次構造の解析により，0.5～1 Mbp程度のゲノム領域が密集したトポロジカルドメイン（topologically associating domain：TAD）とよばれるクロマチン高次構造の存在が示唆されている[14]．TAD内には複数の遺伝子領域やそれらの転写活性を制御するエンハンサー領域などが含まれており，TAD内部のクロマチン構造変換が転写活性の制御にかかわっている．最近，大量の合成オリゴヌクレオチドを蛍光プローブとして用いるDNA-FISH法が報告されており，従来のBACなどのプローブを用いるよりも，より特異性の高いDNA-FISHシグナルを得ることが可能となっている．既知のTADに対するオリゴプローブを用いたDNA-FISHと，一分子超解像度顕微鏡STORMを組合わせることで，TADの三次元構造をイメージングすることが可能となる[15]．

2）アクセッシブルクロマチン領域をイメージングする

転写因子などのDNA結合タンパク質の多くは，ゲノムDNAがヌクレオソームに巻き付いた状態だと標的DNA配列に結合することができない．そのため，プ

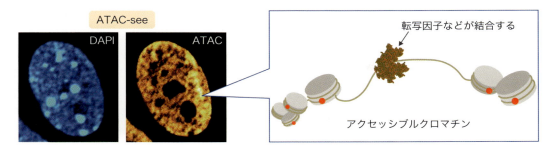

図3　アクセッシブルクロマチンのイメージング
ゲノム上のエンハンサーやプロモーターなどの転写制御領域はヌクレオソームによって占有されていないアクセッシブルクロマチン構造をとる．この領域は，転写因子などのDNA結合タンパク質がアクセスしやすい状態になっており，転写の活性化などさまざまな核内イベントに関与している．

　ロモーターやエンハンサーなどの転写調節領域は，ヌクレオソームによって占有されておらず，転写因子などが効率よくDNAへとアクセスできる「アクセッシブルクロマチン構造」をとる．クロマチンのアクセシビリティは，転写反応やDNA複製，DNA損傷応答などさまざまなゲノム機能と密接にかかわっている．そのことを反映するように，ゲノム上のアクセッシブルクロマチン領域は細胞種によって大きく異なり，細胞種の特異的な遺伝子発現パターンの構築や，個々の細胞間での遺伝子発現の「ゆらぎ」に関与していると考えられている．

　核内空間におけるアクセッシブルクロマチン領域をイメージングする方法としてATAC-see法がある[16]．ATAC-see法では，バクテリア由来のTn5トランスポゼースと蛍光標識された19 bpのアダプターDNA配列との複合体を用いる．Tn5複合体を膜透過処理した細胞に反応させると，Tn5はアクセッシブル領域に特異的に結合し，蛍光標識されたアダプターDNAを標的ゲノム領域に挿入する．核内の蛍光シグナルをモニターすることで，アクセッシブルクロマチン領域の核内局在を解析することが可能である（**図3**）．転写活性が高い核内空間は，アクセシビリティの高いゲノム領域が存在するために，ATAC-seeの蛍光シグナルが高くなる．一方で，転写が不活性なヘテロクロマチン領域や不活性化X染色体などは，アクセシビリティが低いため，その蛍光シグナルは他のゲノム領域と比べて低くなる．さらに，ATAC-see法でイメージングに用いた細胞を，そのまま次世代シークエンス解析（ATAC-seq法）することにより，細胞内のアクセシビリティの局在と，ゲノム上のアクセッシブル領域を1細胞レベルで解析することが可能であり，新たなクロマチンイメージング技術として注目されている．

おわりに

　近年，次世代シークエンス技術を応用した革新的なクロマチン解析技術が数多く開発され，さまざまなクロマチン高次構造が明らかとなってきた．一方，シークエンス技術から得られたクロマチン情報から，三次元の核内クロマチン構造を再構築することは容易ではない．顕微鏡を覗くことによって見えてくる「リアル」なクロマチン構造を解析することで，今後，クロマチン動態によって制御されるゲノム機能のメカニズムが明らかになると期待される．また，イメージング技術の発展は日進月歩であり，超解像顕微鏡やdCas9などの革新的な技術を組合わせることで，より詳細なクロマチン高次構造のイメージングが可能になると予想される．これまで観察することができなかったクロマチン線維一本一本の構造や動きを生きた細胞内でイメージングすることができる日も，そう遠くはないのかもしれない．

文献

1) Chaumeil J, et al：J Vis Exp：e50087, 2013
2) Cremer T & Cremer M：Cold Spring Harb Perspect Biol, 2：a003889, 2010
3) Shah S, et al：Cell, 174：363-376.e16, 2018

4） Ding DQ & Hiraoka Y：Cold Spring Harb Protoc, 2017：pdb.prot091934, 2017
5） Soutoglou E & Misteli T：Curr Opin Genet Dev, 17：435-442, 2007
6） Germier T, et al：Biophys J, 113：1383-1394, 2017
7） Ochiai H, et al：Nucleic Acids Res, 43：e127, 2015
8） Lindhout BI, et al：Nucleic Acids Res, 35：e107, 2007
9） Miyanari Y, et al：Nat Struct Mol Biol, 20：1321-1324, 2013
10） Reichmann J, et al：Science, 361：189-193, 2018
11） Chen B, et al：Cell, 155：1479-1491, 2013
12） Gu B, et al：Science, 359：1050-1055, 2018
13） Tanenbaum ME, et al：Cell, 159：635-646, 2014
14） Ciabrelli F & Cavalli G：J Mol Biol, 427：608-625, 2015
15） Wang S, et al：Science, 353：598-602, 2016
16） Chen X, et al：Nat Methods, 13：1013-1020, 2016

＜著者プロフィール＞
宮成悠介：京都大学生命科学研究科（下遠野邦忠ラボ）にて博士号を取得後，国立遺伝学研究所（佐々木裕之ラボ）とフランスIGBMC（M.E.Torres-Padillaラボ）にてポスドクとして研究に従事し，2014年から現所属にて特任准教授．

第2章 染色体はどのようにして折り畳まれるのか？

1. 階層的クロマチンの高分子モデリング

新海創也

クロマチンは核内に階層的に折り畳まれている．Hi-C技術の出現以降，ゲノム上の分子修飾だけでなく，ゲノムの三次元構造もエピジェネティックな制御に貢献することがわかってきた．そして，Hi-C技術の進展とともに高分子モデリングによるゲノム構造解析やシミュレーションの重要性が増してきた．ここでは，実験データを解釈し核内ゲノムの時空間構造を構築するのに必要な高分子モデリングの一般的な考え方を紹介する．そして，クロマチンの階層性を統一的に理解する理論の一端を紹介する．

はじめに

クロマチンは，DNA塩基配列情報だけでなく，分子修飾情報や三次元構造情報が付随した物理的実体である．これらの情報は相互に連関し，巧みな時空間制御が細胞周期を通じて機能している．同じ塩基配列であっても，その他の情報が変化することによって，その三次元構造およびそのダイナミクスを変えることが可能なのだ．染色体を解剖する技術が発展するなか，クロマチンの数理モデル化，特に，高分子モデリングによるアプローチは，実験データを解釈し核内ゲノムの時空間構造を構築するための重要，かつ，スタンダードな方法となってきた[1]．

高分子モデリングがスタンダードというのも至極当然である．というのも，ゲノムDNAは典型的な生体高分子だからだ[2)3)]．自然を貫く自己組織化の止まない反復のなかで，遺伝情報を司るその生体高分子は，DNA二重らせん・ヌクレオソーム・クロマチン高次構造（TADs・A/Bコンパートメント）・染色体テリトリーといった階層的な時空間場に埋め込まれた存在であることがわかってきた（**図1**）．1〜10^9 bpにわたるヒトゲノムは，核内では10^{-9}〜10^{-5} m，10^{-8}〜10^3秒という広範な時空間スケールを舞台とする[4)]．ただ，最初に断っておくと，このような階層的な折り畳みを統一的に理解する理論的方法をわれわれは残念ながら手にしていない．実験技術が対象の時空間スケールを規定するように，高分子モデリングにも対象に応じた使い方・粗視化の度合いが要求される．本稿では，クロマチン構造の階層性に着目し，個別の対象の高分子モデリングではなく，一般的な高分子モデリングの考え方を中心に論考する（クロマチンの分子動力学シミュレーションについては第2章-2も参照）．

[略語]
FISH：fluorescent *in situ* hybridization
MSD：mean-squared displacement
（平均二乗変位）
TAD：topologically associating domain

Polymer modeling of hierarchical chromatin
Soya Shinkai：RIKEN, Center for Biosystems Dynamics Research（BDR）, Laboratory for Developmental Dynamics（理化学研究所生命機能科学研究センター発生動態研究チーム）

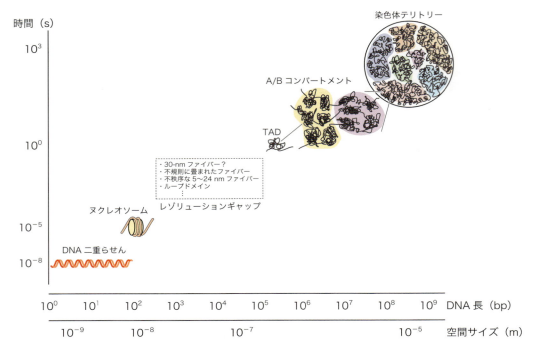

図1　クロマチンの階層性とレゾリューションギャップ
詳細は本文を参照のこと．すべての軸は対数スケールである．時間に関しては，対象の空間サイズに対応した自己拡散時間[3]とした．TADサイズに対応するクロマチンドメインの時間は文献14で計測・見積もられた時間を参考とした．

1　クロマチンの階層性とレゾリューションギャップ

　ワトソンとクリックが示したように，DNA分子が複製し遺伝情報を継承可能とする，その物質的基盤がDNA二重らせん構造である．そのらせんは10塩基で1回転し，1回転あたりのらせん軸の長さは3.4 nmである．物性的にはその直線性を維持する長さの持続長が50 nmであり[5]，2 nmのらせんの直径サイズに比べて25倍もある．これは，DNA二重らせん構造自体は非常に「硬い」ことを意味する．ヒトの場合，全長2 mものこんなに硬い物質が，わずか10 µmの核の中に収まっているのだ．その驚異的な収納力を支える物質的な階層性がここ数十年の研究によって明らかになってきた．

　真核生物の場合，負の電荷をもつDNA二重らせんは，正の電荷を呈する4種のヒストンタンパク質の複合体の周りに巻き付いて，10 nmサイズのヌクレオソームを形成する[6]．そのヌクレオソームがクロマチンの基盤構造となり数珠状に連なって，さらにはさまざまなタンパク質やRNAが結合することでクロマチンファイバーとなる．

　次に，あいだのスケールをいっきに飛ばして10 µmオーダーの細胞核のスケールに注目しよう．FISHという方法によってそれぞれの染色体を染め分けることが可能になった結果，間期の染色体は絡みあうことなくおのおのの領域を保持していることが明らかになった[7]．このような間期の核内染色体構造を染色体テリトリーという．ヒトの場合，約100 Mbの各染色体は数µmサイズのテリトリーを形成する．このような核スケールでの構造化はなぜ生じるのだろうか？ 高分子モデリングに基づいたシミュレーション研究によると，クロマチンファイバーが核の中に閉じ込められた高分子であるから，というのが物理的に最小限な答えだ[8]．

　Hi-C技術の出現によって，各染色体の中ではさらなる組織化が行われていることが明らかになった[9]．コンタクトマップ※1上に現れる市松模様は，相関解析の結果，ゲノム上に数Mbサイズの大きさで区画化され

たA（活性的）/B（不活性）コンパートメント領域として特定された．複製パターンとの関連やその生物学的意義は第2章-5, 6を参照されたい．

Hi-C技術の進歩とシークエンス解像度の向上によって，A/Bコンパートメント内でのさらなるドメインの存在が示された[10) 11)]．そのドメインはTADsと称され，各ドメインは数百kb〜1Mbの範囲で遺伝子発現が協調的に制御される基本ユニットと考えられている[12)]．しかしながら，TADsの時空間的な詳細はわかっていない．野崎・前島が行った生細胞内での一分子ヌクレオソーム超解像顕微法によると，クロマチンファイバーは160nm程度の塊（クロマチンドメイン）を形成している（第2章-3参照）[13)]．さらにその理論解析の結果，ヌクレオソームは数秒でそのドメイン内を動きまわることができる[14)]．

ここまで，小さいスケールからDNA二重らせん→ヌクレオソーム，大きいスケールから染色体テリトリー→A/Bコンパートメント→TADsとクロマチンの階層性について述べてきた．興味深いことに，**図1**の点線の四角で囲まれたその中間スケール領域の知見はまだまだよくわかっていない．これまで教科書的に述べられてきた規則的なクロマチン30-nmファイバーの存在はいまでも議論されており[15)]，クライオ電子顕微鏡（cryo-EM）によって不秩序な5〜24 nmファイバーが観測された[16)]．超高解像Hi-Cによって数百kbのループドメインも特定されている[17)]．この未知なる領域はレゾリューションギャップとも称される[4)]．

2 高分子モデリングの考え方

次に，ここまで何度も出てきた高分子モデリングとは何か，基本となる考え方を説明する．一般的に，高分子（ポリマー）はモノマーという単量体分子がくり返し重合し連なった巨大な分子のことである．例えば，モノマーがエチレン（C_2H_4）の場合，そのポリマーとしての形態はポリエチレンとよばれ，スーパーのレジ袋など素材として使われている．ただクロマチンの高分子モデリングにおいては，ひとまずモノマーの細かな性質は気にしないことにする．

例えば，数Mbのコンパートメントに相当するゲノム長をモノマーと想定しよう．それが連結したものを1つの染色体ポリマーとしてモデル化することを考える．このとき，モノマーをビーズとして表現し，それが隣のビーズとバネによって連結しているとする．このモデル化の方法は，さらに小さい階層を対象とすることができる（**図2A**）．さきほどモノマーとして考えた数Mbの相当のコンパートメントを対象とする1つのポリマーとみなせば，TADs程度のゲノム長の領域をモノマーとしてモデル化することができる．このような高分子モデリングの行程は，モノマーとなる物理的実体がモノマーとみなせる限り，小さいスケールまで進むことが可能だ．したがって，クロマチンの高分子モデリングでは，階層的なクロマチン構造のなかで興味ある対象に応じた時空間の階層を指定することが重要となる．

説明なしに隣接するモノマービーズがバネで連結しているとした．これには物理的な理由がちゃんとある．それは，ゴムを引っ張った際に縮まろうとする（エントロピックな）弾性と同じ力がモノマー間に働くからであり，モノマー分子が分子スケールでの熱エネルギーk_BT※2の影響下でゆらいでいるからである．DNA二重らせんから染色体テリトリーにわたる空間スケールでは，対象はk_BTの熱ゆらぎから逃れることはできないため，バネで結合していると考えるのが物理的に意味のあるモデル化となる．

では，バネによる結合だけ考慮すればよいのだろうか？最もシンプルなモデルとしては問題ない．これまでも十分に染色体構造や動態に関する実験データを説明してきた[18) 19)]．バネ定数の大きさkはモノマー間の平均的な距離ゆらぎの大きさb，すなわちビーズの直径サイズ相当に対して$k = 3k_BT/b^2$と関係し，距離r離れたビーズ間のバネによる相互作用ポテンシャルは$U_{結合}(r) = \frac{1}{2}kr^2$と書ける．より詳細な高分子モデリ

> ※1 コンタクトマップ
> Hi-C実験においてゲノム間のコンタクト確率orリード数頻度をあらわした二次元上のヒートマップ．

> ※2 k_BT
> ボルツマン定数k_Bと温度Tの掛け算であり，エネルギーの単位をもつ．分子スケールの動きや反応で支配的な熱エネルギーの基本単位であり，室温（300 K）でおよそ$4×10^{-21}$ J．

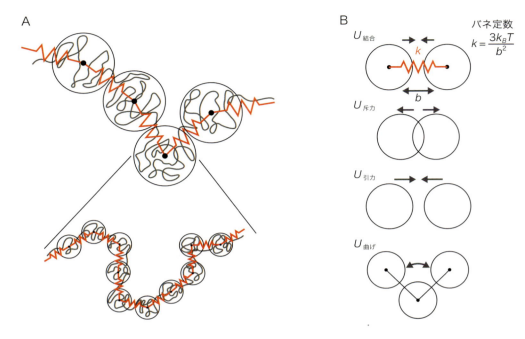

図2 高分子モデリングの考え方
A）モノマービーズがバネで数珠状に連なったものをポリマーとしてモデル化する．モノマーのなかにより詳細な内部構造がある場合は，さらにそのなかを同様に高分子モデリングすることができる．B）高分子モデリングでよく使われるモノマービーズ間に働く相互作用ポテンシャルの例．

ングでは対象に物理的意義を付与するため，さまざまなモノマー間相互作用を物理的なポテンシャル（エネルギー）関数として導入する．したがって，モノマー間の斥力・引力相互作用ポテンシャル$U_{斥力}$・$U_{引力}$や曲げの効果ポテンシャル$U_{曲げ}$を必要に応じて考慮する（**図2B**）．本稿では十分に言及できないが，高分子モデリングによるシミュレーションではこれらの相互作用ポテンシャルを設定することがモデル化の肝だ．また，Hi-Cデータに基づいた三次元構造推定では，種々の相互作用ポテンシャルのパラメータに関して，コンタクト確率と距離の関係式を通した最適化が行われる．ただ，それらポテンシャル相互作用の強さが物理的に意味のある値であるかは考察の余地がある．

3 フラクタル次元による階層性の定量化と定性的理解

シミュレーションや実験データの解釈のための高分子モデリングだけではない．高分子モデリングを通して階層的なクロマチンを理解し，理論的に記述し，実験と整合した描像を構築・予言することも大事だ．ここでは，多少の数式を使いながら，階層的なクロマチン構造について論考する．

前述のように，高分子モデリングにおいてさまざまな相互作用ポテンシャルを考慮することが研究を進めるうえで大事な要素となる．しかし，すべてのポテンシャルの効果を実際のクロマチンの相互作用に合うように設定することは非常に難しい．そこで，別の方法でクロマチンのポリマー構造を特徴づけることにする[14) 20)]．対象とするポリマー構造（TADs，コンパートメント，染色体）がN個のモノマーから構成されるとしよう．このとき，対象の平均的な直径サイズRがフラクタル次元[※3]d_fを用いて，

> **※3 フラクタル次元**
> 海岸線や木の葉，雪の結晶のような複雑で自己相似的な形状はフラクタル次元によって数理的に表現される．一，二，三次元の一般化であり，非整数値をとる．

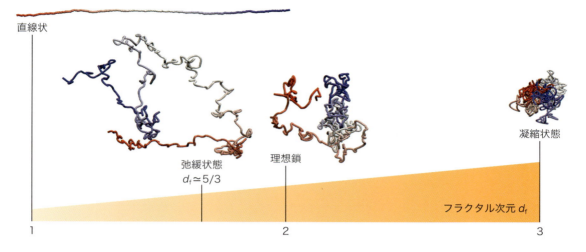

図3　フラクタルポリマー
ポリマー構造はフラクタル次元d_fによって特徴づけることができる．直線状ポリマーは$d_f=1$，排除体積効果が働いている拡がった状態は$d_f \simeq 5/3$，理想鎖とよばれるランダムウォークの形状と同じ状態は$d_f=2$，三次元空間内でコンパクトに凝縮している状態が$d_f=3$．

$$R \propto N^{1/d_f} \quad ①$$

というべき乗則にしたがっているとする．この関係は，逆にみれば$N \propto R^{d_f}$という関係でもあり，N個のモノマービーズがフラクタル次元上の一般化された体積R^{d_f}のなかに配置されていることを意味する．このとき図3にあるように，フラクタル次元の値の大・小によってポリマー構造の凝縮・弛緩状態を特徴づけることができる．ここでは，これをフラクタルポリマーとよぼう．

このフラクタルポリマーモデルを用いることで，生細胞内でのヌクレオソームの動きの特徴を理論的に理解することが可能となった[14) 20)]．実験の詳細は第2章-3を参照していただくとして，あるクロマチンドメイン内のヌクレオソームの動きのMSD（平均二乗変位）は

$$\mathrm{MSD}(t) \propto t^{\beta} \quad (0<\beta<1) \quad ②$$

という異常拡散を示す特徴があり，そのべき乗則の指数は

$$\beta = \frac{2\alpha}{2+d_f} \quad ③$$

とフラクタル次元を使って表現することができる（αは核質内の熱弾性環境にする値であり，以下では簡単のため，$\alpha=1$とする）．この式によれば，凝縮度が高くフラクタル次元の値が大きなクロマチンドメイン内では，ヌクレオソームの動きは小さく制約される．逆もしかり．フラクタル次元の値が小さく弛緩した状態のクロマチンドメイン内では，ヌクレオソームはより動きやすくなる．したがって，フラクタルポリマー内のモノマービーズの動きから，フラクタル次元を通して，その構造の凝縮・弛緩状態を理解することが可能となった．

次に，Hi-C実験の定量的結果を示す際に頻繁に使われるゲノム距離sの関数としてのコンタクト確率$P_\mathrm{C}(s)$に対する最新結果に触れたい．2009年のHi-C実験[9)]の結果，マイルストーン的な言明となったのは，$P_\mathrm{C}(s) \propto s^{-1}$という結果が，染色体はもつれることなく三次元核内を埋め尽くすように収納されている状態（フラクタルグロビュール）であるということであった．ただ実のところ，その理論は高分子モデリングに則ったものではなかった．そこでわれわれは最近，Hi-C実験における「コンタクト」を数理的に考察し直し，その数理的表現を得ることに成功した．その結果，フラクタルポリマーに対して，

$$P_\mathrm{C}(s) \propto s^{-3/d_f} \quad ④$$

というべき乗則が成立することがわかった．これは$d_f=3$のとき，$P_\mathrm{C}(s) \propto s^{-1}$となり，先行研究の結果とも矛盾しない．フラクタルポリマーという観点から包括的にコンタクト確率の定量的な議論ができるようになった．

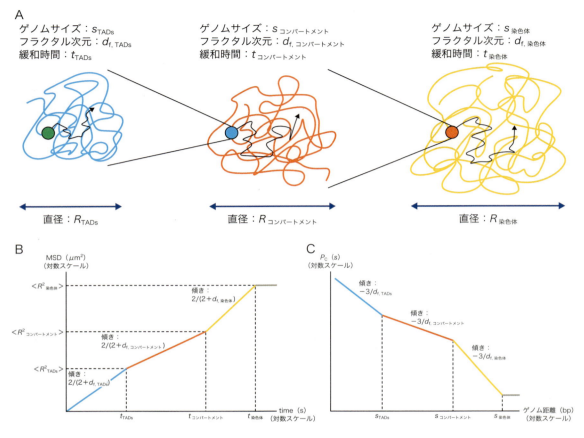

図4 フラクタル次元による階層性の定量化と定性的理解
詳細は本文を参照のこと．

以上，動きとコンタクト確率に対する理論結果（式②と④）を紹介した．以下では，その2式を階層的なクロマチン構造の定性的理解に結びつけることを試みる．**図1**で示したクロマチンの階層性をより抽象的に高分子モデリングをしたのが**図4A**である．ここでは，TADs・コンパートメント・染色体という階層的な組織化を例とする．各階層では，ゲノム長がsのポリマー構造がフラクタル次元d_fで特徴づけられた状態をとっていると仮定し，さらにその直径サイズはRで，モノマービーズの動く範囲がR程度になる時間を緩和時間tとする．式②にあるように，各階層でのモノマービーズのMSDはべき乗則を示す．よって，両対数表示をとると，その傾きは，式③より，$2/(2+d_f)$を意味する．そして，緩和時間tにおいて，MSDの値はR^2となる．これは，異なる階層でも同様に成立する（**図4B**）.

すなわち，空間的な階層構造は，MSDで特徴づけられる時間的な階層性に反映されることになる．次に式④について同様に考察を行う．コンタクト確率$P_C(s)$も同じくべき乗則が成立するため，それを両対数表示した際の傾きは，各階層のゲノム長の範囲において$-3/d_f$に対応する（**図4C**）．よって，空間的な階層構造は，コンタクト確率の減衰のしかたにも反映する．このように，空間的階層構造とダイナミクスやコンタクト確率の階層的なふるまいは，フラクタルポリマーモデルを通じて，密接に関係することが統一的に理解できる．

おわりに

本稿では，クロマチンの階層性と高分子モデリングの考え方を中心に述べた．個別の観測結果に応じた高

分子モデリングには触れなかったが，大事なのは対象を切りとった際の時空間スケールの物理的性質をきちんと高分子モデルに実装することができるかである．また，間期のクロマチン構造を念頭においたのだが，分裂期の凝縮染色体形成に関する最近の話題としてループ押出し（loop extrusion）というメカニズムが，高分子モデリング研究から注目を浴びるようになった[21)〜23)]．コヒーシン，コンデンシンといったSMCタンパク質がATP活性を使ってアクティブにクロマチンを束ねていく性質を高分子モデリングすることで，コンタクトマップ上のループドメインのパターンを定量的に説明することができる．さらに，境らによるコンデンシンと染色体ファイバーの粗視化モデリングとシミュレーションによって，分裂期染色体のロッド状の形が姉妹染色体分裂の効率的な物理的メカニズムであることが明らかになった[24)]．その一方で，コンタクトマップと高分子モデルを理論的に結びつける考え方がいまのところ欠落している．シミュレーションのみによる研究には注意が必要であり，基礎的な理論研究の進展が望まれる．

今後数年でHi-C技術を使った研究はより普通のこととなり，染色体を読む・観る・操作する技術はさらに開拓されていくことであろう．そのときは当然，高分子モデリングも普通に組込まれていく．そのとき高分子モデリングやその理論・シミュレーション研究には，Hi-Cによる染色体構造データ，ChIP-seqによる分子修飾データ，および，顕微鏡によるイメージングデータを包括的につなぎ合わせるためのインターフェースとしての大事な役割がある．

謝辞

フラクタルポリマーのコンタクト確率に関する理論結果は，広島大学クロマチン動態研究拠点で同僚であった中川正基氏（電気通信大学）と菅原武志氏（東京大学大学院医学系研究科）との共同研究によるものである．両氏から本稿へ助言をいただいた．両氏に心から感謝いたします．

文献

1) Dekker J, et al：Nature, 549：219-226, 2017
2) 「自然世界の高分子」（A. グロスバース，A. ホホロフ/著，田中基彦，鴇田昌之/監），吉岡書店，2016
3) Marko JF：「Nuclear Architecture and Dynamics, Volume 2」（Lavelle C & Victor JM, eds），pp3-40, Elsevier, 2017
4) Marti-Renom MA & Mirny LA：PLoS Comput Biol, 7：e1002125, 2011
5) 「Physical Biology of the Cell, 2nd Edition」（Phillips R, et al, eds），Garland Science, 2012
6) Nozaki T, et al：「Nuclear Architecture and Dynamics, Volume 2」（Lavelle C & Victor JM, eds），pp101-122, Elsevier, 2017
7) Cremer T & Cremer M：Cold Spring Harb Perspect Biol, 2：a003889, 2010
8) Rosa A & Everaers R：PLoS Comput Biol, 4：e1000153, 2008
9) Lieberman-Aiden E, et al：Science, 326：289-293, 2009
10) Dixon JR, et al：Nature, 485：376-380, 2012
11) Nora EP, et al：Nature, 485：381-385, 2012
12) Dekker J & Heard E：FEBS Lett, 589(20 Pt A)：2877-2884, 2015
13) Nozaki T, et al：Mol Cell, 67：282-293.e7, 2017
14) Shinkai S, et al：PLoS Comput Biol, 12：e1005136, 2016
15) Maeshima K, et al：EMBO J, 35：1115-1132, 2016
16) Ou HD, et al：Science, 357：pii: eaag0025, 2017
17) Rao SS, et al：Cell, 159：1665-1680, 2014
18) van den Engh G, et al：Science, 257：1410-1412, 1992
19) Hajjoul H, et al：Genome Res, 23：1829-1838, 2013
20) Shinkai S, et al：Nucleus, 8：353-359, 2017
21) Alipour E & Marko JF：Nucleic Acids Res, 40：11202-11212, 2012
22) Sanborn AL, et al：Proc Natl Acad Sci U S A, 112：E6456-E6465, 2015
23) Fudenberg G, et al：Cell Rep, 15：2038-2049, 2016
24) Sakai Y, et al：PLoS Comput Biol, 14：e1006152, 2018

＜著者プロフィール＞

新海創也：2009年，早稲田大学大学院理工学研究科博士課程単位取得退学．早稲田大学，神戸大学，広島大学クロマチン動態数理研究拠点を経て，'17年より現所属．'12年にカオスの研究で学位取得後は，統計物理を基礎に細胞内の現象を物理的に理解したく日々研究している．ポスドク先を探している際に，「自己変革するDNA」（太田邦史/著）や前島一博教授（遺伝研）に出会ったことが，後にクロマチン研究に従事することになる転機であった．

第2章 染色体はどのようにして折り畳まれるのか？

2. 分子動力学シミュレーションでみるクロマチン動態

高田彰二

> この10年，染色体・クロマチン動態研究においてコンピューターシミュレーション研究がさかんになってきた．ここでは，分子動力学シミュレーションとはどういうものかの簡単な説明からはじめて，染色体凝集・染色分体分離やHi-C法に関連した三次元構造モデリングを扱う染色体シミュレーション，遺伝子座のクロマチン線維の折り畳み構造モデリングを行うクロマチンシミュレーション，およびヌクレオソームの動態解析を行う粗視化分子シミュレーションについて解説する．

はじめに

近年，Hi-C法等の次世代シークエンサー技術に基づく実験，イメージング，クライオ電子顕微鏡等の革新によって，クロマチン構造と動態に関する膨大なデータが集まっている．データが集まると，それらを解析するためにコンピューターシミュレーションの必要性が高まる．実際この10年，染色体研究におけるシミュレーションのニーズは急激に高まった（その証拠に私がこの記事を書いている！）．今後もますます必要になるであろう．

本稿では，前稿に引き続いてクロマチンのシミュレーション，特に分子動力学シミュレーションとよばれる研究の考え方と成果例を概説する．染色体動態にかかわる分子を，さまざまな大きさの粒子の集まりとして取り扱い，粒子の運動（位置の時間発展）を計算機内で"観察"する．実験に比べてシミュレーションの利点は，全粒子の時々刻々の動きが完全に自分の手のなかにあるということである．欠点として，シミュレーションはあくまで仮想的な動きであり，現実に対応するか自明でないため，常に実験で検証する必要がある．特にシミュレーションモデルは経験的パラメータを含み，結果はそのパラメータの値に依存する．

［略語］
3C：chromosome conformation capture
ChIP-seq：chromatin immunoprecipitation with sequencing
Hi-C：high-throughput all-versus-all version of 3C
MD：molecular dynamics（分子動力学）
SHL：superhelical location

1 分子動力学シミュレーションとは

分子動力学（MD）シミュレーションは，たくさんの粒子の位置を時間の関数として求めるための数値計

Chromatin structural dynamics via molecular dynamics simulations
Shoji Takada：Graduate School of Science, Kyoto University（京都大学大学院理学研究科）

算である[1)2)]．計算を可能なものにするために，扱う系の規模に応じて"粒子"の粒度を変える．例えば1つのヌクレオソームを扱う場合には粒子が原子をあらわすこともあるが，染色体を扱う場合には粒子が1 Mbpのクロマチン断片である場合もある．粒子を動かす原理はニュートンの運動方程式である．各瞬間の各粒子は位置と速度で規定される．各粒子は，他の粒子や水環境から力を受け，力の方向に加速する．それによって，今の瞬間より少しだけ未来の瞬間の，各粒子の位置と速度が決まる．この小さな一歩をただくり返すことによって，たくさんの粒子の運動を計算することができる．

鍵となるのは，粒子に働く力をどのようにモデル化するのか，ということである．粒子が原子である場合には，力は物理化学に基づいてモデル化することができる．粒子同士に働くのは，化学結合に起因する結合力，クーロン力（水素結合もここに含まれる），分子間力（ファンデルワールス力），および近距離斥力（原子同士が重なることを避ける力）である．一方，粒子が原子よりも粗いものである場合，粒子に働く力を決めることは，一意的ではなく，少なからず研究者の創意工夫を必要とする．通常，実験（あるいはより詳細なシミュレーション）から得られたデータを利用する．まず，実験で得られたデータを確率$P(r)$で表現する．ここで確率$P(r)$は，粒子の位置rの関数で表現できるものとしよう．統計物理学によれば，この実験データは，扱う系が$-\log P(r)$に比例する自由エネルギーをもつことに相当する．比例係数c（パラメータ）は多くの場合，試行錯誤によって決定することが多い．次に，$-c \log P(r)$をポテンシャルエネルギー（高校物理で言う位置エネルギー）と読み替えると，これを粒子の位置で微分して負の符号を付けたものが，見かけの"力"になる．この処方箋によれば，実験データが集まるほどに，それに相当する"力"を与えることができ，それがシミュレーションに反映される．例えば，Hi-C法によって，ゲノムのある位置と別の位置の間に高いコンタクト頻度が認められれば，両者の距離が近いところにある確率が高いことをあらわし，それによって両者のゲノム位置をあらわす粒子の間に引力をモデル化することができる（ただし，Hi-C法のモデリングにおいてこれが必ずしもベストのアプローチというわけではない）（クロマチンの高分子モデリングについては第2章-1も参照）．

2 染色体シミュレーション

染色体シミュレーションでは近年，Mirnyグループが顕著な成果をあげている．なかでも大きな成功例として，ここではGoloborodkoらのループ押出しによる染色体凝集と染色分体分離に関する研究をとり上げる[3)]．

ゲノム複製後に起こる染色体凝集，並行して進む染色分体分離の分子機構には謎が多い．棒状に凝集した染色体中で，基本的にDNAがゲノム配列順に配置されるしくみは何か．多くの染色体，染色分体の集合体のなかから，同一鎖が選択的に凝集するしくみは何か．凝集と分離が並行して進むしくみは何か．Goloborodkoらは，染色体凝集・染色分体分離に必須であることが知られるコンデンシンとトポイソメラーゼⅡの働きを最小限にモデル化し，それを染色体モデルに加えてシミュレーションを行うことで，これらの問題を解決する明快な提案を行った．

彼らは，コンデンシンの働きとしてNasmythの提案した"ループ押出し（loop extrusion）"仮説[4)]を採用した．すなわち，コンデンシンはATPのエネルギーを利用してDNAループを押出す働きをもつと仮定する．**図1A**のように，モデルコンデンシンは2つの作用点をもつ．コンデンシンがDNA上に結合すると，一定速度でDNAを2つの作用点の両サイドから間に押出してループをつくる．2つのコンデンシンが接触すると，接触したサイドからの押出しはなくなり，接触していないサイドからのみDNAをループ内に押出す（**図1B**）．さらに，コンデンシンは，一定の解離速度定数によって結合・解離する（**図1C, D**）．シミュレーションには，1,000分子のモデルコンデンシンを含めた．

染色体モデルは，染色体シミュレーションでは標準的ないわゆるバネビーズモデル[※1]とよばれるものである．ビーズ（粒子）は600 bpのクロマチン領域をあ

※1　バネビーズモデル

高分子を"粒子"の集まりで表現するときの標準的な物理モデルの1つ．高分子の断片をあらわす粒子をビーズとよび，ビーズが，隣のビーズとバネでつながっている．

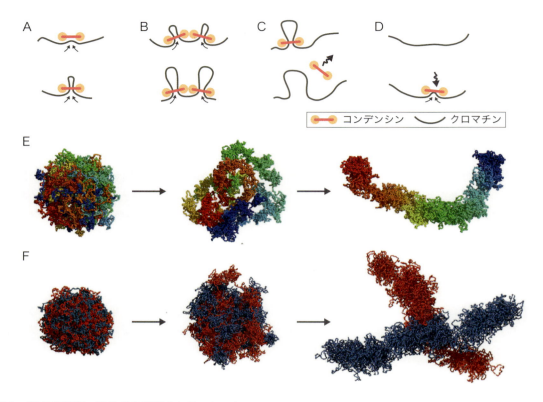

図1　染色体凝集・染色分体分離のシミュレーション
A）〜D）コンデンシンの4つの作用．Aがループ押出し，Bがループ衝突，Cが解離，Dが結合をそれぞれあらわす．E）コンデンシンのループ押出しによる棒状の染色体形成．F）染色体分体の分離過程．（文献3より転載）

らわし10 nmの大きさをもつ．配列上隣り合う粒子はバネでつながる．配列上隣り合うバネの間の角度には180度を好むように弱い力が働く．これに染色体の高分子鎖としての曲がりやすさを表現している．粒子同士は接近しすぎると近距離斥力で反発するが，ここではトポイソメラーゼIIの効果によって稀に"すり抜け"が起こるように，反発力は"そこそこ"に調節されている．染色体は，50,000粒子であらわされており，30 Mbpに対応する．最初，細胞周期の間期を想定して，染色体は核をあらわす球の中に閉じ込める（図1E左）．シミュレーション開始後，核をあらわす球を消して，染色体は自由に運動するものとする．

まず染色体1本についてのシミュレーションの様子を図1Eに示す．おおむね，シミュレーションは3段階で進んだ．まず，DNAループが成長し，それに応じてゲノム配列順に空間的に配置されはじめていることがわかる．次の段階でDNAループが成熟し，その長さ

が揃いはじめる．この間に全体構造が棒状に近づいていった．ゲノム配列順にきれいにループが並んでいる様子が見てとれる．最後は安定期であり，でき上がった棒状の染色体が安定に維持された．この染色体形成の様子は，実験的に顕微鏡で観察されるものとよく似ている．

次に，姉妹染色体1対についてのシミュレーションを見てみよう．仮に，間期には，2本の染色体が完全に混ざり合った平衡状態になっていると仮定する（図1F）．シミュレーションが進むと，染色体の棒状への変化と並行して，姉妹染色体の平均距離は増加した．両染色体は絡まることなく，すみやかに2本の棒状の染色体を形成した．

このシミュレーション結果は明快なメッセージをもつ．もしコンデンシンがループ押出し機能をもっていれば，それによって，染色体凝集と染色分体の分離が起こせそうである，ということである．この種のシミュ

レーションは，最小限のモデル化を通じて，目標とする生命現象が起こるための十分条件を提案するのがその醍醐味である．同時に，実験的検証を必要とすることもまた事実である．この場合には，仮説であったループ押出し機構について，コンデンシンがATP加水分解を行う分子モーターであって，DNAを押し出す効果をもつことが，その後の1分子実験によって示された[5]．

Hi-C法に関連する染色体折り畳み構造モデリングは，Hi-C実験以降約10年の間に数多く行われた．誌面の都合上触れないが，初期の多くのシミュレーションは，前述と同様に染色体をバネビーズモデルで表現し，Hi-C法によるゲノム位置間のコンタクトを，ビーズ間の引力という形で取り込んで，染色体三次元構造をモデリングするものであった．ここでの問題は，染色体三次元構造は核ごとに大きなばらつきをもつため，平均として得られたコンタクト情報からビーズ間の引力を導出すると過剰な引力になる傾向があり，また細胞ごとのばらつきをうまく表現できない，ということである．最近になって，例えばWolynes, Onuchicらのグループは，ChIP-seqによるエピゲノム修飾情報から各ゲノム断片（50 kbp）を5種類の型に分類し，5種類のゲノム断片の間の引力を機械学習によって求めた．それを用いてヒト染色体のシミュレーションを行いゲノム断片間のコンタクト確率を計算したところ，Hi-C実験データと非常によく相関する（相関係数約0.9）ことを明らかにした（図2）[6]．

3 クロマチンシミュレーション

ヌクレオソーム10〜数100個程度からなるクロマチン線維系シミュレーションでは，Schlickグループが早い時期から分野をリードしてきた[7]．厳密にいうと，彼女らの計算はMDシミュレーションではなく，モンテカルロ計算とよばれるものである．手法的には他の部分とやや外れるが，その一例を簡単にとり上げる．

Bascomらのシミュレーションでは[8]，ヌクレオソームコアは1つの"剛体"である（図3A）．剛体は粒子とは異なり"形をもつ変形しない物体"であり，位置と配向をもつ．ヌクレオソームの間をつなぐリンカーDNAは，高分子物理で標準的なworm-like chain model[※2]に，B型DNAの巻き数を考慮したものを用いている．ヒストンテールやリンカーヒストンは，より詳細に，1アミノ酸を1粒子として扱う（図3A）．構造変化にはニュートンの運動方程式を利用せず，クロマチンの形をランダムに少し変化させたあと，構造変化前と後のエネルギーを比べ，それに応じて構造変形を受け入れるか，却下するかを決定する．次に，再びランダムに構造変化を起こす．この操作のくり返しによって熱平衡状態の構造サンプルを得ることができる．モンテカルロ計算は，MDシミュレーションよりも高速に熱平衡構造サンプルを作製できる反面，その動き方に人為性が入り込むため，詳細な動態解析には不向きである．Bascomらは，80 kbp程度の領域にわたるGATA-4遺伝子座について，3C法の実験によって得られた三次元的なコンタクト情報を加味して，構造モデリングを行った．直線構造からはじめて，5つのクロマチンループからなる三次元構造が構築された（図3C）．

4 ヌクレオソームシミュレーション

ヌクレオソーム1〜10個程度までの系のシミュレーションには，近年，粗視化シミュレーションがよく用いられる．ここでは各粒子は，アミノ酸1個，DNAの糖1個，あるいは塩基1個などをあらわす．"粗視化"というのは，粒子が原子よりも粗いことを意味しており，前述の染色体やクロマチンのモデルに比べるとより精密である．ここでは，粗視化モデルシミュレーションの一例として，われわれが行ったヌクレオソームリモデリングに関する一連の研究を解説する．

ゲノム上のヌクレオソーム形成位置は，高度に制御され，クロマチン折り畳みや転写活性化に重要な役割を果たしている．ヌクレオソーム形成位置は，塩基配列にある程度左右されるとともに，ATP依存リモデラー等によって動的に変化している．*in vitro*実験では，ATP依存リモデラーが関与しない，熱ゆらぎによる自発的なスライディングも起こることが知られてい

> ### ※2 worm-like chain model
> 二本鎖DNAのように直線性のある高分子を連続な"曲線"として表現する物理モデルの1つ．高分子をあらわす曲線は，一定の長さをもち，単位長さ当たりの曲げ弾性をもつ．曲げ弾性係数が大きいほど，直線性の高い高分子になる．

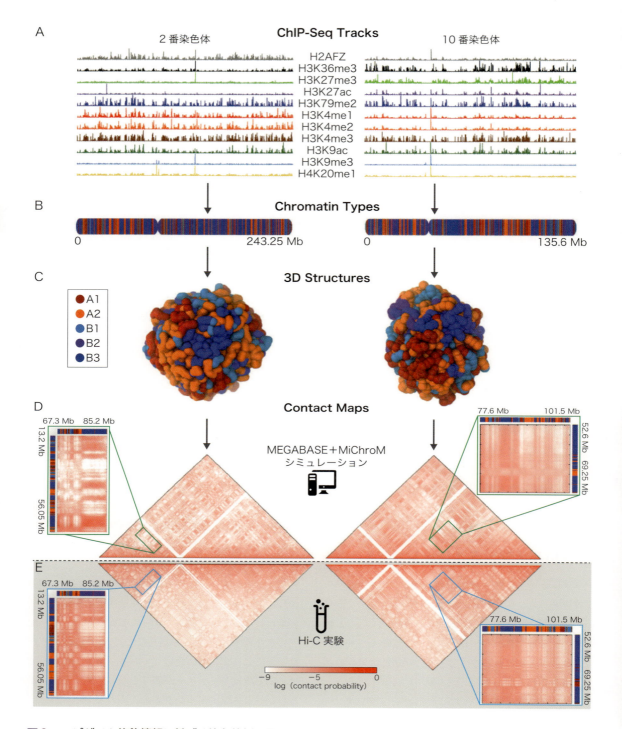

図2 エピゲノム修飾情報に基づく染色体折り畳みシミュレーション
2番（左）と10番（右）染色体を例にとって，A）ChIP-seqによるエピゲノム修飾情報．B）ゲノム断片の分類．C）シミュレーションで得られた折り畳み構造．D）Hi-C実験データ（下三角）とシミュレーション（上三角）のコンタクトマップ比較．（文献6より転載）

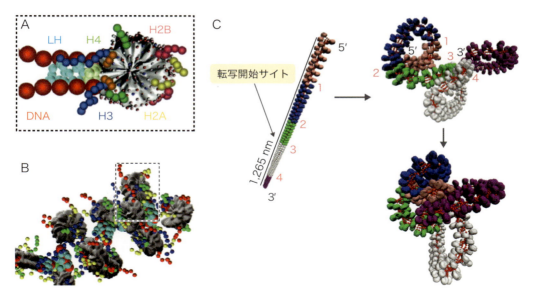

図3　GATA-4遺伝子座のクロマチンシミュレーション
A）ヌクレオソームとその周辺部位のモデル化．B）ヌクレオソーム9個からなるクロマチン線維の例．C）GATA-4遺伝子座の折り畳み構造モデリング．（文献8より転載）

る．われわれは，粗視化シミュレーションによってこれらの過程を調べた．

われわれの粗視化モデルでは，タンパク質の1アミノ酸を1つの粒子，DNAの1ヌクレオチドを3つの粒子（糖，リン酸，塩基に1粒子ずつ）として表現する（**図4A**）．タンパク質のうち，X線結晶構造解析やクライオ電子顕微鏡（cryo-EM）によって三次元構造が既知の部分については，その構造情報を利用し，おおむねその構造周りにゆらぐようにモデル化した．DNAは，常温でB型2重らせん構造をもち，配列に依存した曲げ弾性，変性温度等を実験値にできる限り近づけるようにパラメータが決定されている．ヒストンタンパク質とDNAの間には，クーロン力，近距離斥力に加えて，結晶構造でみられるアルギニン等のアミノ酸側鎖とDNA主鎖の間の水素結合（を模倣した）力を加えた．

われわれはまず，さまざまな塩基配列について，自発的なヌクレオソームスライディングの粗視化シミュレーションを行った[9]．結果として，塩基配列に依存して，2つの異なるスライディングモードが観察された．ヒストン八量体と強い親和性をもたない塩基配列では，ヒストン八量体に対するDNAスライディングは比較的容易に起こり，2重らせん長軸周りの回転と共役して，スクリューのように動いた．一方，ヌクレオソームと強い親和性をもついわゆる601配列では，自発的なDNAスライディングはきわめて稀であったが，2重らせん長軸周りの回転を伴わずに，5塩基，10塩基単位で瞬間的に遷移するように起こる場合があった．親和性の強い配列は，5塩基ごとに，内向きに曲がりやすい配列と外向きに曲がりやすい配列がくり返す特徴をもつため，スクリュー運動によって5塩基動くと内と外が逆転するため特に不安定である．これを避けるために，スクリュー運動ではない回転非共役スライディングが起こったと考えられる．ほとんど同時期に，de Pabloのグループも類似のシミュレーションを行い類似の結果を得た[10]．

回転共役スライディングの分子機構をさらに掘り下げると，おもしろいことがわかった[11]．回転共役スライディングにおいて，ヌクレオソームに巻き付いている約147塩基対が一斉にスライドするわけではなかった．**図4B**の場合，一端から約50塩基がまず1塩基分スライドし（**図4B**左から2つ目の図の赤色部分），次に真ん中の約50塩基が同じ方向にスライドし，最後に残り約50塩基がスライドして1塩基スライディングが

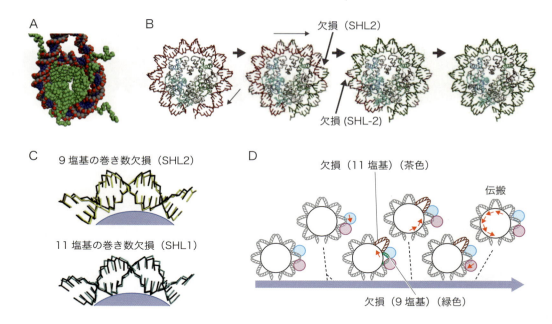

図4 ヌクレオソームリモデリングシミュレーション
A) ヌクレオソームの粗視化モデル．B) 巻き数欠損の伝搬による自発的なヌクレオソームスライディング過程．左2つの図についた細い矢印は，該当部分のDNAが，次に矢印の方向に1 bpスライドすることをあらわす．C) 9塩基の巻き数欠損（上）と11塩基の巻き数欠損（下）の構造．灰色が通常の構造，黄色と水色が欠損した構造をあらわす．D) Snf2によるヌクレオソームリモデリング経路．（文献11，12より転載）

完結する．通常，ヌクレオソーム内DNAの1巻きには10塩基対が収まっているが，前述のスライディング中間体では，端から50塩基の位置（SHL2）でDNAが伸びていて，1巻きあたり9塩基対になっている部分があることになる．これを巻き数欠損（twist defect）とよぶ（図4C）．巻き数欠損が，ヌクレオソーム上を伝搬することによって，全体のスライディングが起こる．巻き数欠損はSHL2にできることが多く，実際，既知のX線構造においてもこの位置に巻き数欠損が見つかっていた．さまざまな塩基配列のシミュレーション結果から，巻き数欠損には，反対にDNAが縮んで1巻きあたり11塩基対を収めるものも見出された．この11塩基型の巻き数欠損は，SHL1などによく見出された．このタイプの巻き数欠損はまだX線構造で見つかっていないため，今のところシミュレーションによる予測である．

次に，ATP依存リモデラーによるヌクレオソームスライディングを調べた[12]．リモデラーのATPaseドメインがヌクレオソームに結合した構造は，クライオ電子顕微鏡によって，2017年以降矢継ぎ早に報告されている．われわれは最初に報告されたSnf2リモデラーを用いてシミュレーションを行った．Snf2リモデラーのATPaseドメインはヌクレオソームのSHL2に結合する．Snf2は，ATP加水分解サイクルを利用して，2つのサブドメインの開閉運動を行い，それによる爬行運動（inchworm motion）※3によってDNAをスクリュー運動の方向に，dyad（SHL0）側へ向けて押し出す．シミュレーションの結果，SHL2に結合したリモデラーの爬行運動が，SHL2に9塩基対巻き数欠損，SHL1に11塩基対巻き数欠損を生成した（図4D左から3つ目の図）．その後，それぞれの巻き数欠損が両端に向けて伝搬し，それによってDNAスライディング

※3 爬行運動（はこううんどう）（inchworm motion）
尺取虫が体を曲げ伸ばして前に進むのと類似の運動様式．リモデラーはATP結合によって2つのサブドメインを近づけ，ATP加水分解後に遠ざけるように構造変化し，このときのDNAとの親和性を調節することで爬行運動によってDNAを移動させる．

が完結した．

　ヌクレオソームの動態解析には，粗視化シミュレーションよりも高精度な原子レベルのMDシミュレーションも力を発揮している．特に，ヒストンとDNAの相互作用の詳細，エピゲノム修飾がDNAの形状，ヒストンテールの形状や，ヒストン・DNA相互作用に及ぼす影響などで重要な知見を与えている．

おわりに

　これまで見てきたように，クロマチン・染色体の階層性に基づき，分子シミュレーションにおいてもさまざまな粒度をもつモデルが提案され，適用されてきた．しかし，まだまだこのようなシミュレーションはその端緒についたばかりであろう．また今後，異なる階層の連携も進めていくことになる．

　クロマチン・染色体シミュレーションは多くの経験パラメータを含み，そのパラメータの真の値はあらかじめわかるものではない．そのため，シミュレーションの検証には実験データが必須であり，実験との連携を強めていくこともきわめて重要である．

　MDシミュレーションの魅力の1つは，分子が動くさまを画面上で見られることである．残念ながら紙媒体でお見せすることはできないが，本稿で紹介した研究論文のほとんどはウェブ上で動画ファイルも提供している．興味のある方はぜひご覧いただきたい．

文献

1) 「コンピュータ・シミュレーションの基礎 第2版」（岡崎 進，吉井範行/著），化学同人，2011
2) 「Molecular Modeling and Simulation: An Interdisciplinary Guide 2nd Edition」（Schlick T, ed），Springer，2010
3) Goloborodko A, et al：Elife, 5：pii: e14864, 2016
4) Nasmyth K：Annu Rev Genet, 35：673-745, 2001
5) Terakawa T, et al：Science, 358：672-676, 2017
6) Di Pierro M, et al：Proc Natl Acad Sci U S A, 114：12126-12131, 2017
7) Beard DA & Schlick T：Structure, 9：105-114, 2001
8) Bascom GD, et al：J Phys Chem B, 120：8642-8653, 2016
9) Niina T, et al：PLoS Comput Biol, 13：e1005880, 2017
10) Lequieu J, et al：Proc Natl Acad Sci U S A, 114：E9197-E9205, 2017
11) Brandani GB, et al：Nucleic Acids Res, 46：2788-2801, 2018
12) Giovanni Bruno Brandani & Takada S：bioRxiv, doi: https://doi.org/10.1101/297762, 2018

＜著者プロフィール＞

高田彰二：1990年京都大学大学院理・修士修了，'91〜'95年分子科学研究所技官，'95〜'98年米イリノイ大学（JSPS研究員），'98〜2007年神戸大学・理学部化学科講師・助教授，'07年〜現在，京都大学大学院理・生物科学専攻准教授・同教授．総合研究大学院大学・博士（理学）．専門は生体分子シミュレーション．いまは，クロマチン構造，転写制御システム，および分子機械が主なターゲットです．

第2章 染色体はどのようにして折り畳まれるのか？

3. クロマチンダイナミクス
―クロマチンの物理的特性とその生物学的意味

井手　聖，永島崚甫，前島一博

クロマチンはどのような構造なのだろうか？近年の多くの報告から，クロマチンは従来考えられてきたような，いわば結晶のような規則正しく折りたたまれた階層構造ではなく，「液体」のように不規則で流動的な構造であることがわかってきた．この「液体」のようなふるまいは，規則性をもつ構造に比べて，物理的な束縛が少なく，より動きやすいという利点を有する．このようなクロマチンの特徴は，DNAを標的とした検索過程を促進し，遺伝子の発現，DNA複製/修復等のさまざまなゲノム機能に重要な役割を果たしている．

はじめに

　真核生物のクロマチンは負に帯電した長いポリマーである．ゲノムDNAがコアヒストン八量体に巻きつき，ヌクレオソームを形づくる（ヒストンとヌクレオソームについては第1章-1参照）．この際，塩基性のコアヒストンが巻きつくだけではDNAのリン酸骨格に由来する負電荷のおよそ半分しか中和できない．このため，クロマチンは負に帯電しており，隣接部位との間に静電的な斥力が生じる（図1A）[1]．クロマチンのさらなる折りたたみ・凝縮のためには，この残存負電荷を何か他の因子，例えばリンカーヒストンや陽イオン，正に帯電したタンパク質などによって中和しなければならない．その結果，クロマチンの構造はそれ自身の静電的な状態に依存してダイナミックに変化する．注目すべきは，クロマチン構造の変化が遺伝子発現に多大な影響を与える点である．なぜなら，クロマチンの構造変化がDNAへのアクセスを変化させることで，DNAの検索・読み出しに影響するからである．

1 古典的な30 nmクロマチン線維モデルからの脱却

　1976年，精製されたヌクレオソーム（10 nm線維[※1]

[略語]
3C：chromosome conformation capture
CRISPR/Cas9：clustered regularly interspaced short palindromic repeats/CRISPR-associated caspase 9
ESI：electron spectroscopy imaging（電子分光結像法）
LacO/LacI：lactose operator/lactose repressor（ラクトースオペレーター/ラクトースリプレッサー）
PALM：photoactivated localization microscopy（光活性化局在性顕微鏡法）
STORM：stochastic optical reconstruction microscopy（確率的光学再構築顕微鏡法）
TAD：topologically associating domain
TALE：transcription activator-like effector

Chromatin dynamics–Physical properties of chromatin and physiological significance
Satoru Ide[1,2]/Ryosuke Nagashima[1,2]/Kazuhiro Maeshima[1,2]：National Institute of Genetics[1]/SOKENDAI (The Graduate University for Advanced Studies)[2]（国立遺伝学研究所[1]/総合研究大学院大学[2]）

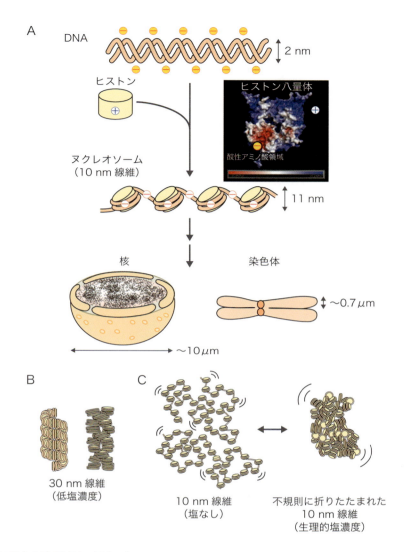

図1　DNAとヒストンとヌクレオソーム
A）負に帯電したDNA（上段）は塩基性のコアヒストン八量体（2段目黄色）の周りに巻きつき，ヌクレオソーム線維または10 nm線維を形成する．線維がまだ負に帯電していることに注目してもらいたい．赤は酸性（負に帯電）を，青は塩基性（正に帯電）をあらわす．ヒストン八量体の電荷分布図は胡桃坂仁志教授提供．B）30 nmクロマチン線維．左がソレノイドモデル（one-start）で，右がジグザグモデル（two-start）[4]．C）流動的なクロマチン構造．左図は塩がない環境での拡がった10 nm線維，右図は生理的塩濃度における不規則折りたたみによるコンパクトな10 nm線維である．これらは液体様で，不規則で，柔軟性があり，ダイナミックである．文献1より転載．

はリンカーヒストンH1を混合し，低陽イオン状態（例えば，1 mM Mg^{2+}以下や50 mM Na$^+$以下）にすると直径30 nmの線維になることが観察された[2]．これが30 nmクロマチン線維（30 nm線維）と名付けられ，多くの教科書に載っている（**図1B**）．その後，30 nm線維の構造に関する多くのモデルが出され，2つのよく知られたモデル，①one-start helix（ソレノイド）と②two-start helix（ジグザグ）が提案された[3]．実際，高分解能クライオ電子顕微鏡を用いて，12連結さ

> **※1　10 nm線維**
> ヌクレオソーム粒子がリンカーDNA（20〜80 bp；6.6〜27 nm）を介してつながっており，〜200 bpのくり返しモチーフが糸でつながったビーズのように見える．

れた合成ヌクレオソームを観察することで，30 nm線維がtwo-start helixモデルのようにジグザグに並んでいると報告された（**図1B右**）[4]．さらなるクロマチンの折りたたみに関しては，30 nm線維が段階的に折りたたまれて～100 nm，そして～200 nmのより大きな線維になることで階層構造をとると長い間考えられてきた．

しかしながら，30 nm線維は試験管内で低陽イオン状態にしたときにのみ観察されていたため[1]，生体内に本当に存在するのか不明のままであった．Dubochetらが1986年に行った先駆的な研究以後[5]，われわれのものを含む多くの研究から，細胞内クロマチンは基本的に30 nm線維を基盤とした階層構造ではなく10 nm線維が不規則に折りたたまれてできているという証拠が，以下に示す異なる3つの方法により得られている．①生きた細胞内に近い状態で生物試料を観察できるクライオ電子顕微鏡（cryo-EM），②溶液内の生物試料について規則的な構造を検出できるX線小角散乱解析法（X-ray scattering），③電子線の散乱の違いから電顕像における核酸領域を同定することが可能な電子分光結像法（electron spectroscopy imaging：ESI）を用いたすべての方法で，細胞内のクロマチンは多様な約11 nm構造をもつことが示唆され，一方30 nm線維を含む規則的な高次構造は観察されなかった[5]～[8]．また，超解像顕微鏡※2法の1つSTORM（stochastic optical reconstruction microscopy）を用いることで，クロスリンク固定したマウス細胞において，クロマチンは不均一な"clutch"とよばれるヌクレオソームの集団（鳥の巣にある卵のイメージ）からできていることが示唆された[9]．最近のOuらによるDNA特異的な染色と電子顕微鏡トモグラフィーという手法を組合わせた細胞内のクロマチンの高解像度イメージングでも細胞の中のクロマチンは5～24 nmのさまざまな幅をもった不規則な構造であった[10]．さらに，試験管内においても30 nm線維が維持されるのは低イオン環境などの条件が必要であるが，より生理的塩濃度に近い状況では，規則的な線維は形成されず，10 nm線維の不規則な組織化（塊の形成）が起こることが明らかになった（**図1C**）．

2 生細胞におけるダイナミックなクロマチン

クロマチンは前述のように，いわば結晶のような規則正しく折りたたまれた階層構造ではなく，より不規則な構造であることがわかってきた．このような構造は物理的な束縛が少なく，よりダイナミックと思われる．実際20年以上も前からクロマチンダイナミクスに関する先駆的な研究が行われている．これらの研究ではゲノム中にLacOリピート配列を挿入し，そこに強固に結合するLacI-GFPの動きを調べた．この方法はヌクレオソーム20～50個にわたる比較的長いクロマチン領域を特異的に可視化することに対応し，酵母，ハエ，哺乳類を含むさまざまな生細胞において，その動きがきわめてダイナミックであることを明らかにした[11]～[14]．さらにゲノム編集技術の出現に伴って，CRISPR/Cas9の誘導体やTALEなどでテロメアDNAとサテライトにあるリピートDNAを標識する方法が確立され[15]～[17]，これらの領域もダイナミックに動いていることが示されている．最近，CRISPR/Cas9を用いた方法論の飛躍的な改良により，ゲノム上の1コピーのターゲット配列に対してもイメージングが可能となってきている．以上のように，近年のライブイメージング研究の発展により，生きている細胞内のクロマチンはきわめてダイナミックな性質をもっていることが明らかにされた．このことはクロマチンが10 nm線維を基盤とする構造であることとよく合うと思われる．

一方，生きた細胞内での，よりミクロなレベルでのクロマチン構造やそのふるまいについては不明なままであった．なぜなら，想定される構造体の大きさが数十～数百nmであるため，回折限界に起因する問題から従来の光学顕微鏡では観察不可能であったからである．そこで，われわれは，超解像顕微鏡法の1つPALM（photoactivated localization microscopy）法を利用して，その構造体を観察するため，生細胞における一分子ヌクレオソームイメージング法を確立した（**図2A**，方法の詳細については説明文参照）[18][19]．これにより，

※2 超解像顕微鏡
光学顕微鏡の一種．光の回折限界（～200 nm）を超える高い空間分解をもつ画像の取得が可能．

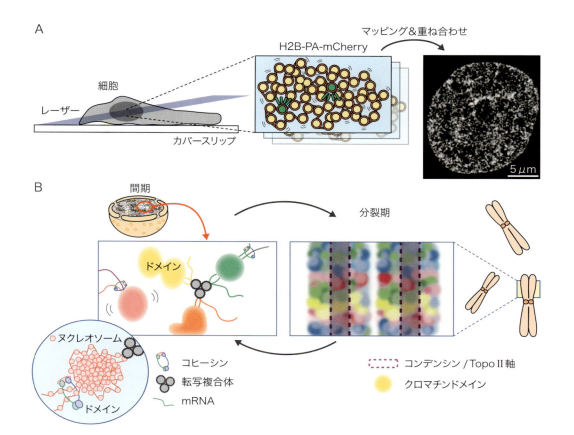

図2 クロマチンの超解像顕微鏡観察とクロマチンドメインの可視化
A）一分子ヌクレオソームイメージング法．斜光照明（左）によって，活性化した少数のヒストンH2B-PA-mCherry（中央）．その輝点をマッピングし，多数の画像を重ね合わせることで得られるクロマチンの超解像イメージングの画像（右）．B）クロマチンドメイン（直径160 nm）は細胞周期を通じて維持される．文献19をもとに作成，一部転載．

　一般的な光学系では見ることのできない生きた細胞のクロマチンの非常に細やかな部分まで観察することができるようになった．クロマチンの超解像画像は，ヌクレオソームが不規則な塊，すなわち，クロマチンドメインを形成しているようにみえた（**図2A右**）[19]．塊の大きさおよびその度合いを空間統計学の指標の1つL関数により評価したところ，クロマチンの超解像画像におけるヌクレオソームの分布はランダムではなく塊を形成しており，その大きさは直径160 nm程度であると推定された．これらのことから，生きた細胞の核において，ヌクレオソームが不規則に折りたたまれることにより形成される"クロマチンドメイン"が存在することが示された（**図2B**）[19]．これらのドメイン形成にはヌクレオソーム同士の結合やクロマチンを束ねることができるコヒーシンタンパク質が重要であることも示されている[19]．そして，これらのクロマチンドメインは間期および分裂期の染色体においても観察された（**図2B**）[19]．このことより，クロマチンドメインは細胞周期を通して維持され，レゴブロックのように染色体を形成するために非常に重要な構造として働くと考えられる（階層的クロマチンの高分子モデリングについては第2章-1参照）．

　これまで述べてきたPALM法によるイメージングと一分子ヌクレオソームイメージングによるダイナミクス解析を組合わせ，ヌクレオソームの動きを追跡した結果，ヌクレオソームは，核の全域にわたってゆらゆらとゆらいでおり，50 msの間に約60 nmも動いていることが示された（**図3A左**）[18,19]．クロマチンの「液

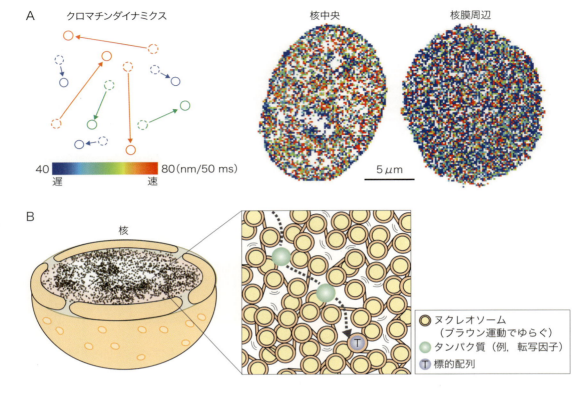

図3 クロマチンダイナミクス
A）クロマチンダイナミクスをあらわすヒートマップ．個々のヌクレオソームの動きを色分けすることにより（左），核の内部のユークロマチン領域では大きな動きを示す（中央）．核膜（核の底）付近のヘテロクロマチン領域などでは，動きが抑えられている（右，核膜表面のクロマチンの動き）．B）ヌクレオソームのゆらぎがクロマチン環境でのタンパク質（緑）の動きを促進する様子．文献19より一部転載．

体」のような流動的なふるまいが明らかとなった．さらに，超解像画像を構築する際に，付近のヌクレオソームの動きを平均化して色分けすることによりクロマチンの動態に関するヒートマップを作成し，クロマチンのダイナミクスの局所性を評価した（**図3A中央，右**）．その結果，クロマチンのダイナミクスは一様ではなく，核の内部においてはおおむね大きな動きを示したが，核膜の付近や核小体の縁などのヘテロクロマチン領域では動きが抑えられていた[19]．このことから，クロマチンのダイナミクスには局所性があり，特に転写の活発な部分とそうではない部分とで動きに差のあることが示唆され，このようなダイナミクスのばらつきはゲノムの機能と直結すると考えられる．

次に，われわれは，理化学研究所の高橋らとの共同研究により，ヌクレオソームダイナミクスのモンテカルロシミュレーションを行い，転写因子などのタンパク質の動きを，ヌクレオソームの局所的なゆらぎがある場合とない場合で評価した[18]．ヌクレオソームのゆらぎがない場合，クロマチンが脱凝縮しているユークロマチン程度のヌクレオソーム濃度（0.1 mM）ならば，タンパク質はクロマチンの中を自由に動き回れるが，ヘテロクロマチンのように高度に凝縮した濃度の場合（0.5 mM）すぐに局所空間に閉じ込められ，動くことができなくなることがわかった．一方，ヌクレオソームにゆらぎを加えると，凝縮した空間においてもタンパク質が比較的自由に動けることがわかった（**図3B**）[18]．この結果は，ヌクレオソームの局所的なゆらぎが転写因子などのタンパク質の運動を促進し，標的配列へのアクセシビリティを高めていることを示唆している（**図3B**）．

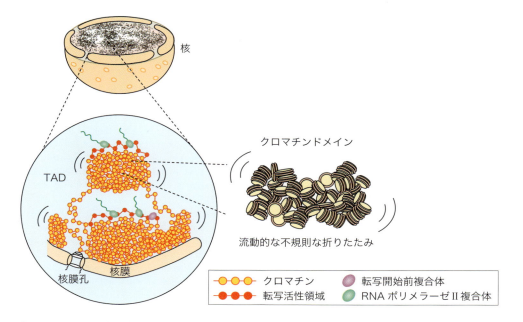

図4　間期クロマチンの高次構造
クロマチンは10 nm線維の不規則な折りたたみによってできており，膨大な数のクロマチンドメイン（例えば，超解像顕微鏡で観察されたドメイン，TAD，loop domain）を形成する．クロマチンの流動的な動きは，クロマチンドメインにゆらぎをもたらす．クロマチンドメインの内部に入っていくことができないような巨大な転写開始前複合体（>20 nm，紫）やRNAポリメラーゼII（緑）は，ゆらぎによって表面に押し出された標的配列（赤いヌクレオソーム）に結合し，ドメインの表面において安定に転写を促す[24]（ブイモデル）．

3 クロマチンの高次構造とダイナミクス

ここまで，局所的なクロマチンの構造とダイナミクスについて，液体のような流動的なクロマチンのふるまいを議論してきた．最後に，より高次なクロマチン構造の観点でそのダイナミクスについて考察する．細胞におけるクロマチンの高次構造はどんなものか？ 近年，クロマチンが核内に一様に分布しているのではなく，多数の小さな塊を形成していることを示唆する報告がゲノミクスの研究からも急増している．その最たる例が，chromosome conformation capture（3C）やその派生型の4C，5C，Hi-C法によって見えてきた，TAD（topologically associating domain）やcontact/loopドメインとよばれる無数のクロマチンの塊である（図4）[20]〜[22]（TADについては第2章-4参照）．TADは数百kbpの大きさであり，ハエ，マウス，ヒトの細胞それぞれで存在が確認されている[20][21]．contact/loopドメインは200 kb程度である[22]．これらのクロマチンドメインの機能としてはいくつかの可能性が提案されている．例えば，真核細胞のゲノムのDNA複製時，そのタイミングがドメインごとに制御されている[23]．また，転写制御において，ループによってもたらされるエンハンサーとプロモーターの相互作用は，同一ドメイン内にのみ制限されることから，遺伝子発現において重要であると考えられる．またわれわれが観察したドメインのサイズはcontact/loopドメインと一致しており，とても興味深い．

一般的には巨大な転写装置がこのようなドメイン内にある標的領域に接する確率は低いだろうと想像される．このため，ドメインの構造的なゆらぎは遺伝子発現のためにとても重要である（図4）．また，Hi-Cデータをもとにしたシミュレーションでは，TADがオープンな構造とクローズな構造の間をゆらぐことが示唆されている[24]．こうしたゆらぎによって表面に押し出された標的配列に，巨大な転写開始前複合体や転写装置，RNAポリメラーゼIIが結合してはじめて，安定に転写が行われるのかもしれない[25]．クロマチンドメインと転写のダイナミックな関係については今後がとても楽しみである．

おわりに

われわれは，クロマチンの液体のようなふるまいはブラウン運動（熱ゆらぎ）によってもたらされ，そして，どの方面にクロマチンの動きと構造を導くかはさまざまな細胞内タンパク質によって触媒されるATP依存的なプロセスが決めると考えている．この観点ではタンパク質は「ヘルパー」である．これまでに，クロマチンと相互作用するタンパク質と複合体が多く発見され，それらの特徴付けが行われてきた．そこで次の段階として，クロマチンの本質をその物理的特徴から解明することが，クロマチンとタンパク質の共同作業でもたらされる遺伝子発現，DNA複製・修復・組換え，染色体構築などの種々のゲノム機能をよりよく理解するために役立つだろう．

謝辞

本稿でとり上げたクロマチンダイナミクスに関する共同研究者の皆さま，特に野崎慎博士に深く感謝いたします．また，本稿を読んでコメントをくださった田村佐知子氏，ヒストンの電荷分布図をご提供いただいた東京大学胡桃坂仁志教授に感謝いたします．本研究は科研費（16H04746），JST CREST（JPMJCR15G2），武田科学財団のサポートを受けました．

文献

1) Maeshima K, et al：Chromosoma, 123：225-237, 2014
2) Finch JT & Klug A：Proc Natl Acad Sci U S A, 73：1897-1901, 1976
3) Hansen JC：Annu Rev Biophys Biomol Struct, 31：361-392, 2002
4) Song F, et al：Science, 344：376-380, 2014
5) McDowall AW, et al：EMBO J, 5：1395-1402, 1986
6) Eltsov M, et al：Proc Natl Acad Sci U S A, 105：19732-19737, 2008
7) Nishino Y, et al：EMBO J, 31：1644-1653, 2012
8) Fussner E, et al：EMBO Rep, 13：992-996, 2012
9) Ricci MA, et al：Cell, 160：1145-1158, 2015
10) Ou HD, et al：Science, 357：pii: eaag0025, 2017
11) Marshall WF, et al：Curr Biol, 7：930-939, 1997
12) Chubb JR, et al：Curr Biol, 12：439-445, 2002
13) Heun P, et al：Science, 294：2181-2186, 2001
14) Levi V, et al：Biophys J, 89：4275-4285, 2005
15) Miyanari Y, et al：Nat Struct Mol Biol, 20：1321-1324, 2013
16) Chen B, et al：Cell, 155：1479-1491, 2013
17) Ma H, et al：Nat Biotechnol, 34：528-530, 2016
18) Hihara S, et al：Cell Rep, 2：1645-1656, 2012
19) Nozaki T, et al：Mol Cell, 67：282-293.e7, 2017
20) Dekker J, et al：Nat Rev Genet, 14：390-403, 2013
21) Dixon JR, et al：Nature, 485：376-380, 2012
22) Rao SSP, et al：Cell, 171：305-320.e24, 2017
23) Pope BD, et al：Nature, 515：402-405, 2014
24) Barbieri M, et al：Proc Natl Acad Sci U S A, 109：16173-16178, 2012
25) Maeshima K, et al：J Phys Condens Matter, 27：064116, 2015

＜著者プロフィール＞

井手　聖：国立遺伝学研究所助教．奈良先端科学技術大学院大学修了，遺伝研博士研究員，フランス人類遺伝学研究所研究員を経て2014年から現職．

前島一博：国立遺伝学研究所教授．大阪大学大学院修了，スイスジュネーブ大研究員，理化学研究所専任研究員を経て2009年から現職．遺伝情報が検索され読み出される原理を追求中．一緒に興味をもって追求してくれる方，募集中！

第2章　染色体はどのようにして折り畳まれるのか？

4. Hi-C技術で捉えた染色体・クロマチンの高次構造

永野　隆

ヒトやマウスで全長2mにも及ぶゲノムDNAは，直径わずか10μm程度の小さな細胞核内のスペースに収まりながら，転写・複製・損傷修復・細胞分裂に先だつ凝集とその後の脱凝集といったさまざまな営みを正確に遂行することで細胞や個体の生命活動を支えている．その巧妙なからくりを求め，細胞核内でのゲノム収納のしくみは古くから研究されてきたが，近年になって次世代シークエンス技術を用いたHi-C法やそれを1細胞解析技術と組合わせた1細胞Hi-C法などが導入され，この分野の研究は新しいステージに入った．本稿ではHi-C法から見た染色体・クロマチンの高次構造について概観する．

はじめに

クロマチン高次構造研究の長い歴史のなかで，Hi-C法〔本稿では単に「Hi-C」と表記した場合ensemble-cell Hi-C（多細胞Hi-C）を指す〕は登場[1]して10年に満たない新しい方法であり，その基本となるchromosome conformation capture（3C）という原理も21世紀に入ってから発表[2]されたものである．しかしこの分野の直接の源流の1つは，1980年代からのグロビン遺伝子クラスターのLCR（locus control region）による発現制御研究に遡ることができる．赤芽球（赤血球の前駆細胞）において，クラスター内の遺伝子発現が発生段階に応じ順次切り替わって活性化されるが，遺伝子クラスターの数十kb上流に存在するLCRがその切り替えに必須であることが発見され[3)4)]，それをもとにゲノムの一次構造上は離れたグロビン遺伝子とLCRが三次元的には隣接している，という可能性を検証する必要があった．また遺伝子転写にはRNAポリメラーゼⅡ（Pol Ⅱ）が必要であるが，Pol Ⅱの分布は不均一で，細胞核内に限られた（発現する遺伝

[略語]
- **3C**：chromosome conformation capture
- **4C**：circularized chromosome conformation capture
- **5C**：chromosome conformation capture carbon copy
- **CTCF**：CCCTC-binding factor
- **FISH**：fluorescent *in situ* hybridization
- **Hi-C**：high-throughput chromosome conformation capture
- **LCR**：locus control region
- **Pol Ⅱ**：RNA polymerase Ⅱ
- **TAD**：topologically associating domain

Higher-order structure of chromosomes and chromatin captured by the Hi-C technology
Takashi Nagano[1)2)]：The Babraham Institute[1)] /Laboratory for Nuclear Dynamics, Institute for Protein Research, Osaka University[2)]（ベイブラハム研究所[1)] / 大阪大学蛋白質研究所細胞核動態情報研究室[2)]）

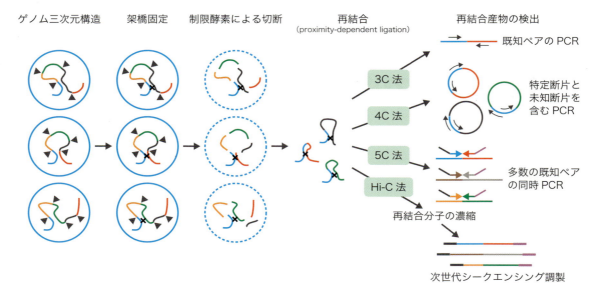

図1　3Cの原理を用いる手法の比較
図中に示した4つの手法は，proximity-dependent ligationによる再結合までの過程がほとんど共通する．曲線は立体構造を有するゲノムDNAの一部分（単一の架橋複合体相当部分のみを模式的に表示），矢頭は制限酵素認識部位，クロスは架橋固定，DNAを囲む楕円は細胞核膜（点線は透過処理後）をあらわす．実験医学，34：1798，2016から改変．

子数よりずっと少ない）数の斑点として観察される．そのため，発現の高い複数の遺伝子がPol Ⅱの同じ集積スポットに同時にリクルートされる（空間的に共存する）ことが予想されるが，赤芽球においていくつかの遺伝子のFISHシグナルを調べたところ実際にその通りであり[5]，さらに網羅的に調べる必要に迫られていた．このようにクロマチン高次構造（細胞核内空間での折り畳まれ方）が機能と密接なかかわりをもつことが3C法による成果[6]も含め2000年代半ば頃までに強く示唆されており，それをより網羅的あるいは詳細に調べるため3Cの原理を応用した方法（4C法・5C法・Hi-C法など）が相次いで編み出されて使われてきた（**図1**）[7]．

これらはいずれも「クロマチン高次構造は，任意のゲノム領域2カ所のペアが近傍に存在する相対的確率に反映される」という原理に基づく方法であり，研究現場では「近傍に存在する」を「ホルムアルデヒドで直接あるいは間接的に架橋固定される」と読み替え，さらには**図1**のように「架橋固定下で，制限酵素にて切断後DNAリガーゼによって再結合される」ことをその目安として用いてきた（proximity-dependent ligation）．したがって元のクロマチン高次構造の特徴は，架橋・切断・再結合という手順の結果つくられる（つまり近傍に存在する）組換えDNA分子の集合に変換される．3Cの原理を用いる手法のバリエーションは，その集合（ライブラリ）をどのような切り口で観察するか（どのような手段で集合内の個々の組換えDNA分子を検出するか）が異なるだけである（**図1**）．このなかでHi-C法は，組換え分子を次世代シーケンス技術で網羅的に解析し，近傍に存在する領域のペアをできる限り多く同定することを特徴とする手法である．

1 Hi-C法による高次構造データの特徴

「ゲノム領域2カ所のペア」からクロマチン高次構造を論ずる場合に忘れてはならないのは，単純なペアの頻度ではなくペアが形成される「相対的確率」を用いなければならない，ということである．全ゲノム領域相互間を比較対象とするHi-C法の場合，ペア領域間の一次距離のみならず領域ごとのGC％や制限酵素断片の長さの違いなど種々の要因が組換え分子の形成に

バイアスを与えることがこれまでに知られており，シークエンス結果から直接得られるペアの頻度を補正する必要がある[8)9)]．さらに通常のシークエンス容量に比べHi-Cデータの複雑性（ペアの自由度）が圧倒的に大きいため（**2**に後述），ペアデータは感度を上げるためビニング（binning；適当な大きさの領域内のデータをまとめること）して扱うことも必要になる．つまり，生データの感度を上げバイアス補正を施し統計的期待値と比較して有意差のある偏りがHi-C法によるクロマチン高次構造データ，ということになる．クロマチン高次構造研究のもう1つの柱である顕微鏡観察と比べ，Hi-C法は反復配列等を除くマッピング可能全ゲノム領域からデータが得られる網羅性が強みだが，その反面このようにデータの取得過程やその解釈が顕微鏡観察に比べ間接的になってしまう．

　Hi-C法のもう1つの特徴は，数百万以上の多くの細胞からデータを得る点である．同種類同条件下の細胞であっても，個々の細胞のクロマチン高次構造が一つひとつ同じでないことは顕微鏡観察でよく知られているので，Hi-Cのデータは用いた細胞のクロマチン構造の平均ということになる．具体的には，任意の2領域が隣接していた（Hi-Cペアが同定された）細胞の割合の多寡がこの2領域の平均空間距離としてHi-Cデータに反映されるのであるが，平均が求まるということはHi-Cの長所でもあり短所でもある．すなわち顕微鏡観察のように多くの細胞を1つずつ調べて集計する，という手順を経ることなく，**2**に述べるような細胞集団の平均的特徴を把握できる点は長所となる．一方，集団内の細胞が同期することなく（あるいは集団内の一部の細胞だけが）クロマチン構造に意味のある変化をきたしている場合でも，それを捉えることはできない（つまり，動的変化に対応することが難しい）点は短所といえる．ただし，この短所は1細胞Hi-C法を用いれば補うことができる[10)]（**3**参照）．

2 Hi-Cが見出したクロマチンの平均的な高次構造

　前述の通り補正したHi-Cデータはマッピング可能な全ゲノム領域相互間のペアについて平均空間距離を与えてくれるが，必ずしもそのままで高次構造上の特徴が明確にわかるわけではない（**図2A**）．そこでHi-C法の最初の論文では各領域がもつ他のゲノム領域までの空間距離の集合（組合わせ）に着目し，それを任意の2領域間で比較して相関を求めたところ，多くの領域ペアについて高い相関あるいは逆相関のいずれかの関係にあることがわかった（**図2B**）[1)]．これは細胞核空間内でクロマチンが折り畳まれる際，それぞれのゲノム領域が2種類のコンパートメントのいずれかに分かれるような折り畳まれ方をしている，ということを意味する．各コンパートメント（Aコンパートメント・Bコンパートメントと称される）の構成要素は一次構造上連続する数Mb程度までの大きな領域で，Aコンパートメントは転写活性の高い領域に富むのに対してBコンパートメントは転写が抑制された領域に富むなど，その振り分けは各領域の転写活性やエピジェネティック修飾といった生物学的特性とよく相関していた．この結果はHi-C法が単に高次構造だけでなくクロマチン機能との関係も示すことのできる優れたアプローチであることを物語るものであった．

　今日では，コンパートメントのみならずトポロジカルドメインやクロマチンループがHi-Cによるクロマチン高次構造上の知見として知られている（後述）．同じHi-C法でありながら，最初の論文でこれらの構造が見出されていない理由は，Hi-Cデータの自由度の高さとシークエンス深度のアンバランスが原因であろう．Hi-Cでは1細胞あたり10^6種類以上のDNA末端どうしのproximity-dependent ligationを10^6個以上の細胞で行うので，（構造上の特徴によってある程度限定されるとはいえ）つくられるDNAペアの自由度は10^{18}程度もの桁数に上ると考えられる．一方，最初のHi-C論文発表時の次世代シークエンサーが1回に同定できる分子は10^8種類以下であったため，シークエンス深度が「氷山の一角」に留まり，結果的に非常に明瞭な特徴（コンパートメント）しか見出すことができなかったと考えられる．しかしその後のシークエンス技術の進歩によるデータ量の増加・実験法の改良によるデータノイズの低減[11)]などによってシークエンス深度が増した恩恵で，以下に述べるようなより細かい高次構造が現在までに観察されるようになった（**図3**）．

　トポロジカルドメイン（topologically associating domain：TAD）[12)]は（十分なデータ量があれば）ヒー

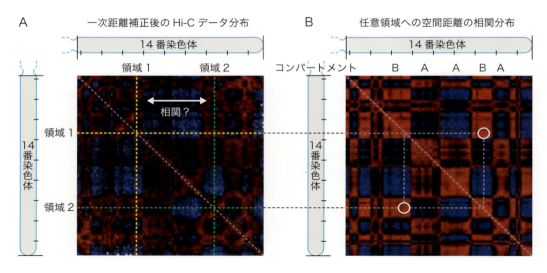

図2　Hi-Cデータに基づくコンパートメントの検出
A）一次距離による補正後のHi-Cデータ[1]の14番染色体コンタクトマップを示す．領域1と他領域との空間距離の集合データは黄色の点線に沿って並び，領域2と他領域との空間距離の集合データは緑色の点線に沿って並ぶ．空間距離の近い順に赤～黒～青で示す．B）2つの集合間の相関係数を任意の2領域について求め，それをヒートマップにあらわす（例えば領域1と領域2の相関係数は白丸部分にあらわされる）と，2つのコンパートメント（AおよびB）への分離が視覚的に表現できる．相関係数の大きい順に赤（＋）～黒～青（－）で示す．文献1から引用．

トマップで対角線上の正方形として視認できる1～2 Mb程度までの大きさの連続領域であり，領域両端の境界を超えるHi-Cペアが領域内部のペアに比べて少ないことで検出される（**図3B**）．同じTAD内の領域どうしは空間距離が近い一方でTAD外部からは隔離された状態にあると考えられ，同一TAD内のエピジェネティック修飾やDNA複製タイミングなどは一様である（複製タイミングについては**第2章-5参照**）．そして前述のコンパートメントの存在は同様のエピジェネティック的性質をもつ複数のTADが集合するような高次構造になっていることを示す．TADの形成にはコヒーシンが必須であり[13]，次に述べるクロマチンループの多くと形成の分子基盤は同様であると考えられる（ちなみにコンパートメント形成にコヒーシンは必要でない）．しかしコヒーシンを分解除去しTADを消失させた急性期細胞における遺伝子発現異常は限定的で，TAD境界領域DNAの欠失や反転によって周辺の遺伝子制御が乱れ形態形成異常などの原因となる[14]こととは対照的である．TADとはある程度の時間にわたり同様に維持され続けることでエピジェネティクス上の意義を発揮するものなのか，あるいはその直接的な意義は遺伝子発現制御とは異なるところ（例えばDNA複製制御など？）にあるのか等々の可能性が考えられ，今後の研究の進展が待たれる．

クロマチンループは一般的に数十kbなどTADより小さな構造で，Hi-Cによる網羅的同定にはコンパートメントやTADよりもさらに多いデータが必要である（**図3D**）．前述のグロビン遺伝子領域LCRの例のように，クロマチンループは主に遺伝子プロモーターとLCRのようなエンハンサーとが転写因子を介してコンタクトする結果として形成されると考えられている[15]．Hi-Cデータ上でクロマチンループとTADとの区別はやや曖昧であるが，コンタクトする2領域に挟まれた区間内の相互間空間距離が特に近くなっていないのがクロマチンループの特徴といえる．

3　Hi-Cが見出したクロマチン高次構造の多様性

前節で述べたような平均的特徴が見出されるとはいえ，クロマチン高次構造が個々の細胞ごとに異なるのもまた事実である．本節では，前述の平均的特徴を生

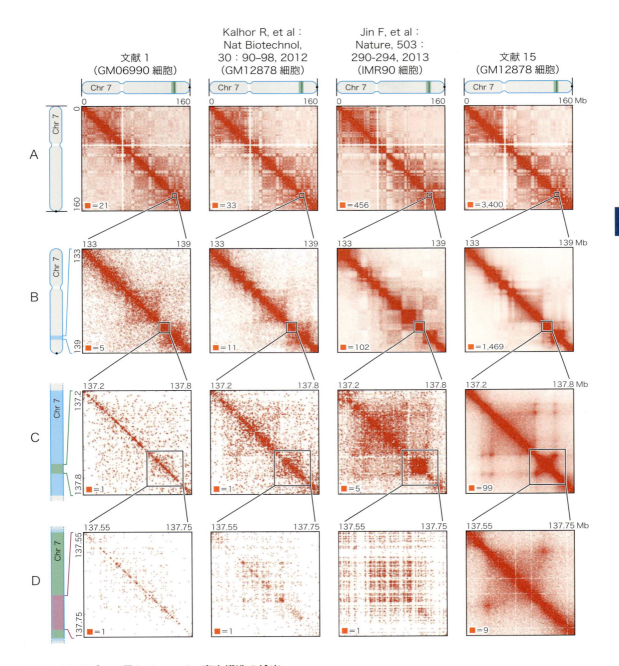

図3 Hi-Cデータ量とクロマチン高次構造の検出
これまでに発表された4つのHi-Cデータを,さまざまなスケールの同じ領域のヒートマップ上に示す(左列から右列に向け,データ量が多くなる順に配置).Aはコンパートメントが,BはTADが,CおよびDはループ構造が可視化できるスケールであるが,データ量によっては構造の判別が困難になる.文献15から引用.

み出す個々の細胞の高次構造がどのような多様性をもっているのか,という問題をとり上げる.当然ながら,複数の細胞からの情報を平均してしまう通常の Hi-C法ではこの問題にアプローチすることはできない.われわれは1細胞Hi-C法を開発[16]・改良[10]することによりこの問題に取り組んできた.

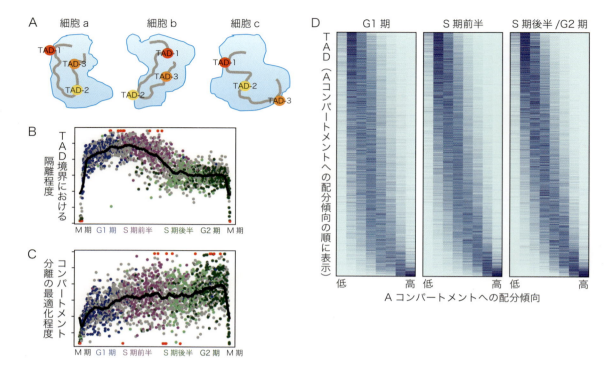

図4　1細胞Hi-Cデータに基づく主な知見

A） 1細胞Hi-Cデータによると，TADを構成する構造基盤はどの細胞でも共通している（一次構造上同じ領域に存在する）が，図中に青い不定形で示した染色体テリトリー内での位置は細胞によって多様である．**B）** 細胞内のTAD境界における隔離程度（insulation）の平均値（縦軸）と細胞周期上の位置（横軸）との関係を示すプロット．青・紫・薄緑・濃緑の点はヘキストとGeminin抗体による染色でそれぞれG1期・S期前半・S期後半・G2期として固定分取した細胞の1細胞Hi-Cデータに基づく．灰色の点は文献10で確立した手法で1細胞Hi-Cデータから細胞周期上の位置を推定した細胞のデータに基づく．赤色の点はinsulationの外れ値を示した細胞を示す．**C）** コンパートメント分離の最適化程度（異なるコンパートメント間を結ぶデータの枯渇；縦軸）と細胞周期上の位置（横軸）との関係を示すプロット．点の色はBと同様に表示した．**D）** 1細胞レベルにおける各TADのコンパートメントへの振り分け状況を示した図．パネル内のそれぞれの行が1つのTADに相当し，各1細胞ごとにそのTADがAコンパートメントへ配分される傾向を定量してその頻度を色の濃さで表現したヒストグラムになっている．図のようにTADをAコンパートメントへの配分傾向の順に並べることは可能である（配分決定の固定要因を示唆）一方，同じTADでも細胞によって配分傾向にバリエーションが観察される（配分決定の確率的要因を示唆）．また細胞周期進行に伴い細胞間の多様性が減少している．**B～D**は文献10から転載．

　1細胞Hi-Cデータは密度が低く，通常のHi-C（**図3B**）のようにTADの存在を直接確認することはできない．そこで1細胞データをプールして通常のHi-Cと同様にTAD領域をまず同定しておき，そこに1細胞ごとのデータを重ね合わせてTAD内外のデータ分布を比較した結果，どの細胞でもTAD内部に位置するデータが有意に多いことが判明した．このことは，TADという平均構造が一部の細胞のみにみられる構造に影響された結果ではなく，1細胞ごとに同様に存在する傾向を反映するものであることを示す．一方，TADどうしを結ぶデータ分布について個々の細胞間の相関を調べたところ，人為的に再構成した擬似1細胞データ間の（偶然の）相関よりもさらに低いことが判明した．これらの結果は，細胞ごとに多様なクロマチン高次構造は各細胞に共通する構造基盤を単位として（平均構造におけるTADの所見に対応），それらが細胞ごとに多様な組合わさり方をする（平均構造におけるコンパートメントの所見に対応）ことでつくられている，と解釈できる（**図4A**）[16]．

　では細胞ごとの構造多様性はどのようにして生じる

のだろうか？細胞を分裂期に同期させて通常のHi-C法で凝集染色体の構造を解析した研究[17]によると、コンパートメントもTADも細胞分裂期の凝集染色体には観察されない。つまり各細胞は分裂間期に入ると染色体の脱凝集とともにコンパートメントやTADをゼロからつくり上げてDNAの転写や複製に対応するが、その構造は次の分裂期までにすべて取り壊す、ということをくり返していることになり、その変化途上のスナップショットが多様性（の一部）を構成している可能性が考えられる。そこでさまざまな細胞周期段階にある細胞約3,000個から得た1細胞Hi-Cデータを用い、まずDNAコピー数や同一染色体内Hi-Cデータの一次距離分布などを指標とすれば元の細胞の細胞周期段階が推定できることを示し、次にそれを用いて細胞周期進行に伴うクロマチン高次構造の変化を調べた[10]。それによると、TADはG1期の最初に急速につくり上げられ、S期のDNA複製に伴って減弱する（**図4B**）一方で、A・BコンパートメントへのTADの配分を見るとG1期からG2期まで分裂間期を通じ異なるコンパートメント間を結ぶデータの減少（分離の最適化）が続いていた（**図4C**）。TADとコンパートメントのダイナミクスのパターンが異なることは、前節で述べたTAD形成とコンパートメント形成でコヒーシン依存性が異なるという知見とも合致する。さらに通常のHi-Cデータ上、各TADはABいずれかのコンパートメントに属することになるが、これを1細胞レベルで調べ直したところ、確かに各TADのコンパートメント配分には一定の傾向がみられた。しかしそこには1細胞ごとの多様性も共存しており（**図4D**）、コンパートメント配分は固定要因と確率的要因の両者によって決められることが示唆された。さらに細胞周期進行に伴って固定要因と確率的要因のバランスが変化し、G2期にはG1期に比べて固定要因が優位になるようである。これは**図4C**に示したような分離最適化の変化とも合致する結果である。

一方TADやクロマチンループの多様性に関しては、loop extrusionとよばれる仮説が提唱されている（**図5**）[18][19]。これはコヒーシンのリング内にクロマチンが取り込まれてループが形成され、クロマチンとコヒーシンとの間の相対的移動によってループが拡大していき、ループ内側に向けて対称配置された2つの結合配

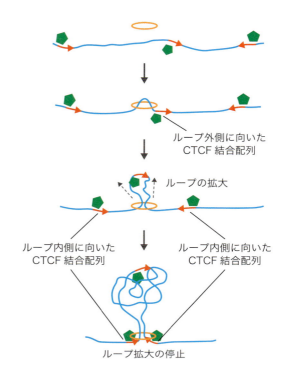

図5 loop extrusion仮説に基づくTADやループの形成過程
extrusionの過程は本文参照。青の線はクロマチン、オレンジのリングはコヒーシン複合体（リングは2つとの説もある）、赤の矢印はCTCF結合配列とその向き、緑の五角形がCTCFをあらわす。ループの外側に向かう方向のCTCF結合配列（図のクロマチン中央）はextrusionの継続に影響しないと仮定されている。

列上のCTCF（CCCTC-binding factor）にコヒーシンが遭遇することでループの拡大が止まる、というもので、TAD境界部分やループの基部にCTCFとコヒーシンが共存すること、その部分のCTCF結合配列はTADやループ内部に向かう方向に2つが対称配置になっていることなどを説明できるモデルとして注目されている。このようなダイナミクスがTADやループ形成の基本であるならば、平均構造上TADが存在する1つの領域に着目すると多くの細胞でそのループは成長途上である可能性がある。これら成長途上のループは細胞ごとに大きさが多様であるために平均構造には反映されにくい一方で、やはり相当数あると思われるコヒーシンとCTCFが遭遇した静止状態のループ（動きがないため、構造が細胞間で共通になりやすい）が平均構造

に反映され，通常のHi-Cデータ上でTADとして見えていると解釈できる．ただし，このような動きが細胞内で実際にループ形成にかかわっているのか，その場合そこで形成される構造がどのようにして教科書通りDNAの転写や複製の制御にかかわる機能を獲得するのかなど，不明点は数多い．その解明のためには，1細胞Hi-C技術を高密度データが得られるように改良し，このような比較的小さなスケールのスナップショットを捉えられるようにする必要がある．また構造のスナップショット上でそれを構造形成メカニズムや生命機能に結びつけるデータも必須であり，そのためにはHi-Cデータと遺伝子発現やエピジェネティック修飾・タンパク質局在などとを同じ1細胞から取得する手法を開発することが必要である．

おわりに

ここまで，通常の多細胞Hi-C法がこれまでに見出したクロマチン高次構造と1細胞Hi-C法が見出した構造の多様性とを対比し，互いの関連について述べてきた．通常のHi-Cデータと比べると1細胞Hi-Cデータは疎らであるが，それは現在の技術的な要因によるものである．反対に豊富な情報を湛えた通常のHi-Cデータは多様な構造の平均であり，現実の細胞内に実在するわけではない，という点にも注意が必要である（したがって「どの細胞にもみられる構造」という誤解を招かぬよう，本稿ではあえて「普遍的構造」というよび方を避けた）．

いまだ誰もその全貌を捉えたことのない真の構造は各細胞ごとにしっかりとした姿で存在し，われわれの挑戦を待っている．技術的にまだまだ未熟な1細胞Hi-C法をこれからも進化させ，通常のHi-C法と1細胞Hi-C法の両手法やデータを上手く使い分けながら少しでも目標に近づくことが望まれる．もちろんHi-C法や3Cの原理がすべてではなく，多細胞解析・1細胞解析ともにproximity-dependent ligationに依存しないアプローチも可能である（最近の例は文献20，21など）．ここは知恵の見せどころではないだろうか？

文献

1) Lieberman-Aiden E, et al：Science, 326：289-293, 2009
2) Dekker J, et al：Science, 295：1306-1311, 2002
3) Tuan D, et al：Proc Natl Acad Sci U S A, 82：6384-6388, 1985
4) Raich N, et al：Science, 250：1147-1149, 1990
5) Osborne CS, et al：Nat Genet, 36：1065-1071, 2004
6) Tolhuis B, et al：Mol Cell, 10：1453-1465, 2002
7) de Wit E & de Laat W：Genes Dev, 26：11-24, 2012
8) Yaffe E & Tanay A：Nat Genet, 43：1059-1065, 2011
9) Imakaev M, et al：Nat Methods, 9：999-1003, 2012
10) Nagano T, et al：Nature, 547：61-67, 2017
11) Nagano T, et al：Genome Biol, 16：175, 2015
12) Dixon JR, et al：Mol Cell, 62：668-680, 2016
13) Rao SSP, et al：Cell, 171：305-320.e24, 2017
14) Lupiáñez DG, et al：Cell, 161：1012-1025, 2015
15) Rao SS, et al：Cell, 159：1665-1680, 2014
16) Nagano T, et al：Nature, 502：59-64, 2013
17) Naumova N, et al：Science, 342：948-953, 2013
18) Sanborn AL, et al：Proc Natl Acad Sci U S A, 112：E6456-E6465, 2015
19) Fudenberg G, et al：Cell Rep, 15：2038-2049, 2016
20) Beagrie RA, et al：Nature, 543：519-524, 2017
21) Quinodoz SA, et al：Cell, 174：744-757.e24, 2018

＜著者プロフィール＞

永野　隆：大阪大学医学部卒業．整形外科臨床，神経発生研究と解剖学教育に従事した後，再度方向転換することになり2004年に英国ケンブリッジのBabraham研究所（Peter Fraser研究室）に移籍．ノンコーディングRNA研究に続き1細胞ゲノミクスの立ち上げに携わってきた．'18年度より大阪大学蛋白質研究所にて研究室を運営（招聘教授）．ずっと目の前にありながらこれまで見えなかった部分に光を当てたい．研究対象が替わっても，生命を司るしくみに合理的な美しさを見出すことが変わらぬ目標．

第2章　染色体はどのようにして折り畳まれるのか？

5. 複製タイミングと間期染色体構築

平谷伊智朗，竹林慎一郎

高等真核生物の染色体上ではS期の早い時期にユークロマチンが複製され，遅れてヘテロクロマチンが複製される．このDNA複製タイミング制御は1960年の発見以来，クロマチン状態の指標として重宝され半世紀の間にさまざまな研究が展開されたが，分子基盤が不明なことも手伝って研究の歩みは緩やかであった．しかし，最近，Hi-Cで検出される三次元クロマチン構造と複製タイミングの密接な関係が明らかになり，さらに，複製タイミングの1細胞ゲノムワイド解析も可能となった．今まさに，複製タイミングを切り口に間期染色体の挙動を1細胞レベルでゲノムワイドに観察できる時代が到来している．

はじめに

DNA複製は「ゲノムの倍加」という生命にとって根元的なプロセスであり，哺乳類の長大な染色体は，約8時間という限られたS期のなかで効率よく倍加される必要がある．このDNA複製の研究が本格的にはじまったのは1950年代である．Taylorは，動物細胞を用いてトリチウムチミジンで複製中のDNAをラベルするという実験を行い，染色体の複製には順序があること，哺乳類雌の2本あるX染色体のうち凝縮した不活性X染色体の方がS期の後半に複製されることなどを発見した[1]．この1960年の発見が複製タイミング研究のはじまりである．その後，1968年にHubermanとRiggsは，ファイバーオートラジオグラフィー法（トリチウムチミジンでラベルした複製中のDNAをファイバー状に引き伸ばして複製の過程を観察する方法）を用いた実験で，マルチレプリコン構造を見出している[2]．マルチレプリコン構造とは，同調的に活性化さ

[略語]
BrdU：5-bromo-2-deoxyuridine
（ブロモデオキシウリジン）
FACS：fluorescence-activated cell sorter/sorting（セルソーター）
LAD：lamina-associated domain
（ラミナ結合ドメイン）
NGS：next-generation sequencing
（次世代シークエンス）
SNP：single nucleotide polymorphism
（一塩基多型）
TAD：topologically associating domain
（トポロジカルドメイン）
TDP：timing decision point

DNA replication timing and chromosome organization in interphase nuclei
Ichiro Hiratani[1] /Shin-ichiro Takebayashi[2]：Laboratory for Developmental Epigenetics, RIKEN Center for Biosystems Dynamics Research[1] /Department of Biochemistry and Proteomics, Graduate School of Medicine, Mie University[2]（理化学研究所生命機能科学研究センター発生エピジェネティクス研究チーム[1] /三重大学大学院医学系研究科基礎医学系講座機能プロテオミクス分野[2]）

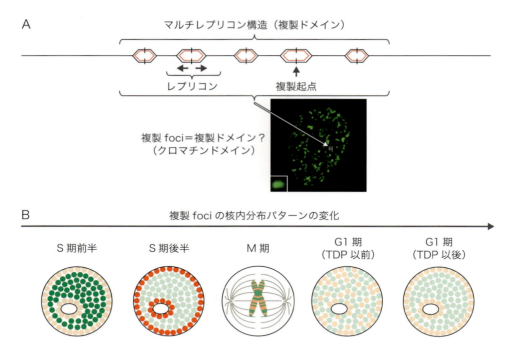

図1 マルチレプリコン構造と複製ドメインおよび複製fociについて
A）同調的に活性化される隣り合う複数の複製起点によって複製される一つながりの染色体DNA単位のことをマルチレプリコン構造とよぶが，これは複製ドメインとほぼ同義である．一方，核内で複製中のDNAは複製fociとよばれる小さな輝点として観察されるが（矢印，拡大写真あり），複製fociは細胞周期を超えて安定であり，ここから複製fociは数百Kb～Mb単位の安定的なクロマチンドメインであるという考え方が生まれた．複製fociは，その性質からしてマルチレプリコン構造や複製ドメインに相当する可能性が高いと思われるが，これを直接的に示した証拠はなく，しかも直接的な証明は技術的に非常に難しい．B）哺乳類細胞における複製fociの核内分布パターンの変化．複製fociの核内分布はS期の進行に応じて変化し，S期前半は核内部の広い範囲（ユークロマチン区画）に，S期後半は核膜・核小体周辺といったヘテロクロマチン区画に分布する．G1期初期のTDP（＝複製タイミングプログラムが確立される時点）の前は，直前のS期にラベルされた複製fociの核内分布はランダムだが，TDP以後は，所定の位置に落ち着く．すなわち，S期前半の複製fociは核内部のユークロマチン区画に，S期後半の複製fociは核膜・核小体周辺といったヘテロクロマチン区画に落ち着く．

れる隣り合う複数の複製起点によって複製される一つながりの染色体DNA単位のことを指し，複製ドメインともよばれる（**図1A**）．

1960年代後半～70年代にかけては，DNA複製バンディングをはじめとしたさまざまな染色体バンディング法も考案され，縞模様の違いによってすべての染色体が識別可能になり，ヒト細胞遺伝学の時代が幕をあけた[3]．と同時に，染まる部位と染まらない部位が同一染色体上に存在するという結果は，性質や構造の違う染色体領域が存在することを示唆していた．各種染色法の結果を総合すると，S期前半に複製される染色体領域はGC含量と転写活性が高くてギムザ液で染まりにくいRバンドに相当し，S期後半に複製される領域はGC含量と転写活性が低くてギムザ液で濃く染まるGバンドに相当していた．

1 DNA複製の時空間的制御の発見

1980年代に入ると，チミジン類似体であるBrdUで複製ラベルを行い，BrdU抗体を用いた免疫蛍光染色法によって細胞核内で複製部位を検出するという一連の実験が行われた[4]．その結果，複製中のDNAは複製fociとよばれる小さな輝点として観察されることがわかった．複製fociの核内分布はS期の進行に応じて変化し，S期前半は核内部の広い範囲に分布するユークロマチン区画に，S期後半は核膜・核小体周辺といっ

たヘテロクロマチン区画に分布することが哺乳類細胞で確認されている（図1B）．複製fociはそれぞれが個別のマルチレプリコン構造（＝複製ドメイン）であり，複製に必要なタンパク質が集合した工場（複製ファクトリー；replication factory）のような構造体であり，複製ドメインを構成する複数の隣り合うレプリコンがこの構造体に束ねられて核内で存在している，というモデルが提唱された[4]（図1A）．この複製fociのアイデンティティが細胞周期を超えて安定であったことから，「クロマチンドメイン」という新しい概念が生まれた[5) 6)]．最新の超解像顕微鏡解析の結果，このモデルの一部は再考を迫られているものの[7]，複製fociの研究が1980年代にすでに間期染色体の三次元構造と核内配置に関する考察を促した点は注目に値する．

2 DNA複製タイミングの決定プロセス

DNA複製の時空間的制御の分子基盤はいまだによくわかっていない．しかし，アフリカツメガエルの卵抽出液を用いた in vitro 複製系を用いた実験により，S期のいつどのゲノムDNA領域が複製されるか（＝DNA複製タイミングプログラム）は，複製が完了した後のG2期に一度消失し[8]，分裂期を経たG1期初期に再び確立されることが示されている[9]．このG1期初期の時期はTDP（timing decision point）とよばれ，分裂期を経た染色体の核内における再配置が完了する時期でもある[9]（図1B）．

重要なことに，高等真核生物の複製タイミングプログラムは，ドメインレベルで決定される[10]．ドメインレベルの複製タイミングを決める分子基盤は未解明である．一方，複製ドメイン内に多数存在する潜在的な複製起点のうち，どれとどれが実際に使われるかの選択はドメインの複製タイミングが決定された後に独立したプロセスとして起こる[10]．ゆえに，複製起点の選択がDNA複製タイミングに及ぼす影響の度合いは限定的と考えられる．

3 複製タイミング研究の新展開：顕微鏡解析とゲノムワイド解析の融合

以上の知見のほとんどは顕微鏡解析に基づくため，複製ドメインとゲノムDNA配列との正確な対応はついておらず，研究分野の進展を阻んでいる1つの要因となっていた．しかし，この状況は，2000年代後半に確立されたゲノムワイド解析手法の登場により一変する．

David Gilbert研究室で開発されたこの方法は，数百Kb〜Mbサイズの複製ドメインをゲノムワイドに同定できる非常に強力なもので，技術の詳細は図2Aの通りである[11) 12)]．この手法により，Mbサイズの複製ドメインの存在がゲノムワイドに証明され，細胞種に固有のドメイン分布が明らかになり，細胞の分化に伴い複製タイミング変化を示す領域はゲノム全体の50％近くに及ぶことも明らかになった．複製タイミングが分化に伴って変化することはβ-globinなど一部の遺伝子領域で知られてはいたが，染色体がこれほどまでにダイナミックに複製タイミング変化を起こしていることは誰も予想していなかった．

しかし最も驚きであったのは，S期前半／後半に複製されるドメインの染色体上の分布が，Hi-C法で検出される核内コンパートメントA/Bの分布（定義は図2Bを参照）とそれぞれ非常に高い相関を示したことである[13]（図2B）（Hi-C技術については第2章-4参照）．さらに，S期後半複製ドメインは，核膜を裏打ちするタンパク質であるlamin-B1との相互作用を示すラミナ結合ドメインLADの分布ともよく相関する[14]．つまり，複製ドメインは，DNA複製の構造単位にとどまらず，クロマチン構造や核内配置をきわめてよく反映した染色体構造単位であったのである．

4 最近のブレイクスルー：1細胞ゲノムワイドDNA複製解析手法の確立

ただ，前述のゲノムワイドDNA複製タイミング解析はすべて細胞集団レベルの解析であり，セルソーター（FACS）を用いて特定の細胞周期の細胞を数万個以上回収したうえで，BrdUの取り込みや，DNA複製によるコピー数変化を検出する必要があった．もちろん，Mbサイズの複製ドメインの存在は細胞集団レベルで見えてはいたが，ドメインの位置と分布が細胞間や細胞周期間でどの程度保存されているかは不明であった．これを明らかにするにはゲノムワイドDNA複製解析

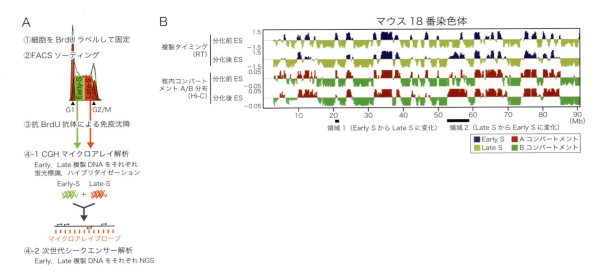

図2 ゲノムワイド複製タイミング解析の概要と核内コンパートメントA/Bとの関係
A）細胞集団を用いたゲノムワイド複製タイミング解析の概要．最終的にはCGHマイクロアレイ解析もしくは次世代シークエンサー解析の2つの選択肢があり，質的にほぼ同等の結果が得られる．B）複製タイミングデータの一例．図に示したのは分化前後のマウスES細胞（18番染色体）の複製タイミングデータおよびHi-C解析による核内コンパートメントA/Bの分布．両者はよい相関を示し，分化に伴う両者の変化もよい一致を示す．例えば，領域1は分化の過程で複製タイミングが遅くなる領域だが，この領域は核内コンパートメントもAからB寄りに変化する．逆に，領域2は複製タイミングが早くなるが，核内コンパートメントもBからAに変化する．なお，核内コンパートメントA/B分布は，Hi-Cの相互作用データをピアソン相関係数値に変換した行列を主成分分析して得られる第一主成分と定義され，正の値がAコンパートメント（ユークロマチン区画），負の値がBコンパートメント（ヘテロクロマチン区画）とよばれる[20]．Aコンパートメント内のゲノム領域同士は相互作用頻度が高く，Bコンパートメント内の領域同士も相互作用頻度が高いが，コンパートメント間の相互作用頻度は低い．

を1細胞レベルで行う必要があるが，最近われわれを含め2つの研究グループがこれを可能にした[15)16)]．

本手法は，S期中期の細胞をFACSにより回収してゲノムDNAを抽出・増幅して次世代シークエンサー解析（NGS）するだけなのだが（**図3A**），これによってゲノムDNA複製様式が細胞間で驚くほど保存されていることがはじめて明らかになった（**図3B**）[15)16)]．さらに，この複製様式が単一細胞内の相同染色体間でも高度に保存されていることや（**図3B**），複製タイミングの発生制御を示す領域が他の領域に比べて複製時期のばらつきが有意に大きいことも明らかになった[15)]．前述の通り，S期前半／後半複製領域は，Hi-Cの核内コンパートメントA/Bと非常によい一致を示し[13)]，しかも最近われわれは両者の変化も高い相関を示すことを見出した（**図2B**；三浦ら，投稿中）．すなわち，1細胞複製タイミング地図は，細胞集団のA/Bコンパートメント分布をかなりよく反映していた（**図3B**）[15)]．

ゆえに，1細胞DNA複製解析法は，DNA複製の解析にとどまらず，1細胞1相同染色体レベルのクロマチン構造の推定に威力を発揮すると思われる．当然ながら，1細胞解析技術には細胞数の制約はない．今後は，この技術を用いて，これまでは観察が難しかった初期胚発生時期の細胞や希少細胞・組織の細胞の複製タイミング，ひいてはA/Bコンパートメント制御の理解が進むことが期待される．

5 DNA複製タイミング制御の最新のモデル

現在までのDNA複製タイミングと間期核クロマチン構造に関する知見をまとめると以下のようになる（**図4**）．DNA複製タイミングは，核内三次元空間におけるA/Bコンパートメントの分布を反映しており，ユークロマチンであるAコンパートメントがS期前半に，

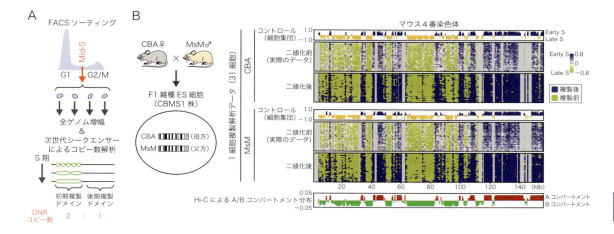

図3　1細胞ゲノムワイドDNA複製解析手法

A） 1細胞ゲノムワイドDNA複製解析手法の概要．S期中期の細胞をFACSソーティングで1つずつ回収し，ゲノムDNA抽出および全ゲノム増幅を行い，次世代シークエンサーによるコピー数解析を行ってコピー数が2倍になった（＝複製が完了した）領域を同定する．解析対象はS期のどの時期の細胞でもよく，その時点までに複製が完了した領域をゲノムワイドに同定できる．**B）** 1細胞複製解析データの一例．図に示したのはマウスCBMS1 ES細胞（4番染色体）で，二値化前と後のDNA複製データを示した．CBMS1はCBAとMsMという2つのマウス系統の交配によって得られたF1雑種ES細胞であり，一塩基多型（SNP）を利用してCBAとMsMそれぞれのハプロタイプごとのDNA複製データが得られる．1細胞DNA複製データは細胞間，ハプロタイプ間でよく保存されており，Hi-C解析による核内コンパートメントA/Bの分布と高い相関を示す．

ヘテロクロマチンであるBコンパートメントがS期後半に複製され，どのドメインがいつ複製するかは細胞間・相同染色体間で高く保存されている（**図4**）．特定の複製ドメイン（＝マルチレプリコン構造）に着目すると，ドメイン内部の数ある潜在的複製起点のうち個々の細胞や相同染色体でどの複製起点のセットが使われるかは確率論的に（stochasticに）決まるが，ドメインの複製タイミングは複製起点の選ばれ方に左右されずにほぼ再現よく（nearly deterministicに）決定される（**図4**）．ドメインレベルの複製タイミングが決まるのはG1期初期のTDPとよばれる時点であり，これは分裂直後の細胞におけるクロマチンの核内配置[9]（**図1B**）とHi-Cで見える相互作用パターンが再構築される時点に相当する[17]．すなわち，G1期TDPにおいて各々のドメインが，A，Bどちらのコンパートメントに振り分けられるかが次のS期のDNA複製タイミングに反映されると考えられる．ただし，個々のドメインをA/Bコンパートメントに正しく振り分けるためにTAD構造は必ずしも必要ない[18][19]．TADとはすなわちHi-Cで見出されるMb単位の染色体ドメイン，トポロジカルドメイン（topologically associating domain）のことである[20]．以上が，細胞周期一周分のタイムスケールにおけるDNA複製タイミング制御の大まかな様式である．ただし，TADやA/Bコンパートメントは，S期のなかでその構造を大枠では保ちつつも，DNA複製に伴い興味深い変化を示す（**第2章-4**を参照）．

一方，より長いタイムスケール（数日〜数週間）で見ると，細胞分化に伴ってDNA複製タイミング地図は時々刻々と変化する[18][19]．これはA/Bコンパートメント分布の変化をほぼ反映しており[21]，変化の大半はTAD単位で起きている（三浦ら，投稿中）．すなわち，A/Bコンパートメント境界に接しているTADが1個分，AからBもしくはBからAに核内配置をスライドしており，この変化が複製タイミング変化に反映されている．これは，TADがDNA複製の基本単位，すなわち複製ドメイン（＝マルチレプリコン構造）の最小単位であるという考え方を支持する[22]．ただし，実際には複数の隣り合うTADが同じ複製タイミングを示すことが多く（**図4**），この場合は見かけ上1つの複製ドメインは複数の隣り合うマルチレプリコン構造からなっていると推測される．そして，このような複製ド

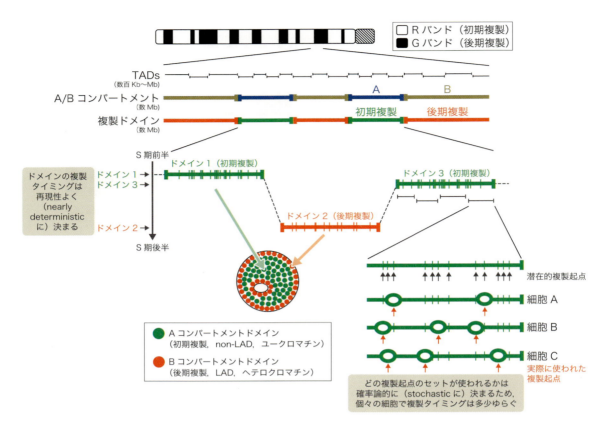

図4　高等真核生物の染色体複製タイミング制御のモデル

1本の染色体は，初期および後期複製ドメインのモザイク構造になっており，前者はHi-CのAコンパートメントやRバンドと，後者はBコンパートメントやGバンドとよい一致を示す．おのおのの複製ドメインは複数のTADからなるが，1つのTADに相当する場合もある．複数の隣り合うTADが同じ複製タイミングを示す場合，われわれの目には1つの複製ドメインとして見えるが，このような複製ドメインが分化に伴って複製タイミング変化する場合は，末端のTAD1個分の領域が変化することが多い．ドメインの複製タイミングはG1期初期のTDPにおいて再現性よく（nearly deterministic に）決まる．ドメイン内部には多数の潜在的複製起点が存在し，個々の細胞においてはそのなかのいくつかが確率論的に（stochasticに）選ばれて複製が進行するため，個々の細胞で複製タイミングは多少ゆらぐが，そのばらつきは小さい．初期複製ドメインは核内部に，後期複製ドメインは核膜・核小体周辺に局在し，それぞれいわゆるユークロマチン区画（non-LAD），ヘテロクロマチン区画（LAD）に相当する．

メインでは，末端のTAD1個分の領域が分化に伴い複製タイミングを変えていることになる．いずれにせよ，細胞分化に伴うA/Bコンパートメント変化とそれに伴うDNA複製タイミング変化の実態は，大体このようなものではないかと現在われわれは考えている．

6 今後解明されるべき課題

前述の通り，約1日（細胞周期）あるいは数日～数週間（細胞分化）のタイムスケールで，時間的・空間的にDNA複製がどのように制御されているのかについて，ゲノムレベルでかなり正確に記載できるようになってきた．しかし，重要な未解決の課題はまだ多く存在する．なかでも一番大きなものは，ドメインの複製タイミングがどのような分子機構で決定されるのか，という課題である．前述したように，この課題はHi-Cで規定されるA/Bコンパートメントがどう決まるかと密接に結びついており，コンパートメントの制御機構と対で理解されるべき課題である．

ただし，複製タイミングはA/Bコンパートメントをきわめてよく反映するものの，両者の相関は完全ではないことは指摘しておきたい（三浦ら，投稿中）．複製

タイミング制御がドメインレベルで大まかに決定され，その後（限定的ではあるが）個々の複製起点レベルでも制御されるように，複製タイミングという最終アウトプットに至るまでの道筋は複数あってよい．例えば，現在，細胞分化に伴う複製タイミング変化に匹敵する大規模な複製タイミング変化を引き起こすものとしては，唯一 Rif1 という DNA 結合タンパク質が知られている[23)24)]．Rif1 が欠損すると，A/B コンパートメント形成にどの程度異常が出るのか，あるいは Rif1 変異体の複製タイミング異常は Rif1 がホスファターゼ PP1 を多くの複製起点によび込む活性がなくなったからなのか（PP1 は DNA 複製開始に阻害的），両者の寄与率を明らかにすることは重要な課題である[25)]．

一方，細胞分化に伴う複製タイミング変化のトリガーは何でその作用点はどこなのか．さらに，そもそも複製タイミング制御はなぜ存在しているのか．あるいは，複製タイミングがドメイン内の遺伝子発現制御にどう作用するのか，あるいは作用を受けるのか．これらも未解明の重要課題である．

しかし，じつはこれらの問いの背後にある根本的な問題は，マルチレプリコン構造，複製ドメイン，TAD といった構造がどうつくられるかであり，各々のTAD がどのように2つの核内コンパートメント A/B に振り分けられるかである．また，細胞分化に伴う A/B コンパートメント変化の制御機構や，その意義もいまだにわかっていない．つまり，DNA 複製タイミング制御上の未解明の問題の多くは，そのまま Mb 単位の染色体構造についての未解明の問題に対応している．

おわりに：全体像を俯瞰しながら染色体を理解する

DNA 複製タイミングの研究はどこか掴みどころがない．分子機構も意義もよくわからないのだからある意味当然である．しかし，じつは DNA 複製タイミング制御の理解がわれわれの最終ゴールではないことは知っていただきたい．われわれはあくまで染色体という生命の本質をより深く理解したいのであり，DNA 複製の理解が染色体の理解のための手段・近道と考えて，これを研究している．

染色体の理解には，クロマチン構造の正しい理解が必須だが，クロマチン構造の計測は非常に難しく，その全貌を一度に捉えるのは至難の技である．ゆえに，クロマチンの微細構造や局所的な化学修飾等の研究からクロマチン構造の全体像を構築していくアプローチがとられてきた．これはきわめて現実的であり，このアプローチから多くの重要な成果が生まれてきた．しかし，このボトムアップ的な手法で見える微細構造や修飾のバリエーションが多くなりすぎて，われわれはともすると染色体の全体像を見失いがちなこともまた事実である．

一方で，細胞の構造と機能には密接な相関がある．DNA の二重らせん構造が即座に半保存的な DNA 複製を正しく予見したように，DNA 複製は DNA・クロマチン構造の最も直接的なアウトプット（＝機能）の1つといえ，両者はあらゆる階層において密接に相関している．

クロマチン構造の全体像を調べるのは Hi-C が現時点では最も有効な手段である[20)]．しかし，Hi-C はあらゆるクロマチン構造の階層を検出できるため，Hi-C データから染色体の全体像をイメージするのはなかなか難しい．一方，DNA 複製は，特定の DNA 領域が複製されたか否か，という計測がきわめて正確かつ容易な解析対象であり，DNA 複製の理解がクロマチン構造の理解に資することは過去半世紀以上の DNA 複製研究の歴史が物語っている．ついに，DNA 複製の全体像を1細胞・1ハプロタイプレベルで正確に見ることができる時代が到来しており，当面は DNA 複製とクロマチン構造の相関を利用しない手はない．今後も，このアプローチによって染色体に関する新しい概念が生まれることを期待したいし，われわれもその担い手でありたいと思う．

文献

1) Taylor JH : J Biophys Biochem Cytol, 7 : 455-464, 1960
2) Huberman JA & Riggs AD : J Mol Biol, 32 : 327-341, 1968
3) Comings DE : Adv Hum Genet, 3 : 237-431, 1972
4) Berezney R, et al : Chromosoma, 108 : 471-484, 2000
5) Cremer T & Cremer C : Nat Rev Genet, 2 : 292-301, 2001
6) Takebayashi SI, et al : Genes (Basel), 8 : pii: E110, 2017
7) Chagin VO, et al : Nat Commun, 7 : 11231, 2016

8) Lu J, et al：J Cell Biol, 189：967-980, 2010
9) Dimitrova DS & Gilbert DM：Mol Cell, 4：983-993, 1999
10) Rhind N & Gilbert DM：Cold Spring Harb Perspect Biol, 5：a010132, 2013
11) Hiratani I, et al：PLoS Biol, 6：e245, 2008
12) Hiratani I, et al：Genome Res, 20：155-169, 2010
13) Ryba T, et al：Genome Res, 20：761-770, 2010
14) Ragoczy T, et al：Nucleus, 5：626-635, 2014
15) Takahashi S, et al： bioRxiv, doi：https://doi.org/10.1101/237628, 2017
16) Dileep V & Gilbert DM：Nat Commun, 9：427, 2018
17) Dileep V, et al：Genome Res, 25：1104-1113, 2015
18) Nora EP, et al：Cell, 169：930-944.e22, 2017
19) Rao SSP, et al：Cell, 171：305-320.e24, 2017
20) Pombo A & Dillon N：Nat Rev Mol Cell Biol, 16：245-257, 2015
21) Takebayashi S, et al：Proc Natl Acad Sci U S A, 109：12574-12579, 2012
22) Pope BD, et al：Nature, 515：402-405, 2014
23) Yamazaki S, et al：EMBO J, 31：3667-3677, 2012
24) Cornacchia D, et al：EMBO J, 31：3678-3690, 2012
25) Foti R, et al：Mol Cell, 61：260-273, 2016

＜著者プロフィール＞

平谷伊智朗：理化学研究所生命機能科学研究センター発生エピジェネティクス研究チーム．1998年東京大学理学部生物学科卒業．2003年同大学院理学系研究科生物科学専攻博士課程修了（平良眞規研究室）．米国フロリダ州立大でのDavid Gilbert研究室でのポスドク（共著者の竹林慎一郎氏は留学当時のよき同僚），国立遺伝学研究所（助教）を経て'13年暮れより現職．染色体三次元構造の発生制御の実態を独自の視点で解き明かしたい．趣味はサッカーのコーチング．E-mail：ichiro.hiratani@riken.jp

竹林慎一郎：三重大学大学院医学系研究科機能プロテオミクス分野．1997年三重大学生物資源学部卒業．2002年同大学院生物資源学研究科博士課程修了（奥村克純研究室）．'14年より現職．DNA複製制御の視点から，染色体を理解していきたい．趣味はゴルフと釣り．E-mail：stake@doc.medic.mie-u.ac.jp

第2章　染色体はどのようにして折り畳まれるのか？

6. RNAと間期クロマチン構築

野澤竜介，斉藤典子

核小体をはじめとした核内構造体は，膜に囲まれないコンパートメントを形成することが知られている．その原理は，RNAを核としたRNA結合タンパク質の局所的な集合により引き起こされる相分離（phase separation）という物理現象によるものと考えられている．ごく最近，この相分離がクロマチン上にも観察され，クロマチン構築に寄与するという概念が提唱されはじめている．そこで本稿では，われわれが見出した，RNA結合タンパク質によるクロマチン構造制御メカニズムや，特異的なRNAがつくり出す核内環境などを例にあげ，間期クロマチン構築の背景にあると思われるRNAの役割と相分離という現象について議論したい．

はじめに

近年，タンパク質をコードしないノンコーディングRNA（ncRNA）[※1]が同定され，間期クロマチンの制御や核内構造体[※2]の形成に働くものが多数あることが示されてきている．その分子基盤に，RNAポリマーとその結合タンパク質が相分離[※3]を引き起こしやすい性質があることが示されはじめ，多くの研究者から注目されている．

1 ncRNAによるクロマチンと細胞核の制御

ゲノムDNAは真核生物で全長2mに及ぶが，タン

※1　ノンコーディングRNA（ncRNA）
mRNAと異なりタンパク質に翻訳されないRNAを指し，非コードRNAとも訳される．便宜的に，200塩基以下のncRNAを短鎖ncRNA（small ncRNA），200塩基以上のものを長鎖ncRNA（long ncRNA, lncRNA）とされている．本稿では，クロマチンの制御にかかわる核内lncRNAに焦点を絞り解説している．

※2　核内構造体
核内で主にRNAとRNA結合タンパク質が集合して形成する構造体で，膜に囲まれていない．核小体，核スペックル，パラスペックル，カハールボディ，ジェム，ヒストンローカスボディ，PMLボディなど多数が存在する．数や形態は，ストレス下など，細胞の状態や細胞の種類によって異なる．

※3　相分離
物理学で検証されてきた概念．相互作用自由エネルギーが低い分子同士が集まり，他の分子を排斥し，界面を形成し集合体となる現象．本稿での相分離は，細胞内で溶液として存在するタンパク質などの構成因子が，集合して液滴を形成し，他の構成因子と分離するといった，液-液相分離（liquid-liquid phase separation）を主に指す．

RNA and interphase chromatin organization
Ryu-Suke Nozawa[1] /Noriko Saitoh[2]：The University of Edinburgh[1] /The Cancer Institute of JFCR[2]（英国エディンバラ大学[1] /公益財団法人がん研究会がん研究所[2]）

パク質をコードしている部分はそのうちの2％に満たず，ほとんどがノンコーディング領域で，その大部分は転写されている．200塩基以上のncRNAは長鎖ncRNA（lncRNA）とよばれ，現在では20,000〜100,000種類がヒト細胞に存在すると見積もられており，およそ25,000といわれるタンパク質をコードするmRNAの数と同等かそれ以上である．大半のncRNAについてはいまだ機能不明だが，解析が進むにつれて，ゲノムや生命機能を制御する重要な因子であることが示されてきている．

1）ncRNAによるクロマチン・遺伝子発現制御

ncRNAには，クロマチンに相互作用して遺伝子の発現制御にかかわるものがあり，その代表格は，X染色体不活性化に働くXISTである．X染色体不活化は，雌哺乳類の初期発生において遺伝子の発現量を雄細胞と同等にする補償として，核内の2本のX染色体のうち1本がほぼまるごと抑制される現象である．この過程では，将来抑制される方のX染色体から，およそ17 kbのXISTが転写され，その染色体全体を覆い，核内でRNAのかたまり（クラウド）として観察される．このXISTクラウドには，転写を抑制する酵素であるポリコーム複合体や，染色体凝縮に寄与するSMCHD1-HBiX1複合体[1]をはじめとした数多くの分子がよび込まれて，核内で転写抑制の場を形成していると考えられる．

XISTのように自身の転写の場を起点にその近隣遺伝子に"シス"に働くncRNAだけでなく，自身の遺伝子座から離れた，あるいは別の染色体上に"トランス"に機能するncRNAの存在も知られている（**図1**）．後者の例としてHOTAIRやFIRREがあげられる．HOTAIRは個体発生の体軸形成にかかわるHOXC遺伝子の一部から2.2 kbのアンチセンスRNAとして転写され，別の染色体にコードされたHOXD遺伝子領域に，ヒストンH3K4の脱メチル化因子のLSD1やポリコーム複合体PRC2をよび込み，転写抑制に働く．また，FIRREは，X染色体上で転写され，その近辺にとどまり，X染色体内の他の領域や，別の染色体上の遺伝子座と相互作用することが知られており，染色体間相互作用のプラットフォームとして機能すると考えられている．

これらの他に，HOTTIPやXACT，後述するエレノアのように転写活性に働く核内ncRNAも知られている．さらには細胞質で働くncRNAも存在し，その機能は多岐にわたる．しかし，一定の共通性も示唆されており，今後，ncRNAの機能や機序の普遍性が明らかにされることが期待されている．

［略語］

AAA+：ATPases associated with diverse cellular activities
ASL：amyotrophic lateral sclerosis
ATP：adenosine triphosphate
CTCF：CCCTC-binding factor
ER：estrogen receptor（エストロゲン受容体）
Firre：functional intergenic repeating RNA element
GFP：green fluorescent protein
HBiX1：HP1-binding protein enriched in inactive X chromosome 1
HOTAIR：HOX transcript antisense RNA
HOTTIP：HOXA transcript at the distal tip
HOX：homeobox
HP1：heterochromatin protein 1
IDR：intrinsically disordered region
LC：low-complexity
LSD1：lysine-specific histone demethylase 1
LTED：long term estrogen deprivation
MALAT1：metastasis associated in lung adenocarcinoma transcript-1
mRNA：messenger RNA
ncRNA：non-coding RNA
NEAT1：nuclear enriched abundant transcript 1
PRC2：polycomb repressive complex 2
RGG：arginine-glycine-glycine
rRNA：ribosomal RNA
SAF-A：scaffold attachment factor A
SMCHD1：structural maintenance of chromosomes hinge domain-containing protein 1
Suv39H1：suppressor of variegation 3-9 homolog 1
XACT：X active coating transcript
XIST：X inactive specific transcript
YY1：yin yang 1

2）RNAとRNA結合タンパク質による相分離が形成する核内構造体

　細胞核内のクロマチン周辺には，核小体やパラスペックルなど膜に囲まれていない構造体が複数存在する．核内構造体は特定因子群が局所に蓄積しつつ，ダイナミックに移動する場で，近隣にあるクロマチンの制御にかかわると考えられる．核内構造体はncRNAの転写を"種"にして形成される例が多い（**図1**）．例えば，リボソーム生合成の場として知られる，核内最大の構造体である核小体は，リボソームRNA（rRNA，ncRNAの1つである）が転写される周辺で，rRNAの転写に依存して形成される．また，rRNAを人工的に染色体の別の場所で転写させると，そこに新たに核小体様の構造が形成される．別の例としては，RNAの編集や輸送にかかわるパラスペックルの形成がncRNAであるNEAT1に依存することがあげられる[2]．NEAT1を異所的に転写させると，パラスペックルの他の構成因子がリクルートされ，その場に機能的なパラスペックルが新たに形成される．

　これらの観察や結果を受けて，核内構造体の形成は，ncRNAにRNA結合タンパク質群がよび寄せられることにより，水と油が分離するように急速にタンパク質同士が集合し，液滴（liquid droplet）を形成する，「相分離」という物理現象に引き起こされる，という新しい機序が提唱された（**図2**）[3]～[5]．

　多くのRNA結合タンパク質には，アミノ酸残基の種類が偏り，決まった構造をとらない，LC（low-complexity）ドメイン〔プリオン様ドメインやIDR（intrinsically disordered region）ともよばれる〕が存在する．LCドメイン同士は，親和性や特異性は高くはないが，複数部位で相互作用が起こりやすい，といった特徴があり，試験管内で液滴を形成することが示されたため，LCドメインがタンパク質の相分離に寄与していると考えられる．RNA結合モチーフやRNA自身もまた同様に相分離を起こしやすい性質があり，RNAとRNA結合タンパク質が密集する場は，集合体を形成しやすいといえる．

　相分離で形成される集合体は，分子移動度が高く構成因子同士が会合しやすい場で，分子反応が促進されるしくみといえる．一方で，分子集合が過ぎると凝集し，ALSをはじめとした神経変性疾患の細胞で観察さ

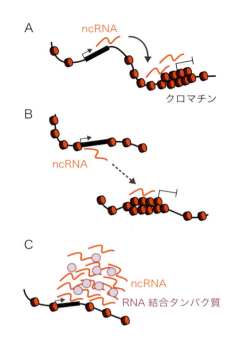

図1　ncRNAのさまざまな機能
A）クロマチンをシスに制御する（例：XIST）．B）クロマチンをトランスに制御する（例：HOTAIR）．C）核内構造体を形成する（例：NEAT1）．

れる凝集体の原因となりうる（**図2**）[6]．ごく最近，核内でncRNAがこれらの疾患にかかわりがあると考えられているタンパク質の相分離を制御していることが示された[7]．

2 クロマチン構築と相分離

　ごく最近，クロマチンのドメイン形成，あるいはコンパートメント形成の理解に相分離の概念が導入されはじめている．ここでは，興味深い報告やモデルを紹介したい．

1）ヘテロクロマチン形成

　クロマチン構築に相分離が寄与するという着想は，ヘテロクロマチンの主要な構成因子であるHP1が自己集合する性質をもつこと，そして，その相分離したHP1がヘテロクロマチン領域に観察されたことからもたらされた[8][9]．試験管内において，HP1は相分離により液滴を形成し，その液滴形成には，構造をとらないHP1のN末端領域や中央のヒンジ領域のリン酸化が，

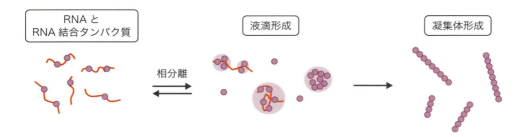

図2　RNAとRNA結合タンパク質の相分離メカニズム
RNA結合タンパク質がRNAと結合し（左），RNA結合タンパク質の濃度が局所で高まった際に，相分離を経て液滴が形成される（中央）．この反応がさらに進み，不可逆的な凝集体が形成されることがあり，神経変性疾患の細胞質内で観察される（右）．

寄与していることが見出された[8]．さらにショウジョウバエの初期胚のヘテロクロマチンに観察された複数のHP1の集合体は，融合すること，他の分子とは排他的であること，また疎水性相互作用を阻害するアルコール処理で分散する，という性質をもつことが示された[9]．このことは，核内においても，相分離した液滴様のHP1が存在することを示唆し，ヘテロクロマチンドメイン形成への寄与を想像させる．またこれまでに，リン酸化したHP1のN末端領域は，DNAに親和性があること[10]，そして，HP1結合タンパク質であり，ヒストンH3の9番目のリジンのメチル化を担うSuv39H1は，RNAへの親和性が高いことが知られている[11]．DNAやRNAがHP1の相分離にどのような影響をもたらし，そしてどのようにヘテロクロマチン形成に寄与するのか，非常に興味深い（ヘテロクロマチンについては第1章-2も参照）．

2）エンハンサーとプロモーターの相互作用

相分離の概念は，転写活性制御の理解にも適応される．スーパーエンハンサーとよばれるような，複数のエンハンサー領域が局所的にクラスターを形成したゲノム領域では，転写因子群，RNAポリメラーゼⅡ，そしてncRNAなどが，高濃度に集積し，高度な転写活性が誘導されていることが知られている[12]．その特殊な領域において，タンパク質とncRNA群の集合による相分離が起こり，転写高活性なコンパートメントが形成されるというモデルが提案された[13]．実際に，多数のタンパク質による集合という要素を導入したシミュレーション解析は，実験から示唆されたスーパーエンハンサーの特徴である，高度かつ連続した転写活性，そしてその脆弱性をよく再現した．実際に相分離し転写の活性化にかかわると予想されるタンパク質の候補としては，LCドメインをもつRNA結合タンパク質などの他に，RNAポリメラーゼⅡがあげられる[14]．7個のアミノ酸の単位が哺乳類では52回反復した，RNAポリメラーゼⅡのC末端領域は，1つのLCドメインと捉えることができる．つまり，RNAポリメラーゼⅡ自身が，タンパク質の集合の核となりうるRNAを産生すると同時に，自身のLCドメインにもまた相分離を促進し，効率的な転写を行う場をつくり出していることが想像される．

3）クロマチンの相分離

また，前述のようなタンパク質の自己集合だけではなく，クロマチン同士を橋渡しするようなクロマチンタンパク質により誘導される，クロマチンポリマーの集合もまた，広義ではあるが，相分離と捉えることができる[15]．それは，クロマチンの局所濃度とクロマチン結合タンパク質の局所濃度との間に，ポジティブフィードバックループが存在しているため，クロマチン同士をつなぎとめることが，最終的にクロマチンの区画化へとつながると考えられる[16]．この場合のクロマチン結合タンパク質の例としては，ヒストン[17]，CTCFやYY1[18]，コヒーシン[19]，コンデンシン[20]，そして前述のHP1[21]などが該当する．最近，クライオ電子顕微鏡解析により，二量体化したHP1は，ジヌクレオソームのそれぞれのヒストンH3に結合することが，明らかとなった[21]．このことから，HP1とジヌクレオソーム複合体がヘテロクロマチン形成の核となり，凝縮したクロマチンを拡張していく様が想像でき，HP1

自身の相分離の性質と合わせて，細胞周期を通じて凝縮しているとされる構成的ヘテロクロマチンの特徴を付与しているのかもしれない．

3 SAF-AとRNAの細胞核内相分離を介したクロマチン構造制御メカニズム

野澤らは，RNAとRNA結合タンパク質による間期のクロマチン構造制御メカニズムを見出した．その概要と最近の結果を紹介したい．

1）SAF-AはRNAとともに転写活性領域のクロマチン構造を脱凝縮させる

これまで，転写活性なゲノム領域のクロマチン構造は，転写阻害により凝縮することが知られている[22]．そこで野澤らは，転写によるクロマチンの構造制御メカニズムを明らかにするために，かつて核マトリクスの構成因子の1つとして同定された，SAF-A（別名hnRNP-U）という，核内に豊富に存在するタンパク質に着目した．核マトリクスは，RNAと不溶性のタンパク質から構成される安定な構造体であるとされ，間期におけるクロマチン構造制御や維持，遺伝子の発現の制御などに重要な役割を果たすと考えられていたが，生細胞ではいまだその存在は明らかとなっていない．

SAF-Aの機能阻害により，脱凝縮した状態にあった転写活性なクロマチン構造が凝縮し，一方で，転写不活性な領域に変化はみられなかった．さらに，遺伝子の量の多いヒト第19染色体のテリトリーが凝縮したことから，SAF-Aは転写活性なクロマチン構造を，染色体の全体のスケールで制御することがわかった．そのメカニズムを詳しく調べると，SAF-Aは，自身のAAA＋ATPaseドメインによるATPとの結合，およびRGGドメインによるRNAとの結合によりオリゴマーを形成し，また，ATPの加水分解あるいは，RNAの解離により単量体化する，といったサイクルでオリゴマーを形成することを見出した．そして，そのSAF-Aのオリゴマー形成はクロマチン構造を脱凝縮させるために必要であった．これらの結果から，SAF-Aは転写に反応して，RNAとともに構造体を形成し，クロマチン構造を制御していると結論づけた．この発見は，以前に提唱された核マトリクスモデルとは異なり，短時間でターンオーバーするRNAが，SAF-Aにより形成される構造体にダイナミックかつ可塑的な性質を付与し，染色体構造を制御していることを示唆する（**図3**）[23]．

2）SAF-Aは相分離により自己集合する性質をもち，RNAによりその自己集合は調節される

現在，野澤らは，SAF-AとRNAが一体どのような構造体を形成し，どのようにクロマチン構造を制御しているのか，という疑問をもって研究を進めている．その足がかりとして，SAF-AがC末端側にもつLCドメインの役割に着目した．前述の核小体をはじめとした核内構造体を構成するようなRNA結合タンパク質の多くは，RNA結合ドメインとLCドメインをそれぞれ独立したドメインとしてもつが，SAF-Aの場合は，RNA結合に寄与するRGGモチーフがLCドメイン内に分布しているという，ユニークなドメイン構成となっている．

GFPタグを付加したSAF-AのLCドメイン断片を細胞内に発現させ，核内での挙動を観察したところ，興味深いことに，通常では核質全体に分布したが，転写阻害により自己集合が観察された．このことはSAF-Aもまた相分離により自己集合する性質をもつこと，そしてその自己集合はRNAとの結合により調節されることを示唆している（**図4**）．また，変異体を用いた解析により，この自己集合は，LCドメイン内の，カチオン側鎖をもつRGGモチーフのアルギニン残基と，芳香族側鎖をもつアミノ酸残基とのカチオン–π結合によるものであることを見出した．これらの結果から，LCドメインは，RNA濃度の低い状況下では，静電気的で弱い結合による自己集合が優位となり液滴様の複合体を形成し，RNAの濃度が高くなるにつれ，RNAとの複合体を形成し，またオリゴマー活性により，その複合体を拡張し，ゲル状の構造体を形成するものと予想された．実際に，生物物理学を導入したシミュレーション解析によりこの仮説を再構成することができた．

どのようなRNAがSAF-Aに結合し，そして，そのRNAとSAF-Aが，転写活性領域という場にどのような性質をもたらしているか，を明らかにするために現在解析を行っている．SAF-AとRNAがつくり出すゲル状の構造体は，転写活性領域に，粘度の高い環境をつくり出すことで，クロマチン構造の脱凝縮状態を保持する場を提供するとともに，転写因子を転写領域に留め，効率的な転写を促すことに貢献していると考えている．

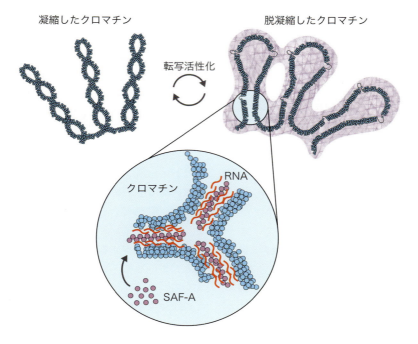

図3　SAF-Aによるクロマチン構造制御メカニズムのモデル
SAF-Aオリゴマーが転写活性領域のクロマチン構造の脱凝縮に重要な働きをする．

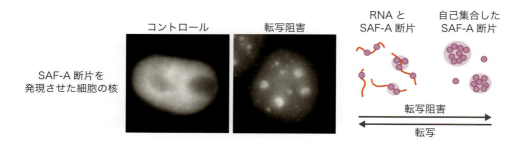

図4　SAF-Aは相分離により自己集合する性質をもつ
転写阻害により，SAF-AのLCドメインが液滴様の集合体を形成する（左）．SAF-Aは相分離により自己集合する性質をもち，その自己集合はRNAとの結合により調節される（右）．

4 乳がんにおけるncRNAによる遺伝子発現制御

近年，ncRNAによる特定遺伝子の制御とその破綻による疾患の研究がさかんである．斉藤らによる乳がんにかかわるncRNAの解析について紹介する．

1）治療抵抗性乳がん細胞においてncRNA群エレノアが活性クロマチンを形成する

乳がんの70％はエストロゲン受容体（ER）を発現するER陽性型で，増殖のために，女性ホルモンのエストロゲンを必要とする．そのため，エストロゲン作用を阻害する内分泌療法が有効に施される．しかし，治療が長期にわたると高い頻度で治療抵抗性となり，がんが再発することが問題である．斉藤らは，この再発

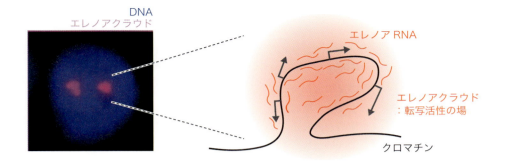

図5　エレノア ncRNA により制御されるクロマチン
内分泌療法抵抗性を獲得した ER 陽性乳がん細胞で観察されるエレノアクラウドの FISH 画像（左）とモデル図（右）．

乳がんモデルである LTED（long term estrogen deprivation）細胞を用いて，内分泌療法抵抗性の獲得機序を解析したところ，再発乳がんにおいて，ER をコードする *ESR1* 遺伝子が活性化していることを見出した（図5）[24]．その背景には，*ESR1* を含む約 700 kb に及ぶクロマチンドメインから複数種類の ncRNA からなる *Eleanor*（エレノア）が転写され，これらがクロマチンドメイン全体を活性化し，*ESR1* 遺伝子と近傍3遺伝子を高発現に導いていることを見出した．エレノアは自身が転写される遺伝子領域に相互作用して，細胞核内に RNA クラウドを形成し，転写活性な場を形成していると考えられる[25]．エレノアクラウドにどのようなタンパク質がリクルートされ，その結果，クロマチン構造がどのように変化するかなどのメカニズムについては，現在解析を進めている．エレノアクラウドは ER 陽性乳がん患者由来細胞核で検出されること，エレノア中の一部 RNA のノックダウンにより，エレノアクラウド全体が消失し，*ESR1* 遺伝子の mRNA 転写が抑制され，LTED 細胞が増殖能を失うことから，再発乳がんの診断と治療の標的となりうると提唱している．

2）ncRNA が疾患の治療標的となる可能性

ncRNA の多くは組織や発生段階，疾患に特異的に転写されることから，生体の重要な制御因子と考えられる．核スペックルとよばれる核内構造体に局在する ncRNA の *MALAT1* は肺がんや乳がんで高発現し，がんの転移に深くかかわる．*XIST* は肝がん，乳がんの発がん抑制に，*HOTAIR* は乳がん，肺がんを含む多数の発がんにかかわる．エレノアを含め，がんで高発現する核内 lncRNA は多数同定され，機序がわかりつつあるものもある．また，がんで検出される DNA の変異は，タンパク質をコードしないゲノム領域で発見される頻度が高いことは，興味深い．lncRNA を標的とした核酸試薬などが，疾患の治療につながる可能性が指摘されている[26]．

おわりに

DNA 複製，転写，DNA の組換え修復，そして染色体分配といったさまざまなクロマチン機能を誘導する可塑的な局所環境の構築に，相分離という現象が大いに寄与していることが想像される．それぞれのクロマチン機能において，その局所に，転写によりすみやかに産生され，また容易に分解されうる ncRNA は，相分離を誘導し，また制御するシグナル分子としての役割を担っている可能性が高い．しかし，核内には，これまで分類されてきたようにさまざまな種類，そして膨大な分子数の ncRNA が存在すると思われる．相分離という観点で，どういったサイズ，どういった配列，また，どのように産生されるのかといった，ncRNA を分類する新たな尺度が求められているときかもしれない．また，核内での相分離という現象を評価する手法の構築が必要である．生細胞を用いた核内でのタンパク質の一分子動態解析，それと並行した生物物理学を導入したシミュレーション解析による，実験と検証を連携させた解析は，相分離により形成される特殊なクロマチン領域を評価する手法の1つとなるのではない

か，と考えている．これまで，核内でフォーサイ，クラウド，ファクトリーなどと呼称されていた，核内の局所環境の，物理的特性とその制御メカニズムを解明することは，その局面ごとのクロマチン構築への理解を深めるだけでなく，時空間的な視点を加えることにより，細胞周期というさまざまなクロマチン機能が連携した流れのなかで，クロマチンが構築と再編成をくり返していく様を描くことができるようになるのではないか．そして，その作動原理の中核の1つと思われるncRNAは，がんを含む疾患において通常細胞とは異なったふるまいを示すことから，ncRNAのふるまいや機能の解明は，クロマチン構築の理解につながるだけでなく，疾患治療への大きな貢献が期待される．

文献

1) Nozawa RS, et al：Nat Struct Mol Biol, 20：566-573, 2013
2) Hirose T & Nakagawa S：Biomol Concepts, 3：415-428, 2012
3) Brangwynne CP, et al：Proc Natl Acad Sci U S A, 108：4334-4339, 2011
4) Kato M, et al：Cell, 149：753-767, 2012
5) Hyman AA & Simons K：Science, 337：1047-1049, 2012
6) Aguzzi A & Altmeyer M：Trends Cell Biol, 26：547-558, 2016
7) Maharana S, et al：Science, 360：918-921, 2018
8) Larson AG, et al：Nature, 547：236-240, 2017
9) Strom AR, et al：Nature, 547：241-245, 2017
10) Nishibuchi G, et al：Nucleic Acids Res, 42：12498-12511, 2014
11) Shirai A, et al：Elife, pii: e25317, 2017
12) Hnisz D, et al：Cell, 155：934-947, 2013
13) Hnisz D, et al：Cell, 169：13-23, 2017
14) Harlen KM & Churchman LS：Nat Rev Mol Cell Biol, 18：263-273, 2017
15) Erdel F & Rippe K：Biophys J, 114：2262-2270, 2018
16) Brackley CA, et al：Proc Natl Acad Sci U S A, 110：E3605-E3611, 2013
17) Maeshima K, et al：Curr Opin Genet Dev, 37：36-45, 2016
18) Weintraub AS, et al：Cell, 171：1573-1588.e28, 2017
19) Rao SSP, et al：Cell, 171：305-320.e24, 2017
20) Ganji M, et al：Science, 360：102-105, 2018
21) Machida S, et al：Mol Cell, 69：385-397.e8, 2018
22) Naughton C, et al：Nat Struct Mol Biol, 20：387-395, 2013
23) Nozawa RS, et al：Cell, 169：1214-1227.e18, 2017
24) Tomita S, et al：Nat Commun, 6：6966, 2015
25) Tomita S, et al：Wiley Interdiscip Rev RNA, 8：doi: 10.1002/wrna.1384, 2017
26) Arun G, et al：Trends Mol Med, 24：257-277, 2018

＜著者プロフィール＞

野澤竜介：2011年北海道大学大学院先端生命科学院にて博士号取得．同年同ポスドクを経て，'13年より英国エディンバラ大学にて博士研究員．クロマチン構造制御の分子メカニズムの解明に取り組む．

斉藤典子：1995年ジョンズホプキンス大学大学院にてPh.D.取得．NIH，コールドスプリングハーバー研究所，熊本大学などを経て，2017年4月がん研究会がん研究所がん生物部長．細胞核とクロマチンによるがんの高次エピジェネティクスの解明に取り組む．

第3章　どのようなタンパク質が高次染色体を制御しているのか？

1. コヒーシンによる染色体高次構造形成の分子機構

村山泰斗

コヒーシンはリング状構造のsDNA結合タンパク質複合体で，染色体の高次構造形成を通じ，分配，DNA修復，転写など幅広い機能を制御する．この複合体はATPを駆動力にDNAをリングに取り込み，染色体内，姉妹染色分体間でDNA同士をつなぎとめることによって，姉妹染色分体接着やクロマチンループ構造を形成すると考えられている．このリングの開け閉めと染色体高次構造の形成は，複数の補助因子とタンパク質修飾によって多層的に制御されている．本稿では，姉妹染色分体接着の形成を中心にコヒーシン制御の分子機構について考察する．

はじめに

遺伝情報を担う染色体はクロマチン構造を基本としたcm長の長大なポリマーであるが，直径10 μm程度の核に収められている．この限られた空間で，染色体を複製し，娘細胞へと受け継ぎ，同時に必要な遺伝子を発現させるために，細胞は細胞周期を通じて染色体構造を大きく変化させる．代表的なのは有糸分裂における染色体凝縮であり，この過程で長さ1万分の1にまで纏め上げ，染色体分配を可能にする．間期染色体は核内でランダムに存在するわけでなく，階層的にかつ動的に区画化されている．これらの染色体高次構造形成に中心的な役割を果たすのが巨大なリング状構造をもつSMC複合体（structural maintenance of chromosomes）である[1]～[3]．その1つであるコヒーシンは，姉妹染色分体接着の分子本体として同定された（図1）．この接着構造は，正確な染色体分配を担保する．細胞極から伸びる紡錘糸によって捕らえられた姉妹染色分体は，それぞれ反対側の極に引っ張られる．このとき，接着により生じる張力を指標に，すべてのセットの染色体は間違うことなく娘細胞へと分配される．また，この接着は正確なDNA修復に必要である．姉妹染色分体接着は，相同組換えによる効率的なDNA修復を担保するとともに，損傷部以外での組換えを抑えて致命的なゲノム再編成が起こることを防ぐ．一方で，コヒーシンは染色体内においてクロマチンループ構造を形成し，間期染色体構成を担う．このループは，プロモーターとエンハンサーの相互作用を促進し，または両者を分け隔て，転写の活性化と抑制の両方を制御すると考えられている．

[略語]
CTCF：CCCTC-binding factor
HR：homologous recombination
NHEJ：non-homologous end joining
SMC：structural maintenance of chromosomes

Cohesin: a central regulator of global chromosomal organization
Yasuto Murayama：Chromosome Biochemistry Laboratory, Center for Frontier Research, National Institute of Genetics
（国立遺伝学研究所新分野創造センター染色体生化学研究室）

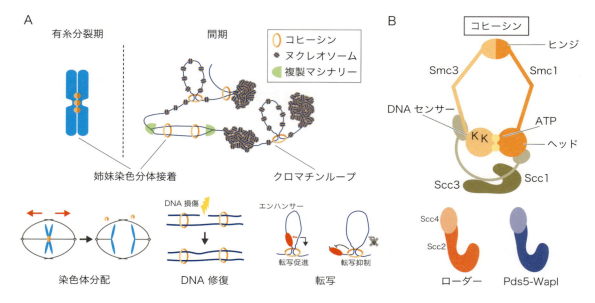

図1　コヒーシンと染色体高次構造
A）コヒーシンが形成する染色体高次構造とその役割．B）コヒーシンの分子構造モデル．

　コヒーシンはSmc1，Smc3，Scc1，Scc3からなる四量体である（**図1B**）．SMCタンパク質は長大な構造が特徴で，ヒンジドメインを介して安定なヘテロ二量体を形成し，ヘッドATPaseドメインで，ATP依存的に会合する．Scc1はN末端とC末端でそれぞれSmc3とSmc1のヘッド部に非対称的に結合してリングを閉じる．Scc3はScc1に結合する制御サブユニットである．Scc1には，コヒーシンのDNA結合に必須のScc2-Scc4ローダー複合体と，解離を促進するPds5-Wapl複合体が結合する．コヒーシンは，リング構造にDNAを取り込み，DNA同士をつなぎとめて染色体の高次構造を形成すると考えられている．その分子機構はまだ不明な点が多いが，近年コヒーシンの結晶構造解析に加え，試験管内再構成の確立などコヒーシンの分子機構の解明への素地が整いつつある．また，大規模シークエンスを使ったchromosome conformation capture法やオーキシンデグロン法などの新技術の併用によって，コヒーシンの間期染色体構造形成における役割が徐々に明らかになってきている．

1 コヒーシンリングはどのようにしてDNAを取り込むのか？

　コヒーシンがDNAを取り込むためには，サブユニット間の結合を解離させリングを開く必要がある．現在，ヒンジ側（Smc1-Smc3）が開くモデルとヘッド側（Smc3-Scc1，Smc1-Scc1）が開くモデルの2つが考えられている（**図2**）[1,3]．出芽酵母では，Smc1とScc1の結合は，Smc1のATP結合に依存する[4]．一方，Pds5-Waplは，コヒーシンがATPに結合しているときにSmc3とScc1の結合を解離させる[5]．すなわち，Smcヘッド部とScc1の結合は，ATP依存的に解離しうる．試験管内再構成反応において，ローダーによるコヒーシンのDNA結合とPds5-Waplによる解離にはSmc3サブユニットのヘッド上部に，保存されたリジンが必要である．このリジンはDNAセンサーとして機能するらしく，コヒーシンが同じようなメカニズムでヘッド側を開いてDNAの出し入れを行うことを示唆する．一方で，ヒンジにリガンド依存的に二量体化するタンパク質を挿入した場合，コヒーシンは染色体に局在できず，姉妹染色分体接着も形成されないことが報告されている[6]．これはヒンジ部がDNAの取り込み口であることを示唆する．しかし，ヒンジがATP依

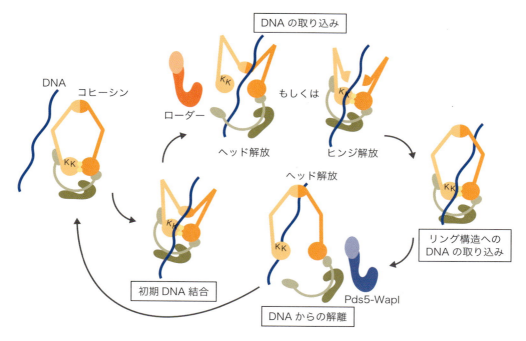

図2　コヒーシンのDNA結合と解離反応のモデル
コヒーシンは静電相互作用によって最初にDNAとコンタクトし，ヘッドもしくはヒンジの結合を一時的に解離してDNAを取り込む．ローダーはDNAの取り込み反応を促進し，Pds5-Waplはヘッド側を開けることによってDNAの解離を行う．

存的に実際に解離することが可能かどうかは現在のところ不明である．どこがDNAの取り込み口なのか結論は出ていないが，出口はSmc3-Scc1のようである．結晶構造解析と生化学を組合わせた研究から，WaplはATPが結合したコヒーシンに対してSmc3-Scc1の結合を不安定化し，Pds5がScc1のN末端と結合することによってDNAの出口を開けるというモデルが提唱されている[7]．

2 姉妹染色分体接着の形成

1）姉妹染色分体のつなぎとめ

姉妹染色分体接着は，DNA複製に共役して形成される．コヒーシンがDNAをリングに取り込むように結合するとして，どのようにして2本の姉妹染色分体をつなぎとめるのだろうか？　大別して2つのモデルが提唱されている（図3A）[1]．1つは，それぞれの姉妹染色分体に結合したコヒーシン同士が結合して接着を形成するモデルである．ヒト細胞において，コヒーシン同士は直接，物理相互作用することが報告されている[8]．また出芽酵母において，それぞれ単独では機能することができない変異型Scc1サブユニットを，1つの細胞で同時に発現させるとコヒーシンは染色体上に局在し，姉妹染色分体接着が形成されることもこのモデルを支持する[9]．もう1つの可能性は，一分子のコヒーシンが2つの姉妹染色分体を取り込むことである．実際，ケミカルクロスリンクを使った実験から，この可能性が示唆されている[10]．この1コヒーシン-2 DNA構造の形成には2通りのモデルが考えられている．1つはDNA複製フォークがコヒーシンのリングの内側を通り抜けることである（図3B）．すると，一分子のコヒーシンが自然と2本の姉妹染色分体を抱え込むことになる[11]．一方，複製フォークの直後にコヒーシンがリクルートされ，2本の姉妹染色分体をつなぎとめるというモデルも提唱されている（図3B）．もし，一分子のコヒーシンが2本の姉妹染色分体をつなぎとめるのであれば，コヒーシンは1本目のDNAを取り込んだ後に2本目のDNAと結合し，かつ新たにできた姉妹染色分体を見分

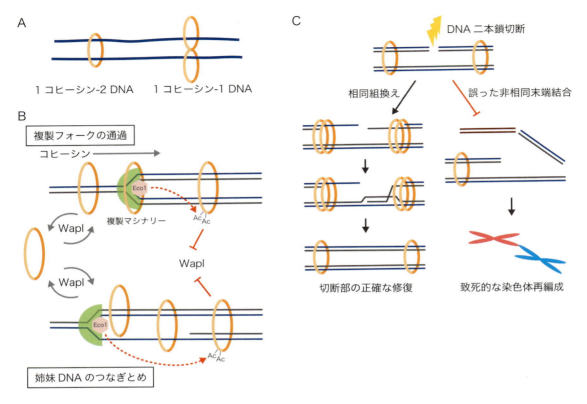

図3 姉妹染色分体接着の形成モデル
A) 姉妹染色分体接着の分子実体のモデル．B) DNA複製に共役した2つのモデル．C) DNA二本鎖切断に応答した接着形成と修復におけるコヒーシンの役割．

ける必要がある．精製した分裂酵母のコヒーシンの解析から，すでにDNAと結合したコヒーシンが2本目のDNAを取り込む活性があることが見出された[12]．ただし，2本目は単鎖DNAである必要があった．この活性を複製フォークの構造に当てはめると非常に興味深い．複製フォークの後ろには2重鎖DNAのリーディング鎖と，岡崎合成によって定期的に単鎖DNA領域ができるラギング鎖ができる．コヒーシンが複製フォークの直後で，ラギング鎖上の単鎖DNAを2本目のDNAとして取り込めば，このモデルの必要条件を満たすことができる．また，酵母遺伝学を使った解析から，単鎖DNA領域が，姉妹染色分体接着の形成に寄与することもこのモデルを支持している[12]．

2）コヒーシンの安定化とアセチル化

DNA複製を経て姉妹染色分体が生じると前述の経路によって接着が形成される．しかし，そのままの状態だと，Pds5-Waplによってコヒーシンが外され，姉妹染色分体接着はすぐに壊れてしまう．コヒーシンはいったん接着を形成すると，EcolによってSmc3のDNAセンサーリジンがアセチル化され，染色体上で安定化される[13]．Eco1は複製複合体に相互作用するという報告があり，姉妹染色分体接着とアセチル化はほぼ同時に起こるものと考えられる（**図3B**）．試験管内再構成では，センサーリジンのアセチル化を模倣した変異コヒーシンはPds5-WaplによるDNAからの解離と，ローダーによるDNA結合促進が同時に抑制される[5]．このことは，アセチル化はDNAセンサーを不活化してコヒーシンをロックする鍵のような役割を果たすことを想像させる．出芽酵母においては2つあるリジンを両方ともアセチル化模倣変異にすると，細胞は生育できなくなるという報告があり，この考えを支持する．しかし，高等真核生物ではEsco1とEsco2，2つのアセチル化酵素が存在し，アセチル化による制御はもっと緻密であるらしい．Esco1は細胞周期を通じて発現

し，Pds5依存的にS期以外でもコヒーシンをアセチル化する[14]．他方Esco2はS期特異的に染色体に局在するが，複製が開始する前に，染色体上のコヒーシンをアセチル化する[15]．また，Smc3のアセチル化だけではコヒーシンのDNA上での安定化に不十分で，さらにsororinを必要とする[16]．sororinはDNA複製に共役してアセチル化されたコヒーシンのPds5と結合し，Waplとの結合を妨げることでコヒーシンを安定化すると考えられている．

3 DNA損傷と姉妹染色分体接着

コヒーシンはS期以外にも，DNA損傷に応答して姉妹染色分体接着を形成する（図3C）[3]．DNA二本鎖切断は最も致死的な損傷であり，相同組換え（homologous recombination：HR）と非相同末端結合（non-homologous end joining：NHEJ）の2つの経路により修復される．相同組換えは相同DNAを鋳型に行う正確性の高い修復経路で，ほとんどの場合無傷な姉妹染色分体が鋳型として使われる[17]．この経路では，損傷部がプロセシングを受け，単鎖DNA領域が形成されることから反応がはじまる．コヒーシンはS期と同様に，ローダー依存的にDNA二本鎖切断部位に集積する．コヒーシンは損傷部周辺の姉妹染色分体接着を安定化し，相同組換えによる修復の効率と正確性を担保すると考えられる．非相同末端結合は，DNA損傷をすばやく修復できる一方で，末端を直に結合させるという特性上，相同組換えよりもエラーが起こりやすい．この修復経路においても，コヒーシンは末端部を近傍に留めることによって正確性を確保しているようだ．事実，ヒト細胞において，コヒーシンをノックダウンすると非相同末端結合による誤った染色体再編成が上昇することが報告されている[18]．ではDNA損傷に応答した姉妹染色分体接着はどのように形成されるのか？ コヒーシンの集積は損傷部位のプロセシングを行うMre11ヌクレアーゼ複合体が必要である[19]．このことは単鎖DNA領域の形成が，損傷部へのコヒーシンの集積と姉妹染色分体接着形成に必要であることを示唆する．この場合，無傷な姉妹染色分体に結合しているコヒーシンが2本目のDNA結合活性を使って接着を形成する可能性が考えられる．しかし，興味深いことに，DNA損傷に応答した姉妹染色分体接着の形成は損傷部位周辺に限られず，染色体全体でも励起されているらしい[19]．酵母において，部位特異的にDNA二本鎖切断を起こすと，損傷部と全く関係のない別の染色体においても姉妹染色分体接着が新たに形成される．どちらもDNA複製とは無関係であることから，前述2-1）で考察したコヒーシン同士の結合か，2本目のDNAとの結合モデルが当てはまりうるが，答えを知るためにはさらなる研究が必要である．

4 間期染色体のクロマチンループ構造とコヒーシン

姉妹染色分体接着の本体として同定されたコヒーシンであるが，その発見のごく初期段階からそれ以外の機能が指摘されていた．出芽酵母では，コヒーシンは染色体凝縮にも機能する．また，ショウジョウバエの研究を皮切りに，コヒーシンが間期染色体内で距離の離れたDNA領域を近づけ転写制御を行うことが明らかになった（図1A）[20][21]．近年の高解像度Hi-C解析によると哺乳類の間期染色体は数百kb～Mbスケールのドメイン構造が存在し，約10,000のループ構造を形成する[22]．間期染色体では，コヒーシンは転写のインシュレーターであるCTCF（CCCTC-binding factor）と共局在し，ほとんどの場合クロマチンループ構造の根元に存在する[23]．コヒーシンを人為的に壊すと，これらループは一斉に消失することから，これらはコヒーシンによって形成されているらしい[22]．では，コヒーシンはどのようにしてクロマチンループ構造をつくるのであろうか？ 近年の研究から，コヒーシンは間期において，染色体凝縮を担うSMC複合体であるコンデンシンと類似したふるまいを見せることがわかってきた．哺乳類細胞ではWaplをなくすとコヒーシンは染色体上に集積して軸のような構造を形成し，通常より大きなループ構造をつくる[24]．これは染色体凝縮においてコンデンシンが形成する構造と酷似することから，ループの形成機構は両SMC複合体で類似すると示唆される[2][25][26]．クロマチンループ形成には主に2つのモデルがある（図4）．1つは，ある染色体領域に結合したSMC複合体が確率的に別の染色体領域を掴んでループをつくるというものである．もう1つのモデルは，SMC

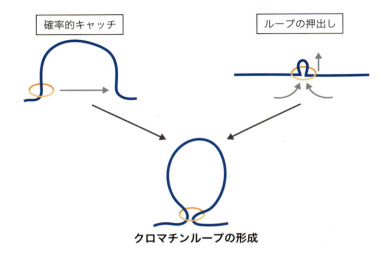

図4　コヒーシンによるクロマチンループ構造形成モデル
コヒーシンは離れた2カ所の確率的相互作用，もしくは能動的な押出しによってクロマチンループを形成すると考えられている．

複合体を起点に能動的にクロマチンファイバーを押出してループを形成するというものである（loop extrusion，第2章-4も参照）[3]．分子シミュレーションでは，両モデルで染色体凝縮が可能であることが報告されている[27) 28)]．では，コヒーシンやコンデンシンはモデルに見合う生化学的活性を有するのであろうか？ 精製された出芽酵母のコンデンシンはDNA上を，ATPを駆動力とするモーター活性によって一方向的に動き，実際にDNAのループ構造を形成することが示された[29]．一方，コヒーシンはDNA上を動くが拡散的であり，モーター活性は検出されていない[30]．また，両SMC複合体ともにDNA同士をつなぎとめる性質もみられている[12) 29)]．コヒーシンによるループ構造形成の分子機構はまだ不明な点が多いが，少なくとも両モデルは互いに排他的である必要はない．

おわりに

本稿では姉妹染色分体の形成を中心に，コヒーシンによる染色体構造形成の分子機構について，関連する研究を紹介しながら考察した．コヒーシンを，染色体を束ねるトポロジカルな装置として考えることは，非常に強力な説明力をもつ．しかし，現在考えられている姉妹染色分体の形成モデルは，非常にバラエティに富んでいる．一方で，コヒーシンによるグローバルな間期染色体構造形成は，コンデンシンによる有糸分裂の染色体凝縮と多くの類似点が見えてきており，SMC複合体による染色体高次構造形成は共通した分子機構で行われることを示唆している．コヒーシンの本質を理解するためには，リング構造を利用したDNA結合についてさらなる機能解析が必要である．特に一分子FRETや高速原子間力顕微鏡などコヒーシンのダイナミズムを捉える解析が重要となってくるだろう．さらに，ローダーやPds5-Waplとの複合体形成も含めたコヒーシンの全体構造の解明が必要である．今後，これらの機能解析を通じて，この不思議なリングがつくる染色体構造形成の分子機構が解き明かされることを期待したい．

文献

1) Nasmyth K : Nat Cell Biol, 13 : 1170–1177, 2011
2) Hirano T : Cell, 164 : 847–857, 2016
3) Uhlmann F : Nat Rev Mol Cell Biol, 17 : 399–412, 2016
4) Weitzer S, et al : Curr Biol, 13 : 1930–1940, 2003
5) Murayama Y & Uhlmann F : Cell, 163 : 1628–1640, 2015
6) Gruber S, et al : Cell, 127 : 523–537, 2006
7) Ouyang Z, et al : Mol Cell, 62 : 248–259, 2016
8) Zhang N, et al : J Cell Biol, 183 : 1019–1031, 2008
9) Eng T, et al : Mol Biol Cell, 26 : 4224–4235, 2015
10) Haering CH, et al : Nature, 454 : 297–301, 2008
11) Lengronne A, et al : Mol Cell, 23 : 787–799, 2006

12) Murayama Y, et al : Cell, 172 : 465-477.e15, 2018
13) Rolef Ben-Shahar T, et al : Science, 321 : 563-566, 2008
14) Minamino M, et al : Curr Biol, 25 : 1694-1706, 2015
15) Higashi TL, et al : Curr Biol, 22 : 977-988, 2012
16) Nishiyama T, et al : Cell, 143 : 737-749, 2010
17) Argunhan B, et al : FEBS Lett, 591 : 2035-2047, 2017
18) Gelot C, et al : Mol Cell, 61 : 15-26, 2016
19) Ström L, et al : Science, 317 : 242-245, 2007
20) Rollins RA, et al : Genetics, 152 : 577-593, 1999
21) Hadjur S, et al : Nature, 460 : 410-413, 2009
22) Rao SSP, et al : Cell, 171 : 305-320.e24, 2017
23) Wendt KS, et al : Nature, 451 : 796-801, 2008
24) Haarhuis JHI, et al : Cell, 169 : 693-707.e14, 2017
25) Kakui Y, et al : Nat Genet, 49 : 1553-1557, 2017
26) Gibcus JH, et al : Science, 359 : pii: eaao6135, 2018
27) Cheng TM, et al : Elife, 4 : e05565, 2015
28) Fudenberg G, et al : Cell Rep, 15 : 2038-2049, 2016
29) Terakawa T, et al : Science, 358 : 672-676, 2017
30) Stigler J, et al : Cell Rep, 15 : 988-998, 2016

＜著者プロフィール＞

村山泰斗：1980年，石川県生まれ．2003年，日本大学生物資源科学科卒業．'05年，埼玉大学．'08年，横浜市立大学博士後期課程修了．フランシスクリック研究所のFrank Uhlmann博士の研究室にポスドクとして在籍中にコヒーシンの生化学的研究をはじめる．東京工業大学を経て，'17年より国立遺伝学研究所新分野創造センターテニュアトラック准教授．

第3章　どのようなタンパク質が高次染色体を制御しているのか？

2. コンデンシンによる分裂期染色体構築の分子メカニズム

木下和久

> コンデンシンは分裂期染色体構築に中心的な役割を果たす分子複合体である．この数年，Hi-C法，試験管内再構成実験系，数理モデリングとシミュレーションをはじめとする最新技術の導入により，軸とループからなる分裂期染色体構造の詳細とその形成過程におけるコンデンシンの役割が明らかになってきた．本稿では，最新の研究によって得られた知見を中心にコンデンシンによる染色体構築の分子メカニズムを概説し，現時点におけるわれわれの理解の到達点と今後の課題について議論したい．

はじめに

細胞周期分裂期（M期）の染色体構築の研究は，19世紀後半のドイツ人解剖学者Walther Flemmingによる顕微鏡観察からはじまり，世紀を越えて数多の研究者に引き継がれてきた．その分裂期染色体構築において中心的役割を果たすと考えられているのが，コンデンシンとよばれる巨大なタンパク質複合体である（図1）[1]．アフリカツメガエルの卵抽出液を用いた実験から，1994年にまず2つの染色体結合因子CAP-CとCAP-Eが同定され，1997年にはこれらがさらに3つのサブユニットと結合してホロ複合体を形成していることがわかった．この複合体は染色体凝縮（condensation）に必須の機能をもつことが示され，コンデンシン（condensin）と命名された[2,3]．CAP-C（SMC4）とCAP-E（SMC2）は，進化的に保存されたSMC（structural maintenance of chromosomes）ファミリーに属するATPaseでありコア二量体を形成する．染色分体接着因子コヒーシン（cohesin）のコア二量体を形成するSMC1とSMC3も同じくSMCファミリーに属する（第3章-1参照）．多くの真核生物種は2種類のコンデンシン（コンデンシンⅠ，Ⅱとよばれる）をもち，SMC2-SMC4二量体は共通だが残る3つのnon-SMCサブユニットが異なっている（図1）．本稿では，最新技術を駆使した研究によって明らかになりつつあるコンデンシンによる染色体構築の分子メカニズムについて概説したい．

[略語]
3C：chromosome conformation capture
AID：auxin-inducible degron
FCS：fluorescence correlation spectroscopy（蛍光相関分光法）
SMC：structural maintenance of chromosomes
TAD：topologically associating domain

Molecular mechanism of mitotic chromosome assembly by condensin
Kazuhisa Kinoshita：RIKEN Cluster for Pioneering Research（理化学研究所開拓研究本部）

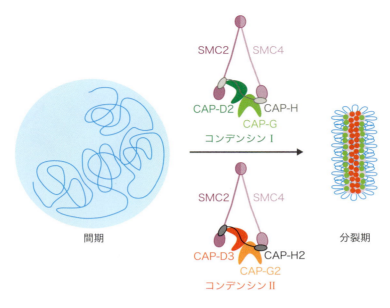

図1　コンデンシンは分裂期染色体構築において中心的役割を果たす
間期の細胞核にあるクロマチンは，分裂期に入るとコンデンシン（コンデンシンⅠ：中央上，コンデンシンⅡ：中央下）の働きによって棒状の形態をもつ分裂期染色体に変換される．

1 コンデンシン・パラドックスの解消

カエル卵抽出液におけるコンデンシンの免疫除去実験では染色体構築の欠損がきわめて明白であったのに対し，不思議なことに培養細胞におけるRNAiなどの遺伝子ノックダウン法による実験ではコンデンシン欠失は染色体構築に対してそれほど重篤な欠損を引き起こさなかった．こうした矛盾は「コンデンシン・パラドックス（condensin paradox）」とよばれ[4]，長らく議論の的となってきた．しかし，以下に紹介する最近の結果によって，このパラドックスは解消されるに至った．まずHoulardらはコンデンシンのノックアウトマウスを作製し，卵母細胞の減数分裂におけるコンデンシンⅠとⅡの二重欠損の影響を調べた[5]．この系では，減数第一分裂が開始する時点ですでにほとんど検出できないレベルまでコンデンシンを欠失させることが可能である．コンデンシンⅠとⅡ両方をノックアウトしたマウスでは，正常な染色体形成は全く観察されず，まさにカエル卵抽出液で観察されたコンデンシン除去の結果とよく一致した．ほぼ同じ時期，マウス遺伝学とは対照的な生化学的アプローチによってもコンデンシンの染色体形成における必須性が改めて明確に示された．新冨らは精製タンパク質を組合わせた試験管内再構成実験によって，染色体がわずか6種類のタンパク質因子（ヒストン，Nap1，ヌクレオプラスミン，FACT，トポイソメラーゼⅡ，コンデンシンⅠ）によって再構成できることを示した[6]．6種類の因子のうちどれを欠いても染色体は形成できないが，なかでもコンデンシンⅠが染色体形成を完遂するための最終段階に必須であることが明らかにされた．一方，マウス精子核をカエル卵抽出液に導入する実験系を用いて，ヌクレオソームをもたない条件下においても染色体様構造が構築できることが示された．しかし，その構造が有する軸の形成もまたコンデンシンⅠとⅡに完全に依存していた[7]．これらの3つの知見から，分裂期染色体構築におけるコンデンシンの重要性はより明確になり，染色体の形づくりにおいてコンデンシンを代替するメカニズムは存在しないことが証明された．コンデンシン・パラドックスが生み出された原因は，培養細胞におけるノックダウンが不完全であり，細胞内に残存していたコンデンシン機能の影響を見ていたためであろう．

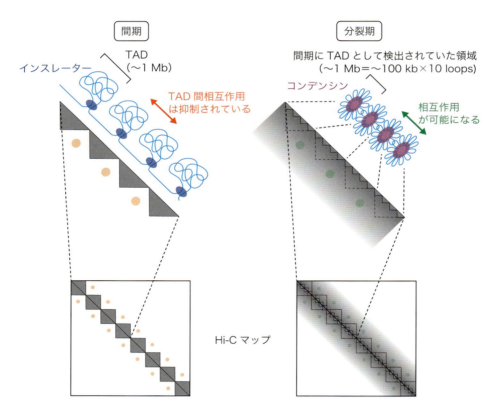

図2 分裂期にTADが消失するメカニズム
間期（左）では，Mb（メガベース）単位の長大なDNAからなる局所的ドメイン「TAD」が形成されているが，分裂期（右）に入ると見かけ上消失してしまう．この消失は，①間期においてTADを規定しているインスレーターがクロマチンから解離すること，②TADを形成していたMb長のDNAが0.1 Mb程度の小さいサイズのループに再構成されること，によると考えられる．

2 見えてきた染色体ループの実像

1）Hi-Cによる技術革命

　最新の実験技術開発は染色体研究を大きく変えつつあるが，特に大きな影響を及ぼしているのがHi-C法である．Hi-C法は3C（chromosome conformation capture）を基盤とし，細胞核内のゲノム上の2点間の近接頻度（contact probability）を明らかにする技術である．Hi-C法によってヒト細胞の間期核内においてTAD（topologically associating domain）とよばれるMb単位の長大なDNAからなる局所的ドメインが形成されていることが明らかになった．しかし，TADは細胞周期が間期から分裂期に入ると見かけ上消失してしまう（図2）[8]．分裂期染色体中に形成された小さいループはよりコンパクトにDNAを凝縮させ，間期で抑制されていた領域間のDNAの相互作用，特により離れた位置関係にある相互作用が可能になると考えられる（図2右）．Hi-C法は，染色体内のDNAの構造と分布を詳細に記述し，より定量的にその変化を解析することを可能にした点において染色体研究に技術革命をもたらしたと言える．

　角井らはHi-C法を分裂酵母に適用し，コンデンシン除去による影響を解析した[9]．分裂酵母は全長約14 Mbの3本の染色体をもつモデル生物であり，高等真核細胞と類似した染色体形成が観察される．Hi-C解析の結果，間期では異なる染色体間（および1つの染色体の腕部間）の相互作用がみられるのに対し，分裂期ではそれらが減少し，代わって腕部内の相互作用が増加することがわかった．さらに分裂期に停止させた細胞中でコンデンシンのサブユニットを迅速かつ完全に

除去する〔AID（auxin-inducible degron）法による高効率のタンパク質分解と転写抑制の組合わせによる〕と，間期（G2期）と全く同じ染色体コンフォメーションが観察された．これらの結果は，コンデンシンが分裂期における染色体構築に決定的な役割を果たすことを示しており，コンデンシン・パラドックスを解消する直接的な証拠の1つとなった．コンデンシン・サブユニットの分裂酵母温度感受性変異株を用いたHi-C解析からも同様な結果が示されている一方[10]，出芽酵母では，セントロメア領域の適度なクラスター化の促進とrDNA領域の凝縮という，より局所的なクロマチン相互作用にコンデンシンが機能することが示されている[11)12]．出芽酵母においては，コンデンシンは染色体腕部の凝縮にほとんど寄与していないことを反映しているのであろう．

2）コンデンシンⅠとⅡの棲み分け

より長大なゲノムと2つのコンデンシンをもつ高等真核細胞では一体どうなっているのであろうか？この問題を明らかにする目的で，GibcusらはニワトリDT40細胞にHi-C法を適用し大規模かつ詳細な解析を行った[13]．彼らは，きわめて高い同調率で分裂期に同調できる培養法[14]とAID法を組合わせることによって，Hi-Cマップの動態を分単位の時間分解能で追跡すると同時に，その過程におけるコンデンシンⅠとⅡのそれぞれの役割を明らかにすることに成功した．Hi-Cのデータをもとにしたモデリング解析から，染色体ループの形成過程の詳細，すなわち外側ループ（outer loop）と内側ループ（inner loop）から構成される入れ子状のループ構造が浮かび上がってきた（**図3A**，詳細は図説明文を参照）．このモデルによれば，外側ループ（～400 kb長）を形成するコンデンシンⅡがらせん状に配置して染色体軸を形成するとともに，コンデンシンⅠは外側ループを分割して内側ループ（～80 kb長）の形成を担っている（**図3A**）．ここに提案された2つのコンデンシンの時空間的・機能的な棲み分けは，これまでに蓄積されてきた知見を強くサポートするものであった[1]．

ごく最近になって，蛍光相関分光法（fluorescence correlation spectroscopy：FCS）による生細胞イメージングと超解像顕微鏡を組合わせた解析によって，ヒトの分裂期染色体上に局在しているコンデンシンⅠと

Ⅱの複合体の数の推定と，その時空間的な変化が報告された[15]．ヒト染色体におけるコンデンシンⅠとⅡの分布は，カエル卵抽出液中で形成させた染色体で観察される分布とよく似ており[7]，染色体上のコンデンシンⅠとⅡの数から予測されるループの大きさは，前述のニワトリDT40細胞のHi-Cの解析から得られたループの大きさとほぼ一致していた（**図3B**）[14)15]．このように，異なるアプローチが今まさに合流しつつあり，染色体ループの実像が姿を現しはじめていると言ってよいだろう．

3 loop extrusionモデルの台頭

分裂期染色体がループ構造のくり返しからなるという考えは決して新しいものではない．しかし，Hi-C解析がループ構造を定量的に描写したことにより，この考えは広く受け入れられるようになりつつある．では，染色体ループはどのようなメカニズムによって形成されるのであろうか？最近特に注目を集めているのが，loop extrusionモデルである．このモデルによると，仮想的なリング状の因子がまず小さなループのタネをつくり出し，その根元からDNAを「押出す（extrude）」ことによってループを成長させる（**図4左**）．原理的には，1本のDNA上でこの反応がくり返されることによって縦方向に短縮した棒状の染色体を構築することができる（**図4右**）．Goloborodkoらは，分裂期ではコンデンシンそのものがloop extrusion因子として働くと考え，ダイナミックなコンデンシンの作用による染色体構築のシミュレーションを報告している（このシミュレーションの詳細については**第2章-2参照**）[16]．たいへん興味深いことに，出芽酵母のコンデンシン（コンデンシンⅠに分類される）がDNA上を移動するモーター様活性[17]およびloop extrusion活性[18]をもつことが最近の試験管内一分子解析によって示された．ともにATPの加水分解に依存した反応であった（一分子解析の詳細については**第3章-3参照**）．ただしここで注意したいのは，報告されたloop extrusionは1個のコンデンシンが支える一方向性（非対称的）の反応[18]であるのに対し，Goloborodkoらによるシミュレーションの前提となっているのは連結された2つのモータードメインが支える二方向性（対称的）の反応（**図**

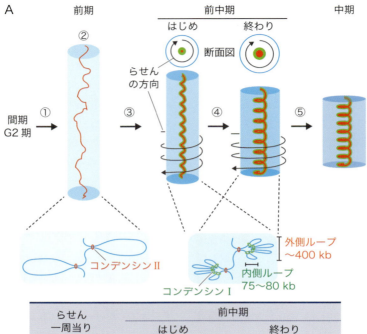

図3 浮かび上がってきた染色体ループの実像
A) Hi-Cデータから推測されるG2期から分裂期にかけての染色体ループの動態．①G2期にあったTADを含むクロマチン構造は，分裂期前期に入ると数分以内に消失する．②前期では，コンデンシンIIの働きによって〜400 kb長のループが連続的に形成される．③前中期に入ると，コンデンシンIIによって形成される染色体軸がらせん状の形態をとりはじめると同時に，コンデンシンIがループをより小さいサイズ（75〜80 kb長）に分割する．結果として，コンデンシンIIを介した外部ループとコンデンシンIを介した内部ループの入れ子構造ができあがる．④前中期が進むに従い染色体軸のらせんの巻きが亢進して染色体が短くなり，らせんの周回当たりのループ数が増加する．前中期はじめでは一周当たり〜3 Mb（〜40ループ）だったらせんが，前中期終わりには〜12 Mb（〜150ループ）にまで到達する．⑤中期に至って，太くて短い染色体が完成する．B) 異なる2つのアプローチから推定されたループサイズの比較．Hi-Cデータから推定されたループのサイズ（□）と，顕微鏡観察による染色体上のコンデンシンの数から推定されたループのサイズ（□）は，驚くほど一致した．

4左）[16]である．すなわち，実験と理論の間にはいまだ大きな隔たりがある．また，extrusion反応にはコンデンシンが有するATP依存性と非依存性のDNA結合モードが重要な役割を果たしていると推測されているものの[19]，その詳細は不明である．loop extrusionはコヒーシンを介した間期クロマチンの高次構築にも関与していると推測されており，その実験的証明とメカニズムの解明は現代の染色体生物学における最もホットなトピックスの1つであると言えよう．

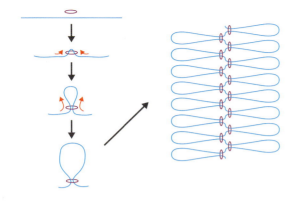

図4　loop extrusion モデルの模式図
リング状の分子（マゼンタ色）がまず1本のDNA（水色）から小さなループのタネをつくり出し，その根元からDNAを押し出すことによってループを成長させる（左：上から下へ）．この反応がくり返され，複数のループが連なった棒状の染色体がつくられる（右）．

4　染色体軸形成はコンデンシン間の相互作用によって促進されるか？

　loop extrusion は染色体構築に必要なコンデンシンの分子活性の1つとして有力だが，果たしてそれですべてが説明できるのだろうか？　われわれは，コンデンシン間の相互作用が染色体軸の形成に積極的に関与しているのではないかと考えている（**図5A**）．木下らは，組換え型コンデンシン複合体とカエル卵抽出液を組合わせた機能アッセイによる解析から，コンデンシンⅠのHEATリピートをもつ2つのnon-SMCサブユニット（CAP-D2とCAP-G）の拮抗的な作用が，染色体の軸形成に寄与していることを明らかにした（**図5B上中段**）[20]．HEATリピートは，両親媒性ヘリックスのくり返しがソレノイド構造を形成し，結合パートナーや環境に応じてそのコンフォメーションを大きく変化させるというユニークな性質をもつ[21]．このHEATリピートの特徴的な性質が，染色体中心部すなわち染色体軸周辺の過密な環境においてコンデンシン同士の相互作用を生み出す分子的基盤になっているのではないかと推測している[22)23)]．現時点ではこの考えを支える実験的証拠は乏しい．しかし，最近の数理モデリングとシミュレーション解析によれば，コンデンシン間の相互作用は実際に染色体の形成と分離を促進すること

ができる[24]．このモデルでは，連続的なループ形成とコンデンシン間の引力（相互作用）という2つの分子活性を仮定しており，両者のバランスを適切に保つことによって効率的な染色体の形成と分離が可能となる．興味深いことに，ループ形成とコンデンシン間引力の2つのパラメーターを変化させることによって，HEATサブユニット欠失型複合体によって形成される異常な染色体構造を再現することができた（**図5B下段**）．一方，バッファーの塩濃度に応じて染色体の可逆的集合を誘導できる実験系によると，染色体軸の再組織化にはコンデンシン（特にコンデンシンⅡ）が重要な役割をもつことが示されている[25]．この実験系で観察されるATP非依存性の再組織化反応にはHEATサブユニットを介したコンデンシン間の相互作用が関与しているのかもしれない．

おわりに

　本稿の目的は，コンデンシン研究の「過去・現在・未来」を俯瞰することにある．多くの読者にとっては意外だったかもしれないが，コンデンシンが染色体構築の根幹にあるというコンセンサスが揺らぎなく確立したのはつい最近のことである．そして，ここ数年のあいだに染色体構築を「ループと軸」という観点から捉える考え方が広まり，そのメカニズムの1つとしてloop extrusionがさかんに議論されるようになった．しかしその背景では，次々と新しい疑問が生み出されている．例えば，よく知られているコンデンシンのスーパーコイリング活性とループ形成がどのような関係にあるのか，コンデンシンによって形成されるループはねじれを含むループ（chiral loop）なのか，という問題を理解することは重要である[26]．より高い時空間分解能をもつ一分子解析および一分子可視化技術の開発と適用が求められる．また，コンデンシンⅠとⅡの分子活性の比較も不可欠である．両者の活性はどの程度似ていてどの程度異なるのであろうか，両者はどのように協調して働くのであろうか，またコンデンシン間相互作用の分子基盤はどうなっているのであろうか？　コンデンシンが命名されて20余年が経過したが，この複雑なタンパク質マシーンの分子メカニズムの解明にいよいよ手が届きそうな時代がやってきた．今後新たなアイデアと技術革新を足掛かりにし

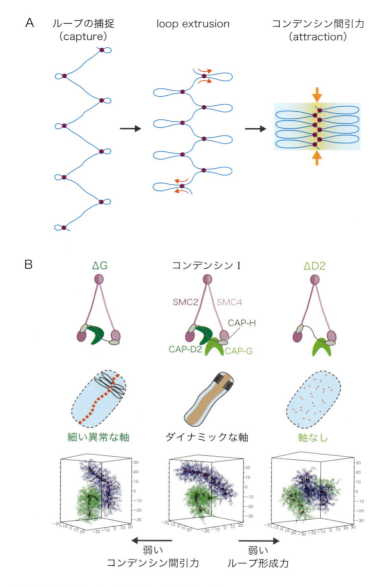

図5 コンデンシン間の相互作用による染色体の軸形成モデル
A）コンデンシンによる染色体軸の形成モデル．染色体の軸が形成されるために，まずコンデンシンがDNAを捕捉しループのタネをつくる（左）．その後loop extrusionによってループのサイズが大きくなり，1本のDNA上のコンデンシン間の距離が狭まってくる（中央）．コンデンシンが至近距離に集まってくるとコンデンシン間の引力（attraction）によりループの根元部分の密度が増して染色体の軸が形成される（右）．B）コンデンシンIの2つのHEATサブユニットを介した染色体軸の形成．コンデンシンIは2つのHEATサブユニットの拮抗作用によってダイナミックな染色体軸を形成する（中央）．HEATサブユニットの1つずつを欠失した変異型複合体のうち，CAP-G欠失型複合体（ΔG：左）では細い異常な染色体軸が形成されるが，もう一方のCAP-D2欠失型複合体（ΔD2：右）では軸の形成はみられない．コンデンシン間の相互作用を仮定したシミュレーションにおいて2つのパラメーター（コンデンシン間引力とループ形成力）を変化させると，それぞれの欠損表現型を再現することができる（下段）．

て分裂期染色体の実像がより詳細かつ鮮明に描かれることを期待したい．

文献

1) Hirano T：Cell, 164：847-857, 2016
2) Hirano T & Mitchison TJ：Cell, 79：449-458, 1994
3) Hirano T, et al：Cell, 89：511-521, 1997
4) Gassmann R, et al：Exp Cell Res, 296：35-42, 2004
5) Houlard M, et al：Nat Cell Biol, 17：771-781, 2015
6) Shintomi K, et al：Nat Cell Biol, 17：1014-1023, 2015
7) Shintomi K, et al：Science, 356：1284-1287, 2017
8) Naumova N, et al：Science, 342：948-953, 2013
9) Kakui Y, et al：Nat Genet, 49：1553-1557, 2017
10) Tanizawa H, et al：Nat Struct Mol Biol, 24：965-976, 2017
11) Lazar-Stefanita L, et al：EMBO J, 36：2684-2697, 2017
12) Schalbetter SA, et al：Nat Cell Biol, 19：1071-1080, 2017
13) Gibcus JH, et al：Science, 359：pii: eaao6135, 2018
14) Samejima K, et al：J Cell Sci, 131：pii: jcs210187, 2018
15) Walther N, et al：J Cell Biol, 217：2309-2328, 2018
16) Goloborodko A, et al：Elife, 5：pii: e14864, 2016
17) Terakawa T, et al：Science, 358：672-676, 2017
18) Ganji M, et al：Science, 360：102-105, 2018
19) Kschonsak M, et al：Cell, 171：588-600, 2017
20) Kinoshita K, et al：Dev Cell, 33：94-106, 2015
21) Yoshimura SH, et al：Structure, 22：1699-1710, 2014
22) Yoshimura SH & Hirano T：J Cell Sci, 129：3963-3970, 2016
23) Kinoshita K & Hirano T：Curr Opin Cell Biol, 46：46-53, 2017
24) Sakai Y, et al：PLoS Comput Biol, 14：e1006152, 2018
25) Ono T, et al：Mol Biol Cell, 28：2875-2886, 2017
26) Hirano T：Trends Cell Biol, 24：727-733, 2014

＜著者プロフィール＞
木下和久：1998年京都大学理学研究科（柳田充弘教授研究室）にて学位取得．同年欧州分子生物学研究所（EMBL）およびマックスプランク分子細胞生物学遺伝学研究所のTony Hyman博士の研究室に留学．2007年より理化学研究所平野染色体ダイナミクス研究室（平野達也主任研究員）専任研究員（現職）．分裂酵母の遺伝学と，カエル卵抽出液および精製タンパク質を用いた生化学の両者のアプローチの長所を融合させた研究をめざしている．

第3章 どのようなタンパク質が高次染色体を制御しているのか？

3. コヒーシン・コンデンシンの一分子解析

西山朋子

SMCタンパク質複合体であるコヒーシンとコンデンシンは，それぞれ姉妹染色分体間接着と染色体凝縮という異なる時空間領域で機能するタンパク質複合体である．その一方，両者は高次クロマチン・染色体構造構築の観点から，「DNAループ形成」という共通した機能を有する可能性が示唆されている．近年大きな進展を遂げているコヒーシン・コンデンシンの一分子解析研究は，これらの因子のDNA上での詳細な挙動とDNA形状変化機能を明らかにし，コヒーシンおよびコンデンシンによる高次クロマチン構造制御の実体が徐々に明らかにされつつある．

はじめに

近年の生命科学研究から得られる膨大な情報の蓄積により，生体反応のモデル化や計算機によるシミュレーションが可能になっている現在，巨大な分子構造体である染色体が構築されるしくみを本質的に理解するための重要な手がかりとして，あらためて染色体構築因子の一分子動態が着目されている．SMCタンパク質一分子解析の歴史を紐解くと，最初の一分子観察は1992年の大腸菌MukB[※1]二量体の電子顕微鏡観察にはじまり[1)]，その10年後に類似の基本構造がコヒーシンおよびコンデンシンで観察された[2)]．SMCタンパク質の一分子解析はこれら顕微鏡を用いたタンパク質自体の観察に加え，磁気ピンセット（magnetic tweezers）を用いたDNA一分子の力学的解析や全反射顕微鏡（TIRFM）を用いたDNAとタンパク質双方のリアルタイム一分子イメージングを中心に進展を遂げている．本稿ではこれらの研究を中心に，染色体構築の鍵を握るSMCタンパク質，なかでもコヒーシンとコンデンシンの一分子解析から明らかにされてきたことを，最新の知見を交えて解説する．コヒーシンおよびコンデンシンの構造・機能の詳細は，それぞれ第3章-1，2を参照されたい．

[略語]
FRAP：fluorescence recovery after photobleaching
SMC：structural maintenance of chromosomes
TIRFM：total internal reflection fluorescence microscopy

※1 MukB
大腸菌に存在するSMCファミリータンパク質．環状染色体の凝縮と分配に必要であり，真核生物コンデンシン様の機能を有する．

Single-molecule analyses of cohesin and condensin
Tomoko Nishiyama：Laboratory of Chromosome Biology, Department of Biological Science, Graduate School of Science, Nagoya University（名古屋大学大学院理学研究科生命理学専攻染色体生物学研究室）

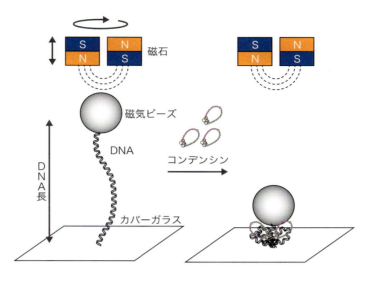

図1　磁気ピンセット実験系の模式図
磁気ビーズに付着させたDNAをガラス基板に結合させ，磁石でビーズをトラップする．磁石の位置を上下させることでDNAにかかる張力を変化させたり，磁石を回転させることで磁気ビーズを回転させ，DNAに正負のスーパーコイルを入れることができる．DNAの長さはガラス基板から磁気ビーズまでの相対距離で測定する．

1 コンデンシンによるDNA凝縮のリアルタイム計測

　SMCタンパク質がDNAに及ぼす力学的寄与に着目した先駆的な一分子解析は，Strickらによる磁気ピンセット（図1）を用いた研究である[3]．彼らは，磁気ピンセットによって0.4 pN[※2]の張力をかけたDNAが，①ツメガエル分裂期卵抽出液から精製したコンデンシンⅠ複合体によってATP依存的に凝縮すること，②間期コンデンシンⅠではこの凝縮がみられないこと，③DNAの凝縮は段階的に起こるがそのステップサイズは一定ではないこと，④DNAの凝縮は正負のスーパーコイル形成の影響を受けないこと，そして⑤コンデンシンによるDNA凝縮は可逆的であることを見出した．これらの観察はコンデンシンによるDNA凝縮の様子をはじめてリアルタイムで計測しただけではなく，コンデンシンがATP加水分解を動力源として張力に拮抗しながらDNAを凝縮させる様子を捉えた重要な観察である．その後，同様の結果が出芽酵母コンデンシン[4) 5)]や大腸菌MukB[6)]でも示されたが，それぞれの系においていくつかの相違点も明らかになっている．例えば，ツメガエルのコンデンシンがDNAの凝縮と脱凝縮をくり返しながら最終的にDNAを凝縮させるのに対して，出芽酵母コンデンシンでそのような変動はなく，一方的な凝縮しか観察されない．このことは分裂期卵抽出液から精製したツメガエルのコンデンシンⅠと，間期あるいは非同調細胞から精製した出芽酵母コンデンシンの活性の差を示しているのかもしれない．また，DNAの凝縮速度に関しても，ツメガエルと出芽酵母のコンデンシンで数十〜200 nm/秒（数百〜1 kbp/秒）の異なる値が報告されている[3) 4)]．凝縮速度はコンデンシン濃度，ATP濃度，DNAにかかる張力の大きさに依存して変化するため[4)]，この振れ幅はそれら実験条件の違いを反映しているものと考えられる．

　この磁気ピンセットの実験系は，高い分解能で正確なDNA長の計測が可能である一方，結合タンパク質を可視化できないため，DNA上に何分子のコンデンシンが結合しているのか特定できないという欠点もある．コンデンシンが何量体で機能しているのかはいまだに

> **※2　pN（ピコニュートン）**
> 力の単位．生理的なDNAのスーパーコイルにかかる力がおよそ0.5 pN程度だと言われている[25)]．

明らかになっておらず，多量体として機能していることを示唆する報告も多い[7)～9)]．実際，酵母のコンデンシンを用いた磁気ピンセットの測定系において，同じ濃度の単量体と多量体では，多量体の方がDNA凝縮を起こしやすいこと，また，多量体コンデンシンの凝縮活性が示すATP依存性は，0.45 pNという生理的な張力の存在下で最も顕著になることが示されている[5)]．この化学量論的な議論に答えるためには，高解像度のDNA長計測系と一分子観察系を組合わせたアプローチが必要である．

2 コヒーシン（Smc1-Smc3ヘテロ二量体）のDNA凝縮活性

コンデンシンと同様の磁気ピンセットを用いたDNA長計測実験が，コヒーシンSmc1-Smc3ヘテロ二量体を用いて行われ，興味深いことにSmc1-Smc3ヘテロ二量体もDNAを凝縮できることが報告されている[10)]．ただしこの凝縮はATP非依存的であり，Smc1-Smc3のヘッドドメインは凝縮に必要ないが，ヒンジドメインが必須である．さらにこのSmc1-Smc3が示すDNA凝縮能は，スーパーコイル感受性である．前述したように，コンデンシンによるDNA凝縮は正負のスーパーコイルの影響を受けないが，Smc1-Smc3は正のスーパーコイルをもつDNAを凝縮させやすく，逆に負のスーパーコイルをもつDNAやニック（切れ目）の入ったDNAを凝縮させにくい[10)]．このことはSmc1-Smc3によるDNA凝縮が正のスーパーコイル形成と相関している可能性を示唆している．ATPを必要としない点や，ホロ複合体ではない点を考慮すると，コヒーシン複合体の本来の機能をどこまで反映しているのかは定かではないが，SMCファミリータンパク質に共通したDNA結合性とDNA凝縮能の存在を示唆する興味深い結果である．

3 コヒーシンの一分子動態

これまで見てきたように，磁気ピンセットを用いた実験系では，タンパク質側の動態を知ることはできない．SMCタンパク質はDNA上でどのようなふるまいをしているのだろうか？例えば出芽酵母においては，コヒーシンがゲノム上をそのローディングサイトから移動する可能性が示唆されているが[11)]，果たしてコヒーシンは本当にDNA上を移動できるのか，できるとしたらどのようなメカニズムなのか，その実体は謎に包まれていた．近年，DNA上のコヒーシン動態を一分子レベルで捉える試みが，われわれを含めたいくつかのグループにより報告された．ここではそれらの研究から明らかになったコヒーシンの動態について紹介する．

1）コヒーシンの一次元拡散運動

DNA上のタンパク質一分子の挙動を観察する手法として，全反射顕微鏡とフローストレッチング（flow stretching）法あるいはDNAカーテン（DNA curtains）を組合わせた観察系がある（**図2A**）．いずれも溶液交換が容易で，生理的な緩衝液や細胞抽出液中におけるDNA結合因子の挙動をリアルタイムで観察できる．分裂酵母[12)]，ヒト[13) 14)]，およびツメガエル[14)]のコヒーシン複合体を蛍光標識し，両端をカバーガラスに結合させた約50 kbのDNAと混ぜると，いずれのコヒーシンも，コヒーシンローディング因子Scc2－Scc4（第3章-1参照）依存的にDNAとトポロジカルに結合[※3]し，DNAに添ってランダムに動く様子が観察された（**図2B**）．この動きはATP非存在下でも観察されたことから，一次元拡散運動と結論されたが，興味深いことに，ATPの非加水分解型アナログであるAMP-PCPでこの動きは抑制される[14)]．このことはヘッドドメイン同士のAMP-PCPによる会合が拡散運動を阻害している可能性を示唆している．

2）コヒーシンの拡散運動とクロマチン上の物理的障害

コヒーシンがDNAとトポロジカルに結合し，DNA上を拡散運動した場合，実際のクロマチン上では，さまざまなDNA結合因子による物理的障害とコヒーシンとの衝突は不可避である．それを実証したいくつかの例を紹介する．

i）ヌクレオソーム

ゲノム上の多くのDNA領域はヌクレオソーム（第1

※3 トポロジカルな結合
リング状のコヒーシンあるいはコンデンシン複合体がDNAをそのリングの中に通した形で結合すること（**図2B**）をトポロジカルな結合とよぶ．

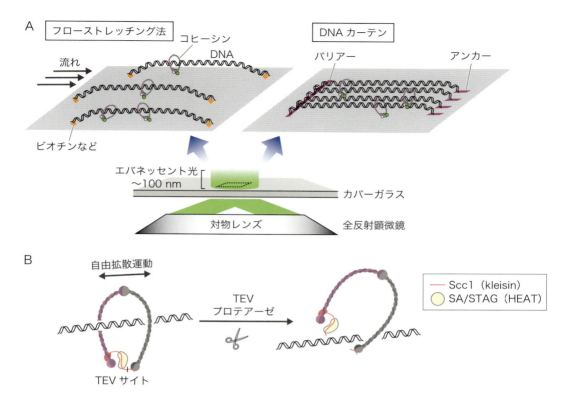

図2　コヒーシン一分子動態観察系
　A) フローストレッチング法とDNAカーテン．一分子レベルの蛍光を観察できる全反射顕微鏡では光の全反射条件下でしみ出すエバネッセント光により蛍光分子を励起する．顕微鏡上にマイクロ流路を設置し，フローストレッチング法（左）あるいはDNAカーテン（右）の手法によりDNAをガラス基板上に結合させる．フローストレッチング法ではビオチン化させたDNA等を用いて片方のDNA端をガラス上に結合させ，溶液の流れの力でDNAを引き延ばし，もう一端を結合させる．流速を変えることでDNAの伸展パターンをある程度制御できる．一方DNAカーテンはバリアーとアンカーのマイクロパターン等を利用して大量のDNAを整列させて貼り付けることができるため，ハイスループットな解析が可能．B) コヒーシンとDNAのトポロジカルな結合．Scc1サブユニットにTEVプロテアーゼ切断サイトを挿入したコヒーシン複合体は，野生型と同様，DNA上で自由拡散運動を示すが，TEVプロテアーゼ処理によりScc1を切断してコヒーシンリングを開くとDNAから解離することから，コヒーシンがDNAとトポロジカルに結合していることがわかる．

章-1を参照）を形成している．ヌクレオソームの直径はおよそ11 nm，コヒーシンリングの内径はおよそ35 nm程度と見積もられており[15]，理論上，コヒーシンにとってヌクレオソームは障害にならないはずである．実際，DNA上にヌクレオソームが1つ存在した場合，コヒーシンはその場所を（多少のぐずつきはあるものの）問題なく通過できるが，10〜50個のヌクレオソームが連続している場所を通過することはできない[12]．この結果は，ツメガエル卵抽出液中でクロマチンを形成させた場合でも確かめられた（**図3A，B**）[14]．以上の結果は，連続して存在するヌクレオソームはコヒーシンの動きを阻害することを示している．

ii) コヒーシンが通過できる分子サイズの検証

　それでは，コヒーシンはどのくらいの大きさの分子ならば通過できるのだろうか？　この疑問に答えるため，さまざまな大きさの分子をDNA上に結合させる試みが行われ（**表**），コヒーシンは直径20 nm程度のサイズの分子ですら通過できないことがわかった．この結果は，DNAに結合しているコヒーシン内径の分子通過許容範囲は，従来の電子顕微鏡観察に基づいたリング内径サイズよりもずっと小さいことを示している．

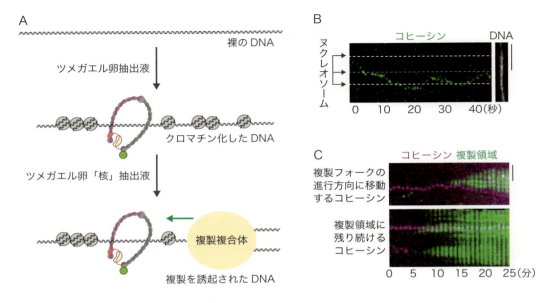

図3　ツメガエル卵抽出液を用いた一分子観察系
A）フローストレッチング法によってガラス基板上に貼り付けたDNAは，ツメガエル卵抽出液にさらすことでヒストンを取り込み，クロマチンを形成できる．このとき同時にコヒーシンもDNA上にロードされる．さらにツメガエル卵「核」抽出液にさらすことでDNA複製を誘起できる．B）コヒーシンの動きを示すカイモグラフ．卵抽出液中でヌクレオソームを形成したDNA上では，コヒーシン（緑）の動きはヌクレオソームの局在位置（白点線）で部分的に制限を受ける．スケールバーは5μm．C）ツメガエル卵「核」抽出液によって誘起したDNA複製（緑）とコヒーシン（マゼンタ）の動きを示すカイモグラフ．複製フォークの広がりに添って移動していくコヒーシン（上）や，複製された後も同じ場所に存在し続けるコヒーシン（下）などが観察された．スケールバーは2μm．

ⅲ）モータータンパク質とCTCF

それではコヒーシンの相手がDNA上を連続的に動くモータータンパク質の場合はどうだろうか？ 酵母ではコヒーシンが転写収束部位に蓄積することから[11]，RNAポリメラーゼがコヒーシンを転写終結点まで押しのけている可能性が示唆されている．この可能性を検証するため，GreeneらはDNAモータータンパク質である大腸菌のDNAトランスロケースFtsKを，PetersらはバクテリオファージのT7 RNAポリメラーゼを用いて，コヒーシンとの衝突を観察した．その結果，いずれの場合においても，DNAモータータンパク質の進行方向にコヒーシンが動かされていく様子が観察された[12) 13)]．このことから，RNAポリメラーゼをはじめとしたDNAモータータンパク質がDNAに結合したコヒーシンを移動させうることが直接示された．これらの研究と並行して，*in vivo* においても転写活性に依存してコヒーシンの局在領域が遺伝子下流に移動することが出芽酵母[16]とマウス細胞[17]で示され，一分子観

表　コヒーシンが通過できるDNA上の障害物の検証

障害物	直径	コヒーシン通過
Dig	1〜2 nm	＋＋
EcoRI	5 nm	＋
EcoRI-Halo	9 nm	＋
dCas9	10.6 nm	＋
TetR-Halo	11 nm	＋
1ヌクレオソーム	11 nm	＋
Halo-T7RNAP	12 nm	＋/－
FtsK	12.6 nm	＋/－
Dig + QDot	〜21 nm	－
10〜50ヌクレオソーム	30.1 nm	－
EcoRI + IgG + QDot	〜21〜58 nm	－
dCas9 + IgG + QDot	〜21〜64 nm	－

それぞれの分子の直径は結晶構造から予測したもの．コヒーシンが容易に通過するもの（＋＋），多少のぐずつきはあるが通過するもの（＋），通過できないもの（－）に分類した．Halo-T7 RNAポリメラーゼ伸長複合体（Halo-T7RNAP）およびFtsKは一過的に通り越している可能性を排除できない結果のため（＋/－）とした．文献12, 13参照．

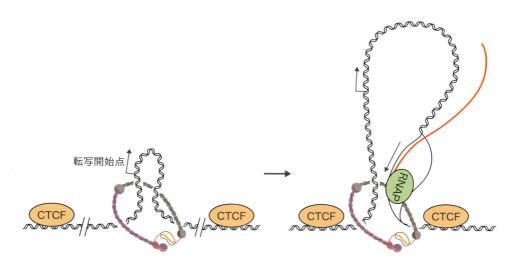

図4　コヒーシン依存的なDNAループ形成仮説
コヒーシンがDNAループを左図のように束ねられると仮定すると，ある転写開始点から一方向の転写が起こったとき，RNAポリメラーゼ（RNAP）がコヒーシンを進行方向のCTCF局在部位まで押し進める．逆方向のCTCFは，ループ内に逆向きの遺伝子がない場合でも，コヒーシンの自由拡散運動のストッパーとして働き，結果的にCTCF結合部位でループを隔離して転写ユニットの境界を形成する．

察の結果を支持するものとなった．
　一方，哺乳動物細胞においてコヒーシンと高頻度で共局在しているのがインスレータータンパク質CTCF[※4]である．CTCFはDNAループの根本でコヒーシンと共局在し，転写ユニットの境界を形成していると考えられている[18]．コヒーシンがRNAポリメラーゼによって押しのけられるとすれば，その終着点がCTCFなのだろうか．言い換えると，CTCFはコヒーシンの動きを物理的に止めることができるのだろうか？　実際，一分子観察系においてDNA上にCTCFを結合させると，自由拡散するコヒーシンがCTCF結合領域で停止することが観察されている（文献13および筆者ら未発表）．この結果は，モータータンパク質によって押しのけられたコヒーシンがCTCF結合部位で物理的に停止することで，転写ユニットの境界形成を促進している可能性を示唆している（図4）．

> **※4　CTCF**
> CCCTC-binding factor．インスレーターはクロマチン上にある個々の転写ユニットを差別化するための絶縁体で，インスレーターに結合しているジンクフィンガータンパク質がCTCF．

iv）DNA複製複合体

　コヒーシンが遭遇する物理的障害のもう1つの例がDNA複製複合体である．脊椎動物細胞においては，コヒーシンはG1期にすでに未複製DNAとトポロジカルに結合している．そのため，DNA複製時に複製フォークがどのようにコヒーシンの障壁を"乗り越える"のかという問題はきわめて重要であるが，その詳細は明らかになっていない．この問いに答えるため，われわれは，ツメガエル卵核抽出液を用いて複製フォークの進行と一分子観察を同時に行える系を構築し（図3），複製中のコヒーシンの挙動を観察した．その結果，約15％のコヒーシンで，RNAポリメラーゼでみられたのと同様，複製フォークの進行方向に押し出されるのが観察されたのに加え，約30％のコヒーシンは複製フォーク通過後も同じ場所に残り続けた．この結果は，少なくとも一部のコヒーシンは複製フォークの通過を許容できることを示しており，他のモータータンパク質と遭遇した場合とは異なる制御がDNA複製時に働いている可能性を強く示唆している．実際，ヒト体細胞を使ったFRAP実験においても，G1期コヒーシンがG2期にも同じ場所に残り続けているという，一分子観察を支持する結果が得られている[19]．

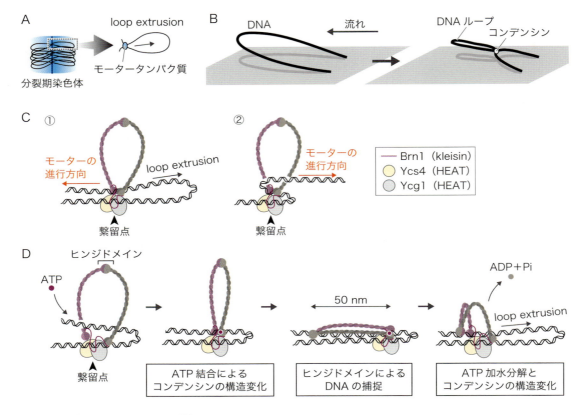

図5 コンデンシンのモーター活性とloop extrusion
A）分裂期染色体の軸を形成するコンデンシンなどのモータータンパク質がDNAループを押し出す（loop extrusion）ことで，凝縮した分裂期染色体が構築されているアイデア．B）フローストレッチング法を用いたloop extrusion観察系．緩やかな流速でDNAの両端をガラス基板上に結合させ，馬蹄形のDNAループをつくらせる．ここにコンデンシンを添加すると，コンデンシン結合部位からDNAループが伸展してくる．C）loop extrusionモデル-1．コンデンシンはBrn1-Ycg1上に形成されるDNA結合領域でDNAと結合することで自身をDNAに繋留する．その一方でDNAとトポロジカルに結合し，ATP加水分解を動力としたモーター活性によりDNA上を一方向に動こうとするが，DNAに繋留されていて動けないため，結果的にDNAループを逆方向に押し出すことになる（①）．DNAにかかる張力が高い（DNAがピンと張っている）場合（②），Brn1-Ycg1による繋留を剥がしながらモーターが進もうとするため，コンデンシンの移動速度は①のloop extrusion速度よりも遅くなる．D）loop extrusionモデル-2．仮にコンデンシンのステップサイズを50 nm/ATPとした場合に想像可能なモデル．ATPの結合によってコンデンシンの構造が変化し，ヒンジドメインがDNAと結合する．ATPの加水分解と同時に再び構造が変化し，DNAが押し出される．ATP一分子の加水分解で押し出されるDNAの長さはコンデンシンのアーム長（約50 nm）となるが，DNAがたわんでいれば，さらに長いDNAを押し出すことができるだろう．

4 コンデンシンモーターとloop extrusion

コンデンシンによる染色体凝縮機構を説明する，現在最も有力なモデルに，loop extrusion（ループ押出し）モデルがある（**図5A**）．loop extrusionによって染色体が構築されるアイデアは古くから提唱されていたが[20]，コヒーシンおよびコンデンシンの発見により，SMCタンパク質とキネシンなどのモータータンパク質の構造上の類似性や，コンデンシンの染色体凝縮機能などから，「コンデンシンはモータータンパク質であり，そのモーター活性がloop extrusionの原動力となって分裂期染色体を構築している」という仮説が提唱された[21]．このアイデアは永らく仮説にとどまってきたが，近年，この仮説を強く支持する一分子解析の結果が報告された．以下でそれらを紹介する．

1）コンデンシンのモーター活性

コヒーシンの一分子観察と時期を同じくして，DNAカーテンを用いた出芽酵母コンデンシンの一分子動態観察が，Greeneらによって行われた．興味深いことに，コンデンシンはATP加水分解依存的にDNA上を一方向に移動するモーター活性を有しており[22]，拡散運動しか示さないコヒーシンとは対照的な結果であった．移動速度はおよそ60 bp/秒で，10 kbもの長い距離を移動することができる．コヒーシンとコンデンシンで，なぜモーター活性の有無に相違があるのだろうか？ ATPを加水分解できない変異体コンデンシンはコヒーシンと同様の拡散運動を示すことから，1つの原因はATP加水分解効率にあるかもしれない．出芽酵母のコヒーシンはDNA存在下で36分子/分[23]，コンデンシンは120分子/分[24]のATPを加水分解すると報告されており，コンデンシンの方が数倍高い加水分解効率をもつ．また，non-SMCサブユニットの違いや，複合体の構造が起因している可能性もあり，SMCタンパク質の機能分化の観点からも興味深い相違である．

2）DNA loop extrusion活性

一方C. Dekkerらは，コンデンシンによるDNAの形態変化に着目するため，DNAをガラス上に緩く結合させ，出芽酵母コンデンシンとDNAの相互作用の様子を観察した（図5B）[24]．その結果，弧状にたわんだDNAにコンデンシンが結合し，コンデンシン結合部位からDNAループが伸展していく様子（loop extrusion）が観察され，さらにこのloop extrusionはコンデンシンのATP加水分解活性とMg^{2+}イオンに依存していること，コンデンシン一分子がloop extrusionを引き起こせることが示された．興味深いことに，ループ形成は非対称に進行する．このことは，コンデンシンがDNAループを押し出しながら，一方で自身はDNAに繋留されていることを示唆している（図5C①）．実際，DNAとの相互作用が減弱するコンデンシンBrn1-Ycg1サブユニットの変異体では，コンデンシンがDNAを繋留できず，DNAループがDNA上をスライドしてしまう．ループ形成の平均速度は600 bp/秒（110 nm/秒）で，この速度はDNAにかかる張力が高いほど減少する．前述のモーター活性はDNAを十分に伸展させた状態での観察であり，そのような条件下でのコンデンシンの移動速度（60 bp/秒）はループ形成速度に比べて低い値を示すことを考えると，十分に伸展させたDNA上でコンデンシンはDNAループを伸長させることができないため，DNAへの繋留を外しながら一方向に進んでいると想像される（図5C②）．仮にコンデンシンのATP加水分解速度を，生化学的解析から計算された2 ATP分子/秒とすると[24]，ループ形成速度110 nm/秒から，ループ形成のステップサイズ（ATP一分子の加水分解で進む距離）は55 nmとなる．このATP加水分解速度は個々のコンデンシン分子の活性を正確に反映していない可能性があるため，この計算はやや強引なものであるが，このステップサイズがSmc2-Smc4アーム長50 nmと近い値である点は興味深い（図5D）．

以上の知見に基づいて，現時点で想像可能なloop extrusionのモデルの一例を図5C，Dに示す．これらのモデルには，まだ方向性決定やヒンジドメイン寄与の議論など，検証が必要な多くの問題が存在する．

おわりに

コヒーシン・コンデンシンによるDNAループ形成過程が明らかにされつつある一方，コヒーシンの接着機能とループ形成機能の質的な相違や，酵母以外の真核生物に存在するコンデンシンⅠとⅡの機能分担とモーター活性・loop extrusion活性との関連性など，本質的な問題も多く残されている．近年，染色体研究分野でも，より複雑な再構成系が実現しつつある．これらの再構成系やcell-free系との組合わせにより，より複雑な現象を再現可能な一分子観察系が実現されれば，染色体構築の本質を解き明かすための非常に有用な系となるだろう．

文献

1) Niki H, et al：EMBO J, 11：5101-5109, 1992
2) Anderson DE, et al：J Cell Biol, 156：419-424, 2002
3) Strick TR, et al：Curr Biol, 14：874-880, 2004
4) Eeftens JM, et al：EMBO J, 36：3448-3457, 2017
5) Keenholtz RA, et al：Sci Rep, 7：14279, 2017
6) Cui Y, et al：Nat Struct Mol Biol, 15：411-418, 2008
7) Kinoshita K, et al：Dev Cell, 33：94-106, 2015
8) St-Pierre J, et al：Mol Cell, 34：416-426, 2009
9) Stray JE & Lindsley JE：J Biol Chem, 278：26238-26248, 2003
10) Sun M, et al：Nucleic Acids Res, 41：6149-6160, 2013

11) Lengronne A, et al：Nature, 430：573-578, 2004
12) Stigler J, et al：Cell Rep, 15：988-998, 2016
13) Davidson IF, et al：EMBO J, 35：2671-2685, 2016
14) Kanke M, et al：EMBO J, 35：2686-2698, 2016
15) Huis in 't Veld PJ, et al：Science, 346：968-972, 2014
16) Ocampo-Hafalla M, et al：Open Biol, 6：150178, 2016
17) Busslinger GA, et al：Nature, 544：503-507, 2017
18) Merkenschlager M & Nora EP：Annu Rev Genomics Hum Genet, 17：17-43, 2016
19) Rhodes JDP, et al：Cell Rep, 20：2749-2755, 2017
20) Riggs AD：Philos Trans R Soc Lond B Biol Sci, 326：285-297, 1990
21) Nasmyth K：Annu Rev Genet, 35：673-745, 2001
22) Terakawa T, et al：Science, 358：672-676, 2017
23) Srinivasan M, et al：Cell, 173：1508-1519.e18, 2018
24) Ganji M, et al：Science, 360：102-105, 2018
25) Marko JF：Phys Rev E Stat Nonlin Soft Matter Phys, 76：021926, 2007

＜著者プロフィール＞
西山朋子：2007年東京工業大学大学院生命理工学研究科修了，ウィーン分子病理学研究所（IMP）Jan-Michael Peters研究室でのポスドクを経て，'12年名古屋大学高等研究院にて研究室を主宰．'16年より現職．染色体構築因子の動的なふるまいとその分子進化に興味をもっている．

第3章 どのようなタンパク質が高次染色体を制御しているのか？

4. 染色体分配：マルチステップに進む姉妹染色分体の分離

内田和彦，広田　亨

細胞周期の最終的な目的は，ゲノムの複製と分配である．原核生物では，DNAが複製されるそばから分配されるのに対して，真核生物では，複製後も姉妹DNAどうしは対を保ち続けて存在し，M期で分配される．本稿では，①真核細胞のM期で染色体が分配される過程，つまり中期赤道面に並んだ染色体がどのような制御を受けて分離するのか，そして②分配されるべき染色体を準備する過程，つまりいかに姉妹DNA間を分離して姉妹染色分体を形成するのかについて，蓄積された知見を概観する．こうして細胞周期の進行とともに段階的に進む「染色体分離」という視点から，真核生物の染色体分配を考えてみたい．

はじめに

M期における染色体分配の研究は，この20年で大きく進展した．特に，姉妹染色分体間の結合を担うコヒーシン複合体，およびそのコヒーシンを切断するプロテアーゼであるセパレース（separase）の発見を契機として，"SAC（spindle-assembly checkpoint，後述）の解除→APCの活性化→セキュリン（securin）の分解→セパレースの活性化→コヒーシンの切断→姉妹染色分体の分離"という経路が，酵母遺伝学の先導により，明らかにされた．これら一連の過程を経て，染色体は微小管の働きによって娘細胞に分配される．

こうしてM期で染色体を首尾よく分配するには，後期に至るまでに，複製されたDNAが姉妹染色分体という形にパッケージングされることが必須である．換言すると，複製後にほぼ全長にわたって結合している姉妹DNA間は，顕微鏡で別々の構造体と認識ができる程度までに解離する必要があり，そのために細胞は，微小管の力を借りずとも，姉妹染色分体間の分離を進める機構を備えもっている．以下に，M期における染色体の分配とそれまでに進行する姉妹染色分体の形成過程にある染色体分離の制御機構を紹介し，DNAが複製されてから分配されるまでを一望したい．

[略語]
APC：anaphase-promoting complex
　（後期促進因子）
Cdk1：cyclin-dependent kinase 1
MCC：mitotic checkpoint complex
　（M期チェックポイント複合体）
SAC：spindle-assembly checkpoint
　（紡錘体形成チェックポイント）
UFB：ultra-fine bridge

Stepwise dissociation of sister chromatid cohesion in chromosome segregation
Kazuhiko S.K Uchida/Toru Hirota：Division of Experimental Pathology, Cancer Institute of the Japanese Foundation for Cancer Research（JFCR）（公益財団法人がん研究会がん研究所実験病理部）

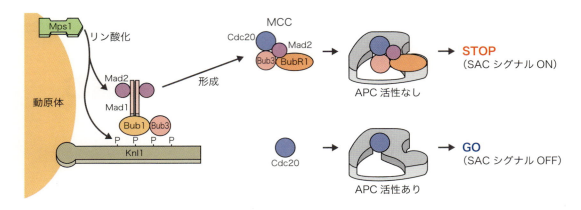

図1　紡錘体形成チェックポイント（SAC）のON・OFF制御
微小管が結合していない動原体ではMCCの形成が促されている．Cdc20はAPCと結合することでAPCの活性化を導くはたらきがあるが，MCCはこのCdc20を利用してAPCと結合し，阻害する．微小管が結合するとMCCの形成は滞る．もともとMCCは自然分解しやすいので，形成の遅滞により細胞中のMCCレベルは減少していく．これにより単体のCdc20がAPCに結合できるようになり，APCは活性化する．

1　細胞分裂を象徴する染色体の分離

中期赤道面に整列した染色体が後期にいっせいに分離するさまは，細胞分裂の象徴的なプロセスである．ユビキチン付加酵素であるAPCによるタンパク質の分解が，後期のプログラムを始動するエンジンであり，最終的にセパレースの活性化とCdk1の不活性化を導き，染色体を分離する．APCの働きを抑制するのがSACであり，その名のとおり紡錘体が形成されないときにこのブレーキがかかる．動原体に結合する微小管の微小な変化でも鋭敏に反応することで，SACは染色体分離を誘導する適切なタイミングを規定する．

1）SACのON・OFF制御

M期において，SACシグナルはデフォルトがONなので，細胞分裂を進めるためにはこれをOFFにしなければならない．動原体はSACシグナルの発生源でありON状態を維持するが，その機能は動原体に微小管が結合すると喪失する．つまりONからOFFへの切り替えは，動原体に微小管が結合することにより促されるわけであるが，SACシグナルは増幅する性質があるため，細胞内に微小管と未結合の動原体が少数でも存在している状態ではOFFになりにくい．このことが，すべての動原体に微小管が結合してから後期がはじまることを確実なものにしていると言える．

SACシグナルのON・OFFの背景には，動原体におけるキナーゼ活性の高さ・低さがあることが知られている．前中期で，微小管と未結合の動原体にはMps1キナーゼが局在し，その活性によって動原体構成分子Knl1のMELTモチーフがリン酸化される．このリン酸化された部位を足場としてBubR1, Mad1/Mad2などのチェックポイント関連因子が集積し，MCCというBub1, BubR1, Mad2, そしてCdc20からなる複合体の形成が促される．生成されたMCCはCdc20を介して後期促進因子に結合し，その結果，後期促進因子の働きが阻害される．このMCCは不安定ですぐに解体されるので，シグナルをONに維持するためにはMCCは生成され続ける必要がある一方で，ひとたび動原体に微小管が結合するとすみやかにMCCが減少してAPCの活性化を導くことを可能にしていると考えられる（図1）[1) 2)]．

微小管が動原体に結合すると，SACが解除されはじめるが，これには微小管がMps1の動原体局在と競合することからはじまると考えられている[3)]．Mps1の排除は中期を通じて徐々に進むことから，Knl1をリン酸化する能力がしだいに低下することが予測される（内田，投稿準備中）．さらに，脱リン酸化酵素PP1がKnl1を足場にして動原体にリクルートされはじめることによっても，Knl1のリン酸化は消失し，チェックポイント関連因子の動原体局在は減少していくと説明されている[4)]．

われわれは，動原体の内層と外層を蛍光標識することにより，微小管が結合した動原体は伸縮をくり返す動的な構造体であることを見出した[5]．動原体のストレッチングと名付けたこの伸縮運動は，SACの解除を促進することが示唆されていたが，興味深いことに，ストレッチングはMad1，BubR1の動原体局在を減少させるがMps1の動態には影響を与えないことがわかった．つまりSACの解除には，Mps1の排除に加えて，ストレッチングが促すチェックポイント分子群の不活性化が関与することが見えてきつつある（内田，投稿中）．

染色体分離の監視機構であるSACは，異常な分離の発生を防ぎることができるのだろうか．注意すべきは，SACは微小管が動原体に結合するとその結合の正常・異常にかかわらず，解除されてしまう．したがって，異常な染色体分離の原因になるメロテリック結合（1つの動原体が両極につながった状態）はSACによって検出できない．しかし細胞にはこうした異常な結合を修復する（error correction）機能が備わっている．その実体は，セントロメアに局在するAurora Bキナーゼ活性が動原体分子をリン酸化して微小管との結合をリリースすることである．つまり，SACによる時間稼ぎができない状況で，Aurora Bは結合エラーを修復し異常な染色体分配を未然に防いでいるのである．その重要性は，染色体不安定性を示すがん細胞が普遍的にセントロメアのAurora B活性低下をきたしていることによっても裏付けられる[6]．

2）セパレースの時空間制御

APCの活性化によってサイクリンB1とセキュリンの分解が進むと，前者はCdk1の不活性化を，後者はセパレースの活性化を導く．セパレースは，コヒーシンを限定分解してコヒージョン※1を解除し，Cdk1の不活性化は，微小管動態をコントロールすることによって姉妹染色分体を紡錘体極に引き寄せる運動を起こすので，これらAPC基質の分解は染色体の分離の実行に直接的な役割を担っている．しかし，SACの解除とともにAPCの基質が分解されはじめてから染色体の分離

> ### ※1 コヒージョン（cohesion）
> 姉妹染色分体どうしの結合．コヒーシン複合体による姉妹DNAを束ねる効果と姉妹DNAの絡まり（カテネーション）が寄与する．コヒージョン＝コヒーシン＋カテネーション．

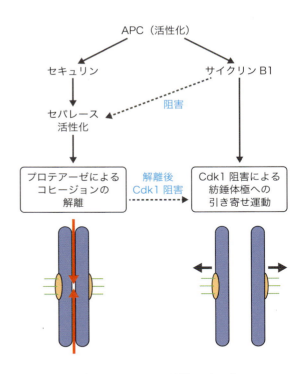

図2 APCが誘導する染色体分離のプログラム
一般に知られている経路（矢印，本文参照）に，最近の知見（破線矢印）を組入れたもの．APCが誘導する経路は複雑なネットワークを形成していることが明らかになりつつある．

が起こるまでには約20分ものタイムラグがあり[7]，SACというブレーキの解除のみでは，染色体分離の瞬間が規定され，同期的かつ瞬発的に起こることを十分に説明できないと思われた．この同期性や急峻性を解く鍵はセパレースにあると考えられたが，セパレースはタンパク質量が少ないうえに，酵素活性化の指標を欠いていたために，細胞内でどのように活性化するのかよくわからなかった．

2012年，進藤らは，セパレースの活性プローブを作製し，M期細胞で起こるセパレースの活性化プロファイルを得ることに成功した[8]．セパレースは，セキュリンの分解が進んでもすぐには活性化せず，染色体が分離する約90秒前にようやく活性化することを見出した．そしてひとたび活性化すると，瞬時にしてすべての染色体に波及する爆発的な活性化を遂げた．さらに，セパレースは，プロテアーゼとして「コヒージョンの解除」を終えると，Cdk1の抑制因子に転じ，姉妹染

色体を「紡錘体極に引き寄せる運動の促進」という，染色体分離の2過程の順序を保証していることが判明した（図2）．

重要なことに，セパレースの活性は細胞質ではみられず染色体上でのみ検出される．このことは，大きな細胞質をもつ卵や病理的に小さな細胞質をもつがん細胞においてもこの酵素の制御が適正に働くことを可能にしていると考えられる．こうした知見を端緒とし，2018年，小西らは「染色体」コンパートメントを細胞質と分けて捉えて，APC/C基質の存在量・比を調べたところ，セキュリン分子のほとんどは細胞質に存在するのに対し，サイクリンB1は高い濃度で染色体画分に局在することを報告した（図3）[9]．これをもとにしたシミュレーションによれば，セキュリンの分解が進みセパレースが活性化されるタイミングにおいて，染色体画分ではセパレース：サイクリンB1複合体量が一時的に増加することが示唆された．実験的にもその傾向を見出すことができ，サイクリンB1がセパレースの活性化の最終的なタイミングを規定しているようにも見え，さらなる解析が待たれる．

いずれにせよ，染色体分離の同期性や急峻性を実現するメカニズムは，セパレースの活性化プロファイルに負うところが大きいと考えられる．したがって，この長年の課題は，いかにしてセパレースが短時間に染色体上で活性化するのかその分子機構を明らかにすることに移っている．

3）分離を促す後期における染色体の収縮

コヒージョンが解除されると，微小管が動原体を極に引き寄せる運動が起こるが，これに加えて，後期では染色体が長軸方向にさらに収縮し，これによっても染色体分離が促されることが知られている．コンデンシンIが後期において染色体上の濃度がピークになることやAurora Bの活性と関連していることが指摘されている[10)11]．この後期での染色体収縮は，出芽酵母においては顕著であり，染色体分離における役割は大きい．特に，出芽酵母の11番染色体の腕部は非常に長いので，染色体の移動だけでは腕部どうしを分離させることはできないが，凝縮によってはじめて分離できる[12]．ヒト細胞ではその効果はわかりにくいが，染色体収縮を後期で阻害すると，分離の失敗やその後の核構造の異常が誘導されることから，やはり安定した染

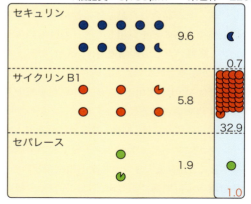

図3　細胞質・染色体画分におけるセキュリン，サイクリンB1，セパレースの存在比
染色体画分のセパレースの分子数を1（右下，赤字）として，細胞質，染色体の各コンパートメントにおける分子数と濃度を模式的に表示している．小西惇：平成29年度学位論文より引用．

色体分離の一端を担うことが示唆されている[11]．

4）UFBの出現とその処理にかかわる酵素群

2007年，Chanらは，DNA損傷修復に関与するヘリカーゼであり，またがん抑制因子でもあるBLMの働きを調べている際，BLMタンパク質で標識された細いDNAが分離した姉妹染色分体間に生じることを発見した[13]．これはDAPI等のDNA染色で標識することが難しいくらいの細いもので，これをUFB（ultra-fine bridge）とよんだ．UFBは姉妹染色分体が引っ張られた状態でみられ，これを修復されずに放置されるとDNAが損傷する[14)15]．UFBの修復にはBLMの他に，SNF2ファミリーのヘリカーゼであり，ヒストンに巻きついたDNAを解きほぐすことが知られているPICHがかかわっていることが知られている．このPICHは他にもBLMや，二本鎖DNA2の損傷修復にかかわるRif1，そしてUFB姉妹DNA間の絡まり（カテネーション[※2]）を解除するトポイソメラーゼIIをUFBにリクリートすることが知られており，それぞれがUFBの修

> **※2　カテネーション**
> catenation．姉妹DNA分子間の絡み合い．DNAが複製することによって生じる．これを解くことをデカテネーションといい，トポイソメラーゼIIの働きによって解消される．

復に貢献している[16)〜18)].

UFBの出現には複数の要因があると考えられる．後期以前にコヒーシンを除くprophase pathway（後述）や複製進行を阻害することによっても出現することから，後期におけるコヒージョンの残存や未複製DNAに起因するものも含まれると推察される．興味深いことに，UFBは異常な細胞分裂をするがん由来の培養細胞だけでなく，正常な組織由来の細胞でもみられることがある．くり返し配列の多い部位の複製や修復に時間を要することが知られているが，正常細胞でもM期を迎えるまでにこれらが終了しないことがあるのかもしれない．いずれにせよ，出現したUFBが適切に処理されることは，ゲノムの安定性を維持するために重要であると考えられる．

2 染色体分離の準備：姉妹染色分体の形成

M期で起こる染色体分離とは，正確には，姉妹染色分体を2つの細胞に分ける過程であり，そのステージに至るまでに，姉妹染色分体の構築が完成しなければならない．そして逆説的ではあるが，結合しているからこそ分けられるのであり，姉妹染色分体を分けるには，複製したDNAどうしの結合（コヒージョン）なしにはあり得ない．したがって，複製したDNAがそれぞれ個別のエンティティを形成する過程においては，コヒージョンを担うコヒーシン複合体とカテネーション（DNA複製によって生じる姉妹DNA間の絡まり）の解消が不可欠である．

1）染色体腕部のコヒーシンを外す prophase pathway

prophase pathwayとは，M期の前期および前中期において，微小管に依存しない形でコヒージョンを解消するための，コヒーシン複合体を染色体から除くしくみの通称で，姉妹染色分体の形成に重要な役割を果たしている[19) 20)]．コヒーシンがDNA複製と関連して姉妹DNAを束ねる機序は第3章-1に詳しいが，prophase pathwayが働くと，リング状のコヒーシン複合体のサブユニット間（Smc3とScc1との間のいわゆる"exit gate"）の結合が外れて，コヒーシンがDNAから離れる[21)]．

コヒーシンと姉妹DNAとの結合は，このゲートの開閉によって，具体的にはゲートを開くWaplとPds5とそれに抗って閉じたままにするアセチル化酵素Esco1/2の両者で制御されていることが知られている．ここにS期以降はsororinが介入してWaplとPds5の働きを抑えるのでコヒーシンは安定してDNAを束ねているが，M期に入るとprophase pathwayによってsororinがリン酸化を受けると，その介入ができなくなり，WaplとPds5が働いてゲートを開きDNAからコヒーシンが解離していくことがわかっている[22)]．prophase pathwayには，Cdk1，Plk1，Aurora BといったM期キナーゼが関与することがよく知られているが，まさに前述のsororinはCdk1とAurora Bによって抑制的なリン酸化を受けるため，このpathwayの重要な反応と考えられる[23)]．またリン酸化はコヒーシンそのものにも影響を与えている．コヒーシン・サブユニットのSA2は，Plk1によるリン酸化を受ける，これによってコヒーシンの除去が促されることが知られている[24)]．

このprophase pathwayは染色体の腕部では効率よく起こり姉妹染色分体間の解離を進める一方で，セントロメアでは起こらず，コヒーシンが後期の開始まで残ることが知られている．セントロメアにおけるコヒージョンの維持には，セントロメアにはシュゴシン（Sgo1）とよばれる分子が必須の役割を担っていると考えられている．実際に，Sgo1を欠如した細胞ではセントロメアのコヒージョンは腕部のそれと同様に消失し，姉妹染色分体が前中期で分離してしまう．セントロメアはSgo1によってホスファターゼのPP2Aがリクルートされているために，prophase pathwayの活性が及びにくいと考えられている[25)]．加えて，Sgo1とWaplがコヒーシンと競合的に結合することが見出され，Sgo1がコヒーシンの維持により直接的な役割を担っていることも示されている[26)]．

2）DNAカテネーションの解消について

姉妹DNAのカテネーションは複製の必然の産物である．つまり，DNA二本鎖の絡まり（二重らせん構造）に起因して，複製後に姉妹DNAにカテネーションが生じるとも，あるいは，複製フォークが二重らせんに従って回転しながら進行する結果，複製された姉妹DNAが絡まるとも言われている．これらのカテネー

ションは，トポイソメラーゼIIの，二本鎖DNAの一方の鎖を一時的に切断し他方のDNA鎖を通過させた後に再び切断点を結合する，という活性により，解消される．複製後の姉妹DNAはほぼ全長にわたって絡み合って結合しているであろうから，この酵素が適宜働き脱カテネーションを進めることがM期の染色体構築に必要であることが古くから知られている[27]．トポイソメラーゼIIが細胞周期のなかでどのような制御を受けているのか，明らかにすべきことが多く残るが，prophase pathwayとともに，姉妹染色分体の形成においてはその機能が不可欠であることは間違いない．

3）姉妹染色分体間のレゾリューションと染色体のコンパクション

分裂が中期にさしかかる頃になると，姉妹染色分体間に隙間ができ（これを染色体の「レゾリューション」とよぶ），コヒージョンの解消が進行していることが，光学顕微鏡レベルでもうかがえるようになる．レゾリューションがM期のいつから検出できるのか，姉妹DNAを別々の色で標識して調べた実験がある[28)29)]．長坂らは，染色体全体の容積のなかで色が重複しない部分の割合を測定することによって，姉妹染色分体が形成過程を調べたところ，姉妹染色分体の形成は核膜崩壊までにほぼ完了すること，その形成は染色体の凝縮（コンパクション）と相まって進行することを見出した（図4）．さらに，レゾリューションとコンパクションという一見相異なる過程には，コンデンシンIIとトポイソメラーゼIIの両者が必要であることがわかり，姉妹染色分体の形成過程においては，カテネーションの解消とDNAの折りたたみが密接に関連していることが示唆された（コンデンシンの働きについては第3章-2参照）[29)]．これまでにも，トポイソメラーゼIIとコンデンシンが共同でクロマチンに作用することが複数の実験から指摘されており[30)～32)]，2つの異なる活性を有する酵素がいかにして協調的に働くのか解明が待たれる．また長坂の実験では，トポイソメラーゼII阻害の効果は，prophase pathwayの阻害よりも顕著であったことから，コヒージョンはカテネーションに負うところが大きいと考えられる．

4）S期にできる姉妹染色分体の前駆体？

トポイソメラーゼIIとコンデンシンIIがともに，M期で姉妹染色分体の解離および凝縮（レゾリューション／

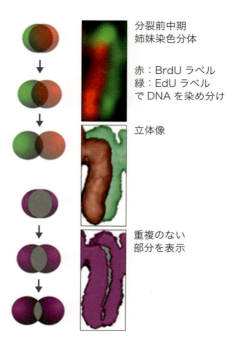

図4　レゾリューションを評価する方法
BrdU，EdUともにS期のDNA複製に伴ってDNAに取り込まれる．そこではじめのS期にEdU，次のS期にBrdUを細胞に取り込ませることで，染色体を別々にラベルした（右上）．左上は分裂期における染色分体の変化を模式図で示したもの．色が分かれていくのがわかる．右上の染色体の撮影像から立体像を構築し（右中），それをもとに色が重複していない部分（右下，紫）を測定することでレゾリューションを評価した．左下はレゾリューションの進行を模式図で示したもの．

コンパクション）を促進すると述べたが，これらの酵素は，すでにS期において複製された姉妹DNAにかかわっている．両酵素ともに，複製を経てDNAに作用することが，続くM期で姉妹染色分体を適切に形成するために必要であることが示されている[31)33)]．FISH法で標識した特定のゲノム領域は複製後は2点に見えるが，その間の距離はコンデンシンIIに依存して一定の距離を保っているという観察がなされている[33)]．さらに2018年，StanyteらはCRISPR/Cas9法を利用してGFPでゲノムを標識し，細胞周期を通じてそのふるまいを生細胞で観察したところ，やはり姉妹DNAは複製されて間もなく，相互に関連しつつも，距離にして300 nm以上も離れて存在していることがわかった[34)]．姉妹DNAが付かず離れずの関係に保っている

しくみの存在が示唆されるが，姉妹染色分体の前駆体として機能するような構造が，コンデンシン，トポイソメラーゼⅡ，そしてコヒーシンによって形づくられている可能性がある．

おわりに

SACの解除にはじまる姉妹染色分体の分離に至る経路，あるいはprophase pathwayは見つかってから久しく，それぞれにかかわる分子群が揃ったところで，個々の現象を説明しようと多彩なアプローチの研究が目下進行中である．もっとも，研究の焦点はコヒーシンに置かれたものが大半だが，DNAがその形を変換させていこうとするときにトポイソメラーゼの役割は大きく，素通りすることはできないのは自明である．しかし，カテネーションを直接観る術がいまのところないことが，その研究を難しくしている．最後に，姉妹染色分体の形成のための仕掛けが，S期にさかのぼるのであれば，真核細胞でも複製するや否や分配のプログラムがはじまると捉えられ，細胞周期のプロトタイプを原核細胞が示していると言えるのかもしれない．

文献

1) Uchida K & Hirota T：Spindle Assembly Checkpoint: Its Control and Aberration.「DNA Replication, Recombination, and Repair」(Hanaoka F & Sugasawa K, eds)，pp429-447, Springer, 2016
2) Kops GJ & Shah JV：Chromosoma, 121：509-525, 2012
3) Hiruma Y, et al：Science, 348：1264-1267, 2015
4) Foley EA & Kapoor TM：Nat Rev Mol Cell Biol, 14：25-37, 2013
5) Uchida KS, et al：J Cell Biol, 184：383-390, 2009
6) Abe Y, et al：Dev Cell, 36：487-497, 2016
7) Clute P & Pines J：Nat Cell Biol, 1：82-87, 1999
8) Shindo N, et al：Dev Cell, 23：112-123, 2012
9) Konishi M, et al：Biomed Res, 39：75-85, 2018
10) Gerlich D, et al：Curr Biol, 16：333-344, 2006
11) Mora-Bermúdez F, et al：Nat Cell Biol, 9：822-831, 2007
12) Machín F, et al：J Cell Biol, 168：209-219, 2005
13) Chan KL, et al：EMBO J, 26：3397-3409, 2007
14) Biebricher A, et al：Mol Cell, 51：691-701, 2013
15) Haarhuis JH, et al：Curr Biol, 23：2071-2077, 2013
16) Baumann C, et al：Cell, 128：101-114, 2007
17) Nielsen CF, et al：Nat Commun, 6：8962, 2015
18) Hengeveld RC, et al：Dev Cell, 34：466-474, 2015
19) Waizenegger IC, et al：Cell, 103：399-410, 2000
20) Haarhuis JH, et al：Dev Cell, 31：7-18, 2014
21) Chan KL, et al：Cell, 150：961-974, 2012
22) Nishiyama T, et al：Cell, 143：737-749, 2010
23) Nishiyama T, et al：Proc Natl Acad Sci U S A, 110：13404-13409, 2013
24) Hauf S, et al：PLoS Biol, 3：e69, 2005
25) Liu H, et al：Nat Cell Biol, 15：40-49, 2013
26) Hara K, et al：Nat Struct Mol Biol, 21：864-870, 2014
27) Uemura T, et al：Cell, 50：917-925, 1987
28) Liang Z, et al：Cell, 161：1124-1137, 2015
29) Nagasaka K, et al：Nat Cell Biol, 18：692-699, 2016
30) Bhat MA, et al：Cell, 87：1103-1114, 1996
31) Cuvier O & Hirano T：J Cell Biol, 160：645-655, 2003
32) Baxter J, et al：Science, 331：1328-1332, 2011
33) Ono T, et al：J Cell Biol, 200：429-441, 2013
34) Stanyte R, et al：J Cell Biol, 217：1985-2004, 2018

＜筆頭著者プロフィール＞
内田和彦：2003年，山口大学理工学研究科博士課程修了．理学博士．'07年よりがん研究所実験病理部（広田研）にてポスドク．自らが発見した動原体ストレッチングを中心に染色体動態の研究を行う．細胞や細胞内部で起こる運動に興味をもっている．形態の観察から出発して，意義も意味も「全く不明なもの」を見つけて，そのしくみと重要性を解き明かしていきたい．

第4章 染色体はどのようにして次世代に継承されるのか？

1. 減数分裂における相同染色体のペアリング

平岡　泰

> 減数分裂は有性生殖を行う真核生物にとってゲノムを子孫に継承するための普遍的で重要なプロセスである．その特徴は，父母に由来する互いに相同な染色体の対合・組換えと還元分配であり，染色体数が半減することから減数分裂とよばれる．このような染色体の挙動は，酵母から高等動植物まで真核生物に普遍的にみられる．相同染色体が組換えを起こすためには，相同染色体が互いに見つけて接近し，相同なDNA配列を並列させることが必要である．このようなペアリングを実現するためのしくみとして，核膜や細胞骨格，減数分裂コヒーシン，非コードRNAが関与することがわかってきた．

はじめに

ヒトなどの2倍体の体細胞は，父母に由来する互いに相同な染色体をもつ．この2倍体の体細胞から，卵子や精子のような1倍体の配偶子をつくる特殊な細胞分裂が，減数分裂である．体細胞分裂では，相同染色体は互いに独立に挙動し，DNA複製により生じた姉妹染色分体が2つの細胞に均等に分配されることによって，染色体数とその遺伝的構成は維持される．それに対して減数分裂では，体細胞分裂と異なり，1回のDNA複製に続き，2回の染色体分配が起こることによって染色体数を半分にする．これが「減数」分裂と言われるゆえんである．この過程では，相同染色体が互いに対合（ペアリング）し，組換えが起こる．これによって父母とは遺伝的に少しずつ異なる染色体がつくられ，有性生殖により子孫に継承される．本稿では，組換えに先がけて起こる相同染色体のペアリングに着目し，そのしくみについて紹介する．

1 減数分裂に特有の染色体の挙動

減数分裂の特徴は，父母に由来する互いに相同な染色体の対合・組換えと還元分配である．減数分裂に特有の染色体の挙動を図1に示す．この過程で，染色体分配に先がけて，相同染色体が互いに対合（ペアリング）し，組換えが起こる．減数分裂において，1回目の染色体分配（減数第一分裂）では，対合・組換えした相同染色体が分離し，染色体数が半減する（還元分配，reductional segregation）．2回目の分配（減数第二分裂）は，体細胞分裂と同様で，DNA複製により生じた姉妹染色分体が分離する（均等分配，equational segregation）．相同染色体の還元分配と姉妹染色分体の均等分配は，減数分裂に特有の姉妹染色分体のキネトコア構造と姉妹染色分体を接着させているコヒーシンの分解制御によって実現される[1]．このような染色体分離のしくみについては，第4章-2～4に詳述されている（図1とその説明を参照）．ここで重要なのは，

Pairing of homologous chromosomes in meiosis
Yasushi Hiraoka：Graduate School of Frontier Biosciences, Osaka University（大阪大学大学院生命機能研究科）

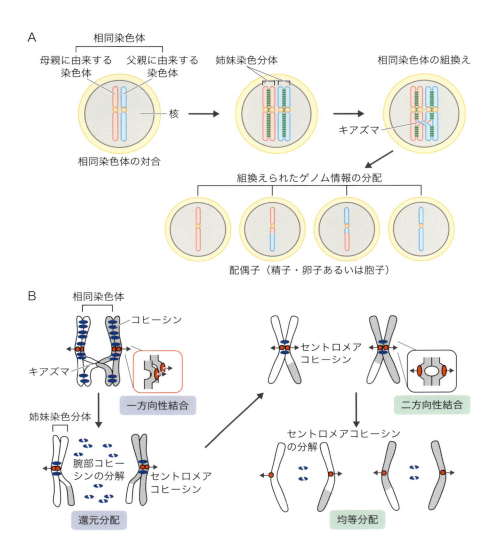

図1 減数分裂に特有の染色体の挙動

A) 父母に由来する相同染色体がペアリングし，複製により姉妹染色分体が生じる．相同染色体間で組換えが起こり，2回の染色体分配により，1倍体の配偶子がつくられる．B) 減数第一分裂では，姉妹染色分体のキネトコアが同じスピンドル極を向き，同方向からのスピンドル微小管と結合する（monopolar attachment，一方向性結合）．相同染色体は組換え部位につくられたキアズマで接着されており，互いに反対方向に分離し，還元分配が起こる．減数第二分裂では，姉妹染色分体のキネトコアは互いに反対側のスピンドル極を向き，反対方向からのスピンドル微小管と結合（bipolar attachment，二方向性結合）し，均等分配が起こる．コヒーシンは，減数第一分裂に先がけて，まず染色体腕部で分解され，組換えを生じた相同染色体を還元分配するが，セントロメア近傍での姉妹染色分体の接着は維持される．減数第二分裂では，セントロメア近傍に残ったコヒーシンも分解され，姉妹染色分体を均等分配する．

相同染色体間の組換えは，遺伝的多様性を生むだけでなく，還元分配を正常に行うために必要であるということである．組換えによってつくられるキアズマとよばれる構造が相同染色体を物理的に連結し，これによりスピンドルの両極からの微小管接着が保証されることで，還元分配を正常に行うことができるのである（図1B）．組換えが起こらないと，相同染色体の両極への分配が不均等になることがある．その結果，配偶子において染色体の数の異常が生じる．これが，ヒトにおいては流産やダウン症などの原因となる．したがって，

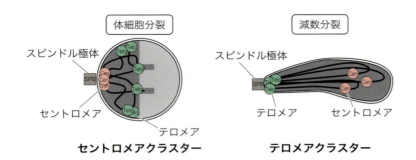

図2 体細胞分裂期と減数分裂期の染色体核内配置
体細胞分裂から減数分裂への移行に伴い，セントロメアがSPB（スピンドル極体）に集まったセントロメアクラスター（左）から，テロメアがSPBに集まったテロメアクラスター（右）へと劇的に変化する．

相同染色体のペアリングとその結果として生じる組換えは，減数分裂を正常に行い，ゲノムを子孫に継承するために重要な生命現象である．

2 減数分裂における染色体ペアリングの分子基盤

1）テロメアクラスターによるペアリングの促進

　一般に体細胞では，相同染色体は細胞核内で互いに離れた配置をとる．互いに離れていた相同染色体が減数分裂期にペアリングするためには，染色体が細胞核内でかなり大きな運動をすることが必要になる．この過程で相同染色体のペアリングに先がけて，テロメア（telomere）が束ねられる現象（テロメアクラスター）が起こる．この現象は，昆虫やクモ，ユリなど，さまざまな生物で1世紀以上にわたってくり返し発見され報告されてきたが，その生物学的意義や分子基盤が不明であったことからくり返し忘れられてきた[2]．この減数分裂でのテロメアクラスターは，1994年に分裂酵母で再発見され[3]，その後，マウスやヒト，トウモロコシ，出芽酵母など，多くの生物で発見され，意義や分子基盤が明らかになってきた[4) 5)]．その結果，今では，真核生物に普遍的な現象と考えられている．

　分裂酵母は減数分裂期のテロメアクラスターが顕著であり，その生物学的意義や分子基盤の解明に大きく貢献してきたので，まず分裂酵母での結果を中心に述べる．分裂酵母では，**図2**に示すように，増殖期にはセントロメアがスピンドル極体（spindle pole body：SPB）の位置で束ねられたセントロメアクラスターの配置をとるのに対して，減数分裂に進行するとテロメアがSPBに束ねられたテロメアクラスターの配置をとるようになる[3]．テロメアクラスターの形成には，テロメアと核膜タンパク質との相互作用および核膜タンパク質と細胞骨格との相互作用が重要な役割を担うことがわかった．

　テロメアと核膜タンパク質の相互作用にかかわり，テロメアクラスターに必要なタンパク質として，まずBqt1・Bqt2タンパク質が発見された[6]．Bqt1・Bqt2タンパク質は減数分裂期特異的に発現し，テロメアに集積する．テロメア上のBqt1・Bqt2タンパク質複合体は，核内膜タンパク質Sad1に結合し，Sad1は核外膜タンパク質Kms1と複合体を形成する．Kms1は細胞質側で微小管上のダイニンモーターと結合する．この核膜タンパク質と細胞骨格との相互作用により，テロメアが核膜越しに細胞質モーターとつながり，染色体の運動が駆動できるようになる（**図3A**）[6)〜8)]．これら一群のタンパク質が協調してテロメアをクラスターさせるしくみはアニメーションにまとめてある（www.youtube.com/watch?v=-dGcRI58Y9U を参照）[7]．

　分裂酵母のSad1・Kms1複合体は，酵母からヒトまで保存されたSUN-KASHファミリータンパク質であり，LINC（linker of nucleoskeleton and cytoskeleton）複合体ともよばれる[9]．SUN-KASHタンパク質複合体と相互作用して染色体運動を担う細胞質モーター・細胞骨格として，分裂酵母や線虫・高等動植物ではダイニン・微小管が用いられるが，出芽酵母ではアクチンが用いられる[5) 7) 8) 10) 11)]．テロメアの駆動に使われる細胞骨格に違いはあるが，SUN-KASH

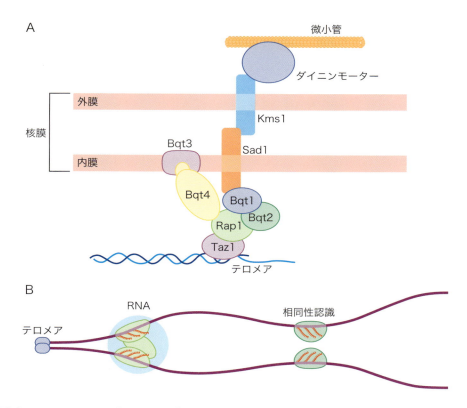

図3 分裂酵母のテロメアを駆動するタンパク質群
A）テロメアに結合するタンパク質Taz1・Rap1に，減数分裂特異的に発現するBqt1・Bqt2複合体が結合し，Bqt1がSad1に結合する．Sad1とSUN-KASHタンパク質複合体をつくるKms1がダイニンと結合し，微小管を介してテロメアをクラスターさせる．B）染色体の特定の領域に蓄積したRNAが相同染色体の識別を行う．

タンパク質複合体を介した基本的な分子基盤は保存されている[5) 7) 8) 10) 11)]．テロメアタンパク質やSUN-KASHタンパク質複合体など，テロメアクラスタリングにかかわる一群のタンパク質が欠損すると，相同染色体のペアリングに支障が出ることも多くの生物で確認されている[5) 7) 8) 10) 11)]．このことから，テロメアがクラスターすることで染色体を整列させ，相同染色体のペアリングを助けることが，普遍的なしくみとして考えられている．

2）染色体運動によるペアリングの促進

分裂酵母では，テロメアクラスタリングに引き続き，核全体が細胞内を往復運動するのが観察される[3) 7)]．SPBを先頭にダイニンモーターを駆動力として細胞質微小管を介して運動する[7) 12) 13)]．分裂酵母では，テロメアクラスタリングや核運動の欠損により，相同組換えの頻度が低下することから，テロメアクラスタリングと核運動が相同染色体のペアリングに寄与することがわかる．

核全体の往復運動は分裂酵母でしか確認されておらず，出芽酵母や高等動植物では，核全体の往復運動の代わりに，テロメアクラスターを中心に核が小刻みに振動し染色体を撹拌するのが観察される[5) 10)]．分裂酵母にみられる核の往復運動や他の生物種にみられる撹拌運動は，染色体を揺動させることで相同染色体が出会うチャンスを増やすとともに，相同染色体間に入り込んだ非相同な染色体を追い出すことで，相同染色体のペアリングを助けていると考えられている[10)]．

テロメアクラスタリングや染色体運動を担うSUN-KASHタンパク質の欠損が相同染色体のペアリングに影響することが分裂酵母をはじめ出芽酵母や高等動植物でも確認され，テロメアクラスタリングや染色体運動がペアリングに貢献することが種を越えて普遍的に

示された[5)7)8)10)11)]．SUN-KASH複合体（LINC複合体）と細胞骨格の相互作用は，発生過程の形態形成や細胞極性の維持などにおいて，細胞核と細胞骨格を連動させる普遍的な役割をもつことがわかっている[9)]．

3）減数分裂コヒーシンとシナプトネマ複合体の関与

染色体はコヒーシン複合体を軸とするクロマチン高次構造を形成する．コヒーシンは酵母から高等動植物まで高度に保存されており，体細胞分裂においては姉妹染色分体の接着を担い，均等分配を保証する．体細胞分裂から減数分裂に移行すると，コヒーシン複合体は体細胞型から減数分裂型に置き換わる．減数分裂コヒーシン複合体がつくるクロマチンの軸構造は，姉妹染色分体の接着に働くだけでなく，相同染色体の接着に必要である．コヒーシン軸によって接着された相同染色体の間には，シナプトネマ複合体（synaptonemal complex）とよばれる構造が形成される．従来，シナプトネマ複合体は相同染色体の間に形成されることから対合と組換えに必要なものと考えられたが，シナプトネマ複合体をつくらない分裂酵母のような生物でも，相同染色体の組換えは起こる．また出芽酵母でも，シナプトネマ複合体を欠損する変異体でも相同染色体の組換えは起こるので，必要でないことがわかる[5)]．一方，減数分裂コヒーシンが相同染色体のペアリングに必要であることは，出芽酵母，分裂酵母，線虫，ショウジョウバエや高等動植物など多くの生物で確認されており，減数分裂コヒーシンがつくるクロマチン軸はペアリングに必須の構造である[14)15)]．

現在では，シナプトネマ複合体は，組換えに必要なのではなく，むしろ組換え干渉（crossover interference）とよばれる組換えの抑制に働くと考えられている[2)]．組換え干渉とは，組換えが起こるとその近傍では組換えが起こらないように抑制される現象である．組換えは正常な還元分配のために染色体あたり最低1カ所は必要であるが，DNA二重鎖切断を伴うため，本来は避けたい危険な作業であり，相同組換えを必要最小限に抑えるしくみとして組換え干渉がある．相同組換えは，酵母などでは比較的多く，染色体あたり数10カ所で起こるが，哺乳類では数カ所に抑制されている[5)]．線虫では組換え干渉が厳密に制御され，相同組換えが染色体あたり必ず1カ所で起こり1カ所しか起こらない．このため，組換え干渉のしくみは線虫でよく研究されており，最近の研究成果により，シナプトネマ複合体が組換え干渉に重要な役割を果たすことが明らかになった．シナプトネマ複合体は電子顕微鏡で堅牢な構造に見えるため，従来，安定な構造と思われてきたが，じつは液晶のような構造であり，2つの状態を一瞬で変換できるダイナミックな構造であることが示された．1カ所で組換えが起こると染色体の全長にわたって相転移が起こり，組換えが起こらない状態に変換する[16)]．

4）相同染色体の識別

テロメアクラスターやテロメア運動が相同染色体のペアリングを助けることはわかったが，染色体がどのように数ある染色体のなかから相同なパートナーを見つけるかが重要な課題である．そのしくみの1つとして，染色体の特定領域に蓄積する非コードRNAやタンパク質複合体が関与することがわかってきた．

分裂酵母では，染色体の特定の遺伝子（sme2遺伝子）から転写された非コードRNA（sme2 RNA）が染色体上のsme2遺伝子領域に蓄積し，相同染色体対合を促進することが示された（**図3B**）[17)]．また，一対の相同染色体の両方のsme2領域に非コードRNAが蓄積することが相同染色体対合の促進に必要であり，蓄積にはpoly A付加が必要であることがわかった[18)]．最近では，sme2遺伝子領域の他にも非コードRNAが蓄積する領域が見つかり，普遍的なしくみにつながると期待されている（未発表）．それぞれの染色体の特定領域に特有な非コードRNAが蓄積することによって，互いに相同なパートナーを認識することができる．

線虫においては，テロメアの代わりに，染色体上のペアリングセンターが相同染色体の認識と対合を担うことが示されている[11)]．各染色体の特定の領域にペアリングセンターが1つずつあり，各ペアリングセンターに4種類のzinc fingerタンパク質（HIM-8，ZIM-1，ZIM-2，ZIM-3）のうち特定の1つが結合する（**図4A**）[19)]．ZIM-2とHIM-8はそれぞれ固有の染色体を識別する．ZIM-1とZIM-3は2種類の染色体に結合するため，これらを識別する別のしくみが必要だが，まだわかっていない．これらのzinc fingerタンパク質は，さらに核内膜のSUNタンパク質に結合し，核外膜のKASHタンパク質が細胞質側でダイニンモーターと結合する．分裂酵母の場合と同様に，ダイニン・微小管

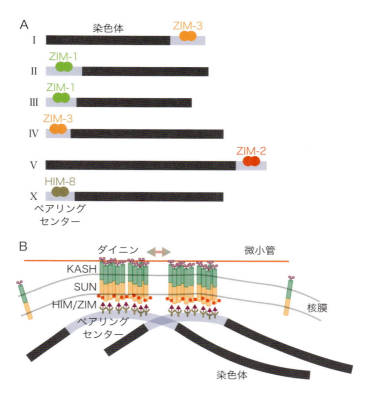

図4 線虫のペアリングセンターを駆動するタンパク質群
A）6本の染色体それぞれに1カ所のペアリングセンターがあり，そこに4種類のzinc fingerタンパク質のうち特定の1つが結合する．B）ペアリングセンターに結合したzinc fingerタンパク質がSUN-KASHタンパク質複合体に結合し，ダイニン・微小管系の細胞骨格によりペアリングさせる．

系が，SUN-KASHタンパク質複合体を介して核膜越しに，相同染色体のペアリングを駆動する（**図4B**）[20]．テロメアとペアリングセンターの違いはあるが，線虫においても，SUN-KASHタンパク質を介した染色体運動がペアリングに貢献することが示された[8) 11]．このしくみは，zinc fingerタンパク質が，ペアリングセンターとの結合により相同染色体の識別を行うと同時に，SUN-KASHタンパク質との結合により，相同染色体のペアリングを駆動できる（線虫のペアリングについては第4章-2参照）．

おわりに

減数分裂における染色体の挙動は，真核生物の種の存続と多様性の獲得にきわめて重要な問題であり，生物学的に最重要課題の1つである．減数分裂の過程は，相同染色体のペアリングだけ見ても，生物種によって多様な手段がみられる．例えば，分裂酵母では核が往復運動するが，その他の多くの生物では，核は大きく動かずテロメア周辺での撹拌運動がみられる．核全体の往復運動は分裂酵母でしか確認されておらず，シナプトネマ複合体をつくらないことを補っているのかもしれない．使われる細胞骨格は微小管であったりアクチンであったりするが，LINC複合体を駆動する点においてゴールは同じである．染色体とLINC複合体を連結するタンパク質群も種によってさまざまである．一見，異なる手法でも同じゴールに到達するというのは，ゲノムを子孫に継承するという結果が残せれば，どのような手段も正当化されるのであろう．今後は，多様な現象を比較しながら，その背後にある普遍的な真実を見極めていくことが重要である．

非コードRNAが相同染色体の対合に関与する例は，

まだ分裂酵母の他には知られていない．しかし，染色体上のRNAが染色体機能にどのようにかかわるかについては，DNAとRNAの相互作用の意義を考えるうえで，注目すべき課題である．一般に，細胞核内には多くのRNAボディーがあり，非コードRNAがその種になっていると言われている．RNAボディーは膜に囲まれていないのに核質と分離した構造を形成する．最近では，このような現象の物理化学的な基盤として，RNAの液相分離（liquid phase separation）が言われるようになってきた（相分離については第2章-6参照）[21)22)]．このような背景から，染色体上に蓄積した非コードRNAが液相を形成し，液相が融合することで相同染色体が相互認識するという可能性も考えられ，今後の研究が待たれるところである．

文献

1) 作野剛士，渡邊嘉典：12章 減数分裂期染色体構造とダイナミクス．「染色体と細胞核のダイナミクス」（平岡 泰，原口徳子/編），化学同人，2013
2) Schreiner A & Schreiner K：Arch Biol, 21：183-314, 1906
3) Chikashige Y, et al：Science, 264：270-273, 1994
4) Scherthan H：Nat Rev Mol Cell Biol, 2：621-627, 2001
5) Zickler D & Kleckner N：Semin Cell Dev Biol, 54：135-148, 2016
6) Chikashige Y, et al：Cell, 125：59-69, 2006
7) Chikashige Y, et al：Chromosoma, 116：497-505, 2007
8) Hiraoka Y & Dernburg AF：Dev Cell, 17：598-605, 2009
9) Bone CR & Starr DA：J Cell Sci, 129：1951-1961, 2016
10) Koszul R & Kleckner N：Trends Cell Biol, 19：716-724, 2009
11) Rog O & Dernburg AF：Curr Opin Cell Biol, 25：349-356, 2013
12) Ding DQ, et al：J Cell Sci, 111 (Pt 6)：701-712, 1998
13) Yamamoto A, et al：J Cell Biol, 145：1233-1249, 1999
14) Ding DQ, et al：Curr Genet, 62：499-502, 2016
15) Mehta GD, et al：FEBS Lett, 587：2299-2312, 2013
16) Rog O, et al：Elife, 6：pii: e21455, 2017
17) Ding DQ, et al：Science, 336：732-736, 2012
18) Ding DQ, et al：Chromosome Res, 21：665-672, 2013
19) Phillips CM & Dernburg AF：Dev Cell, 11：817-829, 2006
20) Sato A, et al：Cell, 139：907-919, 2009
21) Staněk D & Fox AH：Curr Opin Cell Biol, 46：94-101, 2017
22) Polymenidou M：Science, 360：859-860, 2018

<著者プロフィール>
平岡　泰：1985年，京都大学大学院理学研究科生物物理学専攻博士課程修了（理学博士）．'85年から'91年までカリフォルニア大学サンフランシスコ校研究員．'91年から郵政省通信総合研究所（現 国立研究開発法人情報通信研究機構）グループリーダーを経て，2007年から大阪大学大学院生命機能研究科教授．

第4章 染色体はどのようにして次世代に継承されるのか？

2. 線虫・ショウジョウバエの減数分裂における染色体分離
—染色体の出会いと別れのダイナミクス

Peter M. Carlton, 佐藤-カールトン 綾

減数分裂において染色体が正確に分配されるためには，前期にダイナミックな染色体の動きと構造変化が起こることが重要である．前期に，染色体が核内を動き回って相同なパートナーを探し出し，パートナーと物理的な接着をつくることで，減数第一・第二分裂の2段階に分けて染色体を分離することが可能になる．これまで線虫とショウジョウバエを用いた研究により，多細胞生物における減数分裂前期の染色体ダイナミクスを制御する分子基盤の多くが明らかになってきた．この稿では，この2つのモデル生物から解明された減数分裂の分子基盤を紹介し，加えて残された未解決の問題と，それに対する将来の展望について述べたい．

はじめに

　減数分裂は，有性生殖生物が，二倍体の前駆細胞から一倍体の配偶子を生み出す細胞分裂である．減数分裂では，まず，DNA複製によってできた2本の姉妹染色体分体が，さらに相同染色体と対になることで，4本の染色体分体が接着した構造をとり，これを2回連続して分離することで，最終的に1本ずつの染色分体に分離する．減数第一分裂では，対になった相同染色体同士が分離され，それぞれ娘細胞に受け継がれることで，染色体数が半数化される．減数第二分裂では，姉妹染色体分体が分離されることで，最終的に一倍体の染色体分体が配偶子に含まれる．減数分裂の染色体分離におけるエラーは，異常数の染色体を含む配偶子を生み出し，不妊問題や子孫の先天的発生異常につながる．さまざまなモデル生物と比較したとき，ヒトの減数分裂は，格段にエラー率が高いことが知られており，減数分裂の分子メカニズム理解は，ヒトの生殖問題に貢献することが期待される．

1 減数分裂研究のモデル生物としての線虫・ショウジョウバエ

　簡便な培養細胞の系が存在しない減数分裂研究の分野では，遺伝学的解析が容易なモデル生物として，線虫 *C. elegans* とショウジョウバエ *D. melanogaster* が

[略語]
CRISPR : clustered regularly interspaced short palindromic repeats
LINC : linker of nucleoskeleton and cytoskeleton
PC : pairing center
TALENs : transcription activator-like effector nucleases

Meiotic chromosome segregation in worms and flies
Peter M. Carlton/Aya Sato-Carlton：Laboratory of Chromosome Function and Inheritance, Graduate School of Biostudies, Kyoto University（京都大学大学院生命科学研究科染色体継承機能学分野）

重宝されてきた．ショウジョウバエは，1世紀以上もの間，減数分裂研究に使用されてきた歴史があり，線虫はこの数十年間で，減数分裂研究における主要なモデル生物として多用されている．特に，線虫の生殖細胞は，減数分裂の時系列を反映するように生殖腺内に並んでいるため，1個体の生殖腺を切り出して観察するだけで，減数分裂の進行順に，順序よく数百個並んだ生殖細胞を解析できるという利便性がある．以下の項では，まず，減数分裂前期における染色体ダイナミクスについて概説した後，線虫・ショウジョウバエから明らかになった減数分裂の分子メカニズム，そして「二倍体前駆細胞から一倍体の配偶子を生み出す」という目的を達成するために，進化が生み出した多様なイノベーションについて解説したい．加えて，減数分裂研究における主要な未解明の謎と，将来の方向性についても以下に述べたい．

2 染色体分離に必要な舞台をセットアップする減数分裂前期：別れるために，まずはくっつく

　体細胞分裂・減数分裂にかかわらず，すべての染色体分配において，染色体は，まず分離される相手と接着されなければならない．これは分離する二方向に向けて，染色体同士を配置（orient）する際に，接着が必要だからである．体細胞分裂では，姉妹染色体分体がコヒーシンにより接着されるが，減数分裂では，姉妹染色体分体の接着に加えて，相同染色体同士も，分離の前提条件として接着されなければならない．DNA複製によって物理的に並列している姉妹染色体分体とは対照的に，相同染色体同士は，核内でバラバラに局在しているため，減数分裂前期，相同染色体は，①核内を動きまわって相同なパートナーを探し，②互いの相同性を認識し，③対になる（染色体間にタンパク質の架橋がつくられ，さらに交叉が形成される），というダイナミックなプロセスを経ることで，安定的に接着される．以下に，各プロセスを詳説する．

1）相同なパートナー探し

　第一に，各相同染色体の組合わせが核内で出会い，ペアになるためには，染色体が動き回る必要がある．減数分裂前期，核膜構造はまだ維持されており，この染色体の「動き」には，細胞骨格とモータータンパク質の駆動力が働いている．ほとんどのモデル生物において，LINC複合体とよばれる核膜タンパク質の複合体が，核膜を貫通して，内側で染色体と，外側で細胞骨格タンパク質と結合することにより，染色体にモータータンパク質の駆動力を伝えている[1]．減数分裂前期の開始とともに，染色体がモータータンパク質の力を利用して，核内を動き回ることで，染色体同士の出会いを効率化すると考えられている（**図1**）（相同染色体のペアリングについては第4章-1も参照）．

2）相同性の認識

　次に，接触した相同染色体の間には，シナプトネマ複合体タンパク質が重合することで，染色体同士が架橋される．このプロセスはシナプシス（synapsis）とよばれる．シナプシスによる染色体の接着は，相同染色体同士（例：母方第一染色体と父方第一染色体）に限定して起こり，非相同染色体間（例：母方第一染色体と父方第三染色体）で間違ってシナプシスが起こらないように厳密に制御されている．このとき，染色体がどのように互いの相同性・非相同性を区別して，シナプシスを相同染色体同士に限定するのか？　という謎は，1世紀以上もの間，減数分裂分野の主要な課題であった．現在，さまざまなモデル生物において，この相同性認識のメカニズムには，ⅰ）相同組換え依存型と，ⅱ）非依存型の大きく分けて2種類があることが知られている[2]．

ⅰ）相同組換え依存型

　マウス，出芽酵母，分裂酵母を含む多くのモデル生物では，DNA二重鎖切断からはじまる相同組換えによりDNA配列の相同性が検出されると考えられる．減数分裂前期，生殖細胞は，エンドヌクレアーゼSpo11を発現することによってDNA二重鎖切断をつくり，切断されたDNA鎖が，相同組換えによってDNA鎖侵入[※1]（DNA strand invasion）を起こす際の塩基対形成（base pairing）によって，DNA配列の相同性が認

※1　DNA鎖侵入

一本鎖DNAと組換えタンパク質から構成される複合体が，相同な配列をもつ相補鎖DNA配列を探索し，相同配列をもつDNA二重鎖に侵入して，もともと塩基対形成していたDNA鎖のうちの一本を押しのけることで，侵入した一本鎖が新たに塩基対形成をする過程．

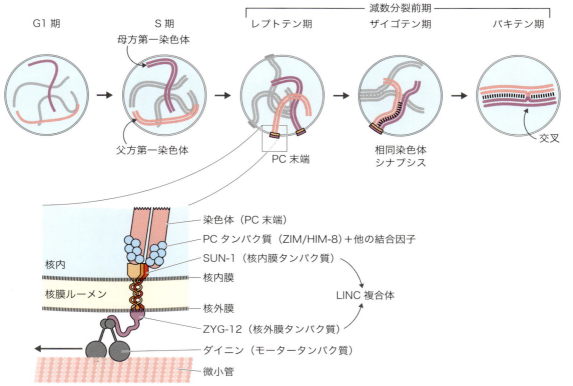

図1　線虫における減数分裂前期の染色体ダイナミクス
染色体は，S期に複製された後，減数分裂前期に入ると，染色体末端が核膜に結合し，核外のモータータンパク質の駆動力を受けて核内を動き回ることで，相同なパートナーと対になる．線虫の場合，この核内と核外の連結は，SUN-1，ZYG-12核膜タンパク質で構成されるLINC複合体によって仲介され，染色体の片端（PC領域）が，微小管モータータンパク質ダイニンに連結され，ダイニンに引っ張られることで，染色体が核内を動き回る．染色体の相同性が認識されるとPCを開始点として，シナプトネマ複合体タンパク質が相同染色体間に重合し，染色体間を架橋する．

識されていると考えられている．

ⅱ）相同組換え非依存型

　線虫やショウジョウバエを含む多くの生物における染色体の相同性認識は，DNA二重鎖切断からはじまる相同組換えに全く依存しないことが知られている．これは，線虫もしくはショウジョウバエのSpo11欠損株においても，相同染色体が完璧にペアになり，シナプシスを達成するという観察結果による．それでは，線虫やショウジョウバエは，相同組換えによる塩基対形成なしに，どのように染色体の相同性を認識しているのか？　という謎については，**3**に述べる．

3）安定的に対になる

　相同染色体がシナプシスによって安定的に架橋されると，DNA二重鎖切断より開始される相同組換え中間体のいくつかが，交叉形成型の組換えとして処理され，母方・父方相同染色体がつなぎ変えられることにより交叉が形成される．ほとんどの生物種において，この交叉こそが，相同染色体を分離するために必須の物理的な接着構造（キアズマ，chiasma）をつくる．興味深い例外として，ショウジョウバエ雄における全染色体，および雌の第4染色体は，交叉ではなく，ヘテロクロマチン同士の集合に依存する染色体の"絡まり（entanglement）"による相同染色体の接着を行うこと

が知られている[3]．

　交叉が形成される際，交叉干渉（crossover interference）という興味深い現象がみられることが知られている．これは，交叉がいったん染色体上に形成されると，それが同染色体上の近い位置に，2つ目の交叉が形成されるのを阻止するという現象である．すなわち，1つ目の交叉から，何らかの情報が染色体軸上を伝播し，2つ目の交叉形成を阻止していると考えられるが，この，染色体上をシスに伝播する干渉の実体には謎が多い．線虫では，交叉干渉が非常に強く，各相同染色体ペアにつき，交叉は必ず1つのみ形成される（他のモデル生物では，各染色体ペアについて2～3個の交叉が，染色体上の離れた位置に形成されることが多い）．線虫において，交叉干渉が強いのは，後述する通り，線虫における染色体分離に，交叉干渉が重要であるからだと考えられる．

　以上のような染色体のダイナミクスにより，最終的に相同染色体が接着され，減数第一分裂の前提条件が整う．

3 相同染色体の相同性認識のメカニズム：線虫における pairing center の発見

　前項で，線虫とショウジョウバエの生殖細胞では，相同組換えによる塩基対形成に依存せず，染色体の相同性が認識されると述べた．相同組換えに代わる，相同性認識メカニズムの一端として線虫で発見されたのが，PC（pairing center）とよばれるゲノム領域である．PCは，各染色体の片方の末端付近に存在し，シスに，相同染色体のペアリングとシナプシスを促進するゲノム領域である（**図1**）．PCの実体は，各染色体ごとに少しずつ配列が異なる12 bpモチーフの数百～数千のリピート配列であり，このモチーフに，PCタンパク質（HIM-8，ZIM-1，-2，-3）とよばれるzinc fingerファミリータンパク質が結合することで，相同性認識を促進する[4]．PCの配列と，そこに結合するPCタンパク質は，それぞれ担当する染色体が決まっており，HIM-8タンパク質はX染色体のPCに，ZIM-2タンパク質は，第5番染色体PCに結合する．興味深いことに，第2と3番染色体は同じPC配列をもっており，

ZIM-1タンパク質が，両染色体のPCへ結合する．第1と4番染色体についても同様で，両染色体間でPC配列が共有されており，ZIM-3タンパク質が両染色体のPCへ結合することがわかっている．すなわち，6対の染色体（常染色体5対＋性染色体1対）のペアリングを，4種類のPC配列／PC結合タンパク質が担っている．6対の染色体を，6種類のPCが制御する方が，一見，メカニズムとしては明快に思われるが，実際には，4種類のPCで制御しているところが生物のおもしろさである．

　PCタンパク質の役割の1つは，染色体と核膜タンパク質LINC複合体の相互作用を仲介することだと考えられている．染色体末端のPC配列に結合したPCタンパク質は，Poloキナーゼ（PLK-2）の局在を誘導し，さらにPoloキナーゼが，前述の核膜タンパク質LINC複合体のSUN-1タンパク質をリン酸化することで，染色体の動きとシナプシスを促進する[5]．現在のところ，PCとLINC複合体が，シナプシスを相同染色体間のみに限定している分子メカニズムには謎が多く残されている．特に，PC配列を共有する第2・3番染色体および第1・4番染色体が，どのように相同性を見分けているのかは未知であり，PCに加えて，別の因子が相同性認識に必須であると考えられる．これまでの研究より，LINC複合体は，もともとシナプシスの開始を抑制する役割を果たしており，PCがLINC複合体と相互作用する結果，この抑制を克服することで，シナプシスを開始させるというメカニズムの存在が示唆されている[6]．PCを保有するしないにかかわらず，減数分裂前期における，核膜タンパク質を介した染色体と細胞骨格の相互作用は非常に高度に保存されており，酵母やマウスなどにおいては，テロメアとテロメア関連タンパク質が，LINC複合体に結合することにより，細胞骨格モータータンパク質の駆動力が染色体を動かすこと，そしてこの動きが相同染色体が対になる過程を促進すると考えられている（テロメアクラスターによるペアリングについては**第4章-1参照**）[7]．

　ショウジョウバエは，唾液腺の多糸染色体（polytene chromosome）に代表されるように，体細胞においても，相同染色体が対になって存在することが知られている．ショウジョウバエにおける染色体相同性認識の分子メカニズムには未知の点が多いが，少なくとも，減

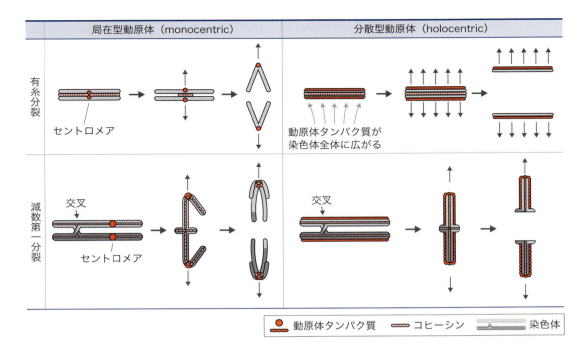

図2 局在型と分散型動原体染色体のふるまい
左：局在型動原体をもつ染色体は，一点に限定された動原体において双極のスピンドルに引っ張られることで，染色体が分離される．減数第一分裂では，セントロメアにおけるコヒーシン接着は守られており，第一分裂後期に染色体腕からコヒーシンを取り除くことで相同染色体を分離する．右：分散型動原体をもつ染色体では，動原体タンパク質が染色体全体に広がる．減数第一分裂では，交叉の位置によって決められる短腕からコヒーシンが取り除かれ，長腕でコヒーシンが守られることで，相同染色体を分離する．

数分裂前期におけるXY染色体同士の接着にはPCが重要であることが知られている．ショウジョウバエのPCの実体は，性染色体上のrDNA（リボソームRNA遺伝子）内にある240 bpのリピート配列であり，SNM，MNMタンパク質が結合し，染色体のペアリングを促進することが知られている[8]．線虫のPCが減数分裂前期のペアリングに必須なのに対して，ショウジョウバエのPCは，減数第一分裂の直前に，XY染色体の接着を維持するために重要であり，減数分裂前期の前半にみられるXYペアリングの確立には必須ではない．

まとめると，相同組換えに非依存的な染色体のペアリングについては，その分子メカニズムはいまだ未解明の点が多く，その解明は，当研究分野の重要な課題の1つである．

4 減数第一・第二分裂のメカニズム：分散型セントロメア生物の場合

ショウジョウバエを含む多くの生物が，各染色体につき1カ所にセントロメアが限定されている局在型動原体（monocentric）をもつのに対し，線虫は，染色体全体を包むようにキネトコアが形成されるという分散型動原体（holocentric）染色体構造をもつ．この分散型動原体染色体構造は，複数の生物系統で独立して進化したと考えられており，800種類以上の植物や非脊椎動物が分散型動原体染色体をもつことが知られている[9]．そして，この分散型動原体構造の登場とともに，減数分裂における染色体分離のしくみも変化する必要があったと思われる．そもそも，減数第一，第二分裂とは，第一と第二で2つの染色体領域に分けて，染色体分体を接着するコヒーシンを分解することで達成される．局在型動原体染色体をもつ生物は，この

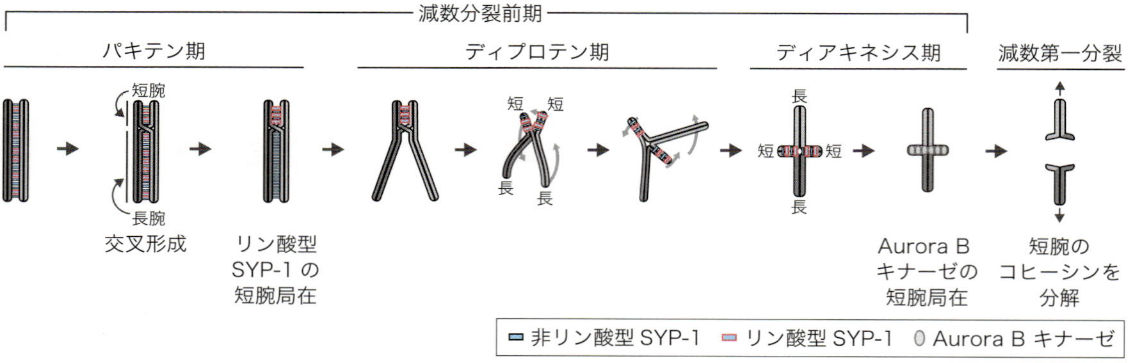

図3　線虫における短腕・長腕の確立
減数分裂前期，染色体対につき1カ所，末端付近につくられる交叉を起点として，短腕と長腕に染色体ドメインが分けられる．前期パキテン期，相同染色体間に重合するシナプトネマ複合体上では，リン酸型SYP-1が染色体全長に分布している．交叉形成とともに，リン酸型SYP-1は，全長から短腕に局在を変え，長腕には非リン酸型のSYP-1のみが残る．次のディプロテン期では，シナプトネマ複合体が分解されることで，相同染色体のペアは，交叉を中心とした十字架型をとる．次のディアキネシス期では，分離に向けて，染色体が凝縮し，SYP-1タンパク質が短腕から除去されるとほぼ同時にAurora Bキナーゼが短腕に現れ，このキナーゼが短腕におけるコヒーシン分解を誘導する．

2領域を，染色体腕（第一分裂におけるコヒーシン分離箇所）とセントロメア（第二分裂におけるコヒーシン分離箇所）に分けることで，2段階の分離を実現している．減数第一分裂の間，セントロメアにはShugoshinタンパク質が局在することにより，コヒーシンを分解から守っている[10]．一方，分散型動原体生物は，染色体全体がセントロメア様に働くため，新規に，この2領域を定義し直す必要があった（**図2**）．

近年の研究より，線虫では，この2段階のコヒーシン分解は，交叉の位置によって決められる「染色体の短腕」と「長腕」の2領域に分けて行われることが明らかになった．**3**において，線虫の相同染色体ペアには交叉が必ず（複数個ではなく）1つだけ形成されると述べたが，加えて，この交叉は染色体の末端付近により高頻度で形成されることが知られている．この1カ所に形成された交叉から見て，テロメアに近い方の染色体腕が「短腕」，遠い方の腕が「長腕」とよばれ，減数第一分裂では，短腕のコヒーシンが分解され，第二分裂では長腕のコヒーシンが分解されることで，減数分裂を実現している（**図3**）．このシステムの興味深い点は，生殖細胞ごとに任意の箇所に形成される交叉に対して，染色体腕のどちらが短く，どちらが長いか？という"長さ情報"が毎回検出され，それに従って，第一分裂前にコヒーシン分解の誘導因子（Aurora Bキナーゼ）を短腕に集積し，コヒーシンを守る因子を長腕に集積させる分子メカニズムが存在するということである．では，細胞は，どのように染色体の長さの違いを検出しているのだろうか？

最近，この短腕と長腕のドメイン化には，シナプトネマ複合体タンパク質とその相互作用因子がかかわっていることが明らかになった．減数分裂前期の生殖細胞において交叉の中間体ができるとほぼ同時に，シナプトネマ複合体タンパク質のSYP-1とSYP-4のうち，リン酸化修飾を受けたSYP-1，SYP-4だけが短腕に局在する[11][12]．SYP-1については，生殖細胞が減数分裂前期に入るとともに，リン酸型（SYP-1 Thr452-phos）がシナプトネマ複合体全長（染色体の軸全長）に分布しているが，交叉が形成されはじめると，リン酸型が長腕を離れて短腕にのみ局在し，長腕には非リン酸型のみが局在するという非対称性を示すことがわかった[12]．短腕に集積したリン酸型SYP-1は，リン酸化部位がPoloキナーゼ（PLK-2）の結合ドメインになっており，Poloキナーゼを短腕に誘導することで，さらに下流の因子を短腕に誘導することから，SYP-1リン酸化制御が，短腕・長腕ドメイン化の鍵となることが示唆された．リン酸型SYP-1に加えて，RING fingerタンパク質ZHP-1，ZHP-2も，交叉形成後，短腕にのみ局在することが明らかになり，ZHPを介する経路と，SYP-1を介する経路が協調して短腕のアイデンティティを確立する可能性が示唆された[13]．リン酸型SYP-1やZHP-1，-2が，交叉形成後に染色体軸全体から短腕へと局在を変化させる分子メカニズムは未解明の問題として残されている．

5 今後の課題と展望

この項では，前述で述べた主要な未解決の問題に対して，どのような新規アプローチが必要，または有効か，という展望を述べたい．まず，線虫において減数分裂前期に染色体が相同性を認識する分子メカニズムについては，従来の遺伝学的・生化学的手法による新規因子の探索に加えて，相同染色体が対になる全過程を長時間ライブイメージングで解析する技術が重要だと考えられる．蛍光標識付きTALENsもしくはCas9:RNA複合体などを利用し，複数の染色体をラベリングすることで，相同染色体と非相同染色体が，モータータンパク質の駆動力を利用して，核内でどのような頻度（frequency）と長さ（duration）で接触し，解離しているのか？ 相同な染色体同士と，非相同な染色体同士が接触する場合では，そのキネティックスはどう違うのか？ などの問いにアプローチすることが可能であろう（染色体の可視化技術については第1章-6参照）．

また，線虫染色体の短腕・長腕を決める「長さ検出のメカニズム」は現在のところ全く謎である．1つの仮説として，短腕・長腕がもつ物理的制約とフィードバック作用により，短・長腕の非対称性が誘導される可能性がある．すなわち，交叉を起点とする何らかの情報（翻訳後修飾，タンパク質など）が，シナプトネマ複合体上を，両方の染色体末端に向けて拡散し，それが末端までの距離が近い側（すなわち短腕）において，より速く末端に到達する，もしくは蓄積することが引き金になり，何らかのフィードバック作用が開始されて短腕特異的，長腕特異的に特定因子が局在するというモデルである．近年，SYP-1などのシナプトネマ複合体構成因子は，染色体に対してダイナミックに結合・解離をしていることが明らかになり，加えて，シナプトネマ複合体は，核内でliquid-liquid phase separation（相分離※2）区画としての性質をもつことも明らかになった[14]．短腕・長腕確立のダイナミクスにアプローチする手法としては，短腕・長腕特異的に局在する因子を光変換型蛍光（photoconvertible）タンパク質で標識し，生細胞において1分子イメージングで追跡するような手法が有効であると考えられる．また，前述のような仮説に基づいた数理モデルを構築し，実際の観察結果と比較することも有効だと考えられる．

ショウジョウバエにおける減数分裂においては，どのようにヘテロクロマチン依存的な相同染色体の接着が起こるのかという謎が残されている．減数第一分裂のprometaphase，metaphaseにおいて染色体が微小管に引っ張られる際，どのようなヘテロクロマチン同士の絡まりが，相同染色体間の接着を維持しているのであろうか？ 近年，ヘテロクロマチンの集合は相分離によって形成されることが明らかになった[15]．相分離した区画としてのヘテロクロマチンへの生物物理学的アプローチから，区画内の染色体トポロジーについて新たな理論が生まれる可能性は十分に考えられる（ヘテロクロマチンについては第1章-2を，相分離については第2章-6参照）．

おわりに

減数分裂を実現する分子メカニズムは，一見，生物種によって大きく異なるように見えるかもしれないが，減数分裂の最終目的「相同染色体の分配による染色体数の半減」は，生物種にかかわらず同じである．例えば，分散型動原体生物である線虫の短腕・長腕のシステムは，局在型動原体生物のセントロメアを使った染色体分離メカニズムと，一見異なるように見える．しかしながら，染色体を2領域に分けて，それぞれにおいてコヒーシンを分解することで，第一・第二分裂の二段階で染色体を分離するという基本的な枠組みは全

> ※2　相分離
> 2つ以上の物質が混ざるとき，その化学的性質の違いより，物質が各成分に分離する現象（例：水と油の混合系）．細胞内で膜構造をもたずして区画化される集合体構造（ヘテロクロマチン，P顆粒など）の形成の原理となると考えられている．

く同じである．今後，線虫やショウジョウバエなど多様なモデル生物を用いた減数分裂研究は，染色体のダイナミックな構造変化，核内における相分離の例としてのヘテロクロマチン相互作用や，シナプトネマ複合体の理解など，減数分裂の分子基盤解明にとどまらず，染色体バイオロジーに普遍的な知見に貢献することが期待される．

文献

1) Hiraoka Y & Dernburg AF：Dev Cell, 17：598-605, 2009
2) Zickler D & Kleckner N：Cold Spring Harb Perspect Biol, 7：pii: a016626, 2015
3) Hughes SE & Hawley RS：PLoS Genet, 10：e1004650, 2014
4) Phillips CM, et al：Nat Cell Biol, 11：934-942, 2009
5) Jaspersen SL & Hawley RS：Dev Cell, 21：805-806, 2011
6) Sato A, et al：Cell, 139：907-919, 2009
7) Burke B：Curr Opin Cell Biol, 52：22-29, 2018
8) Thomas SE & McKee BD：Genetics, 177：785-799, 2007
9) Dernburg AF：J Cell Biol, 153：F33-F38, 2001
10) Kitajima TS, et al：Nature, 441：46-52, 2006
11) Nadarajan S, et al：Elife, 6：pii: e23437, 2017
12) Sato-Carlton A, et al：J Cell Biol, 217：555-570, 2018
13) Zhang L, et al：Elife, 7：pii: e30789, 2018
14) Rog O, et al：Elife, 6：pii: e21455, 2017
15) Strom AR, et al：Nature, 547：241-245, 2017

＜筆頭著者プロフィール＞
Peter M. Carlton：University of California, Berkeley校卒業（Ph.D.），博士研究員（UC Berkeley校，A. F. Dernburg研究室），スペシャリスト（UC San Francisco校，J. Sedat研究室）を経て，2010年京都大学物質―細胞統合システム拠点（WPI-iCeMS）独立助教として研究室を立ち上げ，'17年京都大学生命科学研究科独立准教授に就任．'18年より同校放射線生物研究センターと併任．

第4章　染色体はどのようにして次世代に継承されるのか？

3. 哺乳類卵母細胞における染色体分配
―細胞の特異性に対する染色体分配の恒常性と破綻を理解する

北島智也

細胞は多様かつ変化に富むものでありながら，分裂の際には染色体分配という共通のイベントを達成する．卵母細胞は減数分裂を経て卵子となる細胞であり，その性質や経時変化は特徴的であり長期間にわたる．本稿では，哺乳類卵母細胞における染色体分配の機構を紹介しながら，細胞の特徴や老化などの変化が染色体分配に与える影響について考察したい．それを通し，染色体分配の恒常性と破綻を理解するために解くべき今後の課題をあげていきたい．

はじめに

　細胞分裂における染色体分配の機構は，さまざまなモデル生物やアプローチを駆使した研究から多くのことが明らかになってきた．これらの研究が見出した機構は，あらゆる細胞が共通して使う機構と，細胞によって使い分けられる機構に分類される．あらゆる細胞が共通して使う機構は染色体分配の根本的な機構であり，その研究が細胞機能の根源的な理解をもたらすのは疑いがない．一方で，細胞によって使い分けられる機構は細胞の多様性に応じた機構であり，その研究は生物を多細胞システムとして俯瞰したときの生命機能の理解に貢献するだろう．われわれの体にある細胞は，その形やサイズだけを見ても驚くべき多様性に満ちており，一方でそれらが分裂する際には染色体分配という共通のイベントを達成する．そこにはその細胞に最適化された染色体分配のロジックがあり，それを実行するためには，その細胞に特異的な機構，あるいは共通に用意された機構の細胞特異的な使い分けが存在するのだろう．また，多細胞システムは動的であり，それが変化を求められる際にはそれを構成する細胞も対応を求められる．例えば老化という個体レベルの変化が与えられたとしても，細胞は柔軟に対応して，あるいは強固に抵抗して，染色体分配を達成しようとするだろう．もしそれが破綻すれば，それは疾患に結びつく．

　細胞の特異性と染色体分配の機構の関連を理解しようとしたとき，哺乳類卵母細胞は最適な研究モデルの1つと言える．本稿では，特にマウスとヒトの卵母細胞における染色体分配の機構を紹介しながら，未解決の問題を探っていきたい．それらの答えは，われわれの体をなす細胞が多様に性質を変えながら，人生を通して生命活動を支えるしくみを理解することにつながっていくだろう．

[略語]
MTOC：microtubule organizing center（微小管重合中心）
RNAi：RNA interference（RNA干渉）

Chromosome segregation in mammalian oocytes
Tomoya S. Kitajima：RIKEN Center for Biosystems Dynamics Research（BDR）（理化学研究所生命機能科学研究センター染色体分配研究チーム）

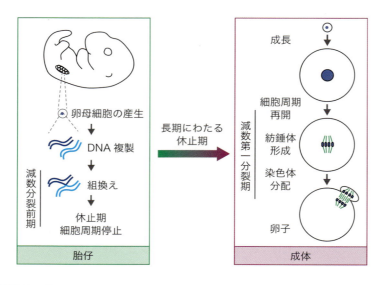

図1　哺乳類卵母細胞の一生
哺乳類の卵母細胞は胎仔期に産生される．卵母細胞はDNAを複製した後，減数分裂前期に入り，相同染色体間の組換えを行う．その後，休止期に入り細胞周期を停止させる．個体が出生して成体となると，定期的に一部の卵母細胞が成長する．成長した卵母細胞は細胞周期を再開させると，減数第一分裂期に入り紡錘体を形成する．紡錘体は卵子と極体に染色体を分配する．卵子は排卵されて減数第二分裂中期で停止し受精を待つ．

1 哺乳類における卵母細胞の一生

　まず，卵母細胞が産生されてから卵子となるまでの過程の概要（**図1**）を紹介することで，他の細胞とは異なる点をあげていきたい．卵母細胞は胎仔の中で産生され，DNA合成期に染色体が複製されて姉妹染色分体ペアとなる．次に減数分裂前期に入ると，相同染色体がペアリングして組換えを起こし，相同染色体間に物理的つながりが生まれる．組換えが完了した卵母細胞は休止期へ入り，細胞周期は停止する．これらの過程は胎仔の中でのみ起こり，出生した後には起こらない．細胞周期を停止したまま定期的に一部の卵母細胞が成長期へと入り，マウスでは直径約80 μm，ヒトでは約130 μmという巨大な細胞へと成長する．これらは成体において排卵時に細胞周期を再開し，減数第一分裂期へと進行する．これに伴い核膜は崩壊し，微小管重合が活性化して紡錘体が形成される．卵母細胞は中心小体をもたないため，非中心体性の紡錘体となる．第一分裂後期には相同染色体ペアが分離し，一方の染色体はほとんどの細胞質を受け継ぐ卵子へ，もう一方はごく小さい極体へと分配される．続いて細胞周期は減数第二分裂へと進行し，非中心体性の紡錘体が形成して中期で停止し，精子の受精を待つ[1]．

　以上が卵母細胞の「一生」であり，特徴的なイベントや性質にあふれた魅惑的な細胞であると言える．多くの特徴は染色体分配と深くかかわると考えられるが，スペースの都合上，本稿では2つのみの特徴─①非中心体性の細胞であること，②長期の細胞周期の停止を経る細胞であること─をあげ，その染色体分配とのかかわりについての知見を紹介するとともに，今後の課題をあげていきたい．

2 非中心体性の紡錘体の形成

　染色体分配を行う細胞内装置が，微小管を主要な構成因子とする紡錘体である．動物の体細胞は中心体を有しており，分裂期においてはこれらがほとんどの微小管を重合して紡錘体の二極となる．したがって，体細胞において中心体は紡錘体の二極性を既定する構造体であると言える．ところが，卵母細胞はこのような中心体を有していない．中心体をもたない細胞が，どのように二極性の紡錘体を形成するのだろうか？

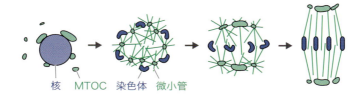

図2 マウス卵母細胞の減数第一分裂における紡錘体形成
細胞周期を再開させた卵母細胞では，核の周りおよび細胞質に多数のMTOCが散らばっている．減数第一分裂期に入り核膜が崩壊すると，MTOCは微小管を重合して球形の紡錘体を形成する．紡錘体に散らばったMTOCは徐々に反対方向へと移動し，紡錘体の二極へ集合していく．紡錘体はこれらのMTOC局在が示す軸に沿って伸長し，MTOCが両極に集合したラグビーボール状の二極性紡錘体となる．

1）カエル卵子抽出液（減数第二分裂中期）による研究からの知見

非中心体性の紡錘体形成を理解するための研究において主導的なアプローチの1つとなったのは，カエル卵子抽出液を用いた紡錘体の *in vitro* 再構成系である．この抽出液にDNAコートしたビーズを加えると，ビーズがクロマチン化してRanGTP経路を活性化することで微小管重合を促す[2]．微小管はモーターを含む作用因子とともに自己集合して，二極性の紡錘体が形成される．このことは，微小管と作用因子の自己集合が二極性紡錘体の形成に十分であることを明確に示している．ただし，この実験系が減数第二分裂中期という，受精まで長時間にわたって紡錘体構造が維持される特別な細胞周期状態を用いた *in vitro* 系であることは留意したい．つまり，この系から得られた知見の多くは非中心体性の細胞に一般に適用できると考えられるが，「生きた」卵母細胞において，しかも中期停止を伴わない減数第一分裂の紡錘体形成には，未知の機構が潜んでいる可能性は十分考えられる．

2）マウス卵母細胞の減数第一分裂における紡錘体形成

哺乳類卵母細胞における減数第一分裂の紡錘体形成の動態（図2）は，マウス卵母細胞を共焦点顕微鏡でライブイメージングすることで明らかになりはじめた[3]〜[5]．まず，核膜崩壊とともに，多数の微小管重合中心（MTOC）が染色体をとり囲むように配置される．染色体で活性化されたRanGTP経路がMTOCからの微小管重合を促し，多数の極からなる球形の紡錘体を形成する．その後，数時間をかけてMTOCの配置がしだいに二極へと収束していき，紡錘体はMTOCが示す軸に沿って伸長してラグビーボール状の二極性紡錘体となる．したがって，マウス卵母細胞ではMTOCがあたかも中心体の代わりに働き，紡錘体の二極を定義するように見受けられる．しかしながら，MTOCの二極性の局在が紡錘体の二極を決めるのか，それは紡錘体が二極性を獲得した結果なのかは明らかではない．

3）ヒト卵母細胞の減数第一分裂における紡錘体形成

最近のヒト卵母細胞における減数第一分裂のライブイメージングの結果は，哺乳類卵母細胞におけるMTOCを中心とした紡錘体形成の考え方に一石を投じた[6]．ヒト卵母細胞では，マウス卵母細胞でみられるようなMTOCが観察されないのである．核膜崩壊後には多数の極をもつ球形の紡錘体が形成され，それがやがて二極性の紡錘体へと変形していくものの，その極にはMTOCは確認されない．微小管重合のほとんどはRanGTPに依存して染色体上で起こる．したがって，ヒト卵母細胞における減数第一分裂の紡錘体形成は，カエル卵子抽出液における紡錘体形成に似ているようにも見える．

4）哺乳類卵母細胞の減数第一分裂における紡錘体形成の統一的な理解に向けて

以上の結果は，哺乳類の卵母細胞における非中心体性の紡錘体形成を理解するにあたっていくつかの重要な点を指摘している．1つ目の重要な点は，紡錘体形成の重要なプロセスのうち，微小管重合の活性化については，染色体による主にRanGTPシグナルを介した分子経路に重要な役割がありそうという点である．この染色体を土台としたシグナル経路が存在することで，大きな細胞質をもつ卵母細胞が染色体の周りにのみ紡錘体を形成するしくみを説明できる．2つ目の重要な点は，紡錘体形成に重要なもう1つのプロセスである

紡錘体の二極化については，統一的な理解を得るには至っていないということである．もし統一的な答えがあるとすれば，それはヒト卵母細胞にはないMTOC依存的な機構ではなく，むしろ微小管の自己集合による紡錘体の二極化を助ける機構であるように考えられる．微小管の自己集合による紡錘体の二極化とはどのように起こるのか？　鍵となるのはあらゆる方向を向いた微小管を反対方向にソーティングしていく機構であり，それは紡錘体の中央部，すなわち染色体周辺で集積するべきものであるように考えられる．そのような活性を有する分子として最もよく知られているのがキネシンKif11である[7]．Kif11はアンチパラレル微小管を架橋してマイナス端を反対方向に押し出すモーターであり，紡錘体の二極化に必要であることがわかっている[3]．しかしながら，Kif11の局在は染色体周辺よりもむしろ紡錘体の極周辺により集積しており，二極化の最初の鍵となるソーティング分子は染色体周辺に存在するという想定とは一致しない．染色体近傍に存在し，かつ紡錘体の二極化の開始に必要な微小管制御因子は，いまだ同定されていない．そのような分子の同定と，それによる微小管ソーティング機構の解明が，卵母細胞の減数第一分裂における非中心体性の紡錘体形成に統一的な理解を与えるためには必要であろう．

3 老化

卵母細胞では母体の老化とともに染色体分配エラーの頻度が上昇する．卵母細胞が他の細胞と比べて老化の影響を受けやすい理由の1つは，卵母細胞が長い休眠期間を経てから染色体分配を行う細胞であるからと考えられる．前述したとおり，卵母細胞は産生されてからDNA合成期を経て細胞周期停止を伴う休止期に入るまでの過程が胎仔で起こり，出生した個体ではこれらのイベントは起こらない．それ以降の卵母細胞では排卵の前まで細胞周期が停止した状態が続く．すなわち，ヒトであれば30歳で排卵される卵子となる卵母細胞は30年間の細胞周期停止状態を経ているのであり，この細胞周期停止期間は老化とともに長くなる．

1）コヒーシン仮説

では，細胞周期停止期間が長くなると，なぜ染色体分配エラーの頻度が上昇するのだろうか．現在最も重要な仮説と考えられているのが，コヒーシン仮説である（図3）．コヒーシンは姉妹染色分体間の接着を担うタンパク質複合体であり，減数分裂においては相同染色体間をつなぐキアズマを支持する役割も担う．これらの働きは，正しい染色体分配に必須である．重要な点は，コヒーシンはDNA複製とカップルして姉妹染色分体間の接着を確立するということである[8]．卵母細胞ではDNA合成期は胎仔でのみ起こるので，コヒーシンが接着を確立するのも基本的にはこのときしかないと考えられる．個体が出生するころに卵母細胞は休止期へと入り細胞周期を停止させ，次に細胞周期を再開して減数第一分裂期へ進行するのは排卵の時期となる．このきわめて長期にわたる細胞周期停止の間，染色体接着に関与するコヒーシン複合体の入れ替わりは起こらない．つまり，30歳で排卵される卵子となる卵母細胞は，30年前に染色体接着を確立したコヒーシン複合体に依存した染色体分配を行う．年齢とともに細胞周期停止期間が長くなるので，その間にコヒーシン複合体が減少していき，染色体分配エラーが起こりやすくなる．

2）コヒーシン仮説を支持する証拠

以上の仮説は，さまざまな実験により証拠が与えられはじめている．マウス胎仔の卵母細胞においてコヒーシン遺伝子をDNA複製直後にノックアウトし，大人になった後の卵母細胞で染色体上のコヒーシンの量を調べると，ノックアウトの影響はほぼみられない．また，タグ付けしたコヒーシンをDNA複製後に発現させても，それが染色体接着に寄与する様子はみられない．一方で，DNA複製前にノックアウト，あるいは発現させた場合には，それぞれ染色体接着に影響がみられる[9]．これらのことは，DNA複製後には染色体接着に寄与するコヒーシンの入れ替わりはほとんど起こっていないことを示している．自然老化させたマウスの卵母細胞を調べると，染色体上のコヒーシンの量は若い卵母細胞よりも顕著に減少している[10,11]．老化した卵母細胞をライブイメージングすると，減数第一分裂中期において1つから2つの染色体が早期分離し，後期にこれらが誤って分配される様子が観察される．老化マウスの卵母細胞で観察される染色体分配エラーの約8割が染色体の早期分離を経て起こる[12]．これらの実験結果はどれも，老化したマウス卵母細胞における

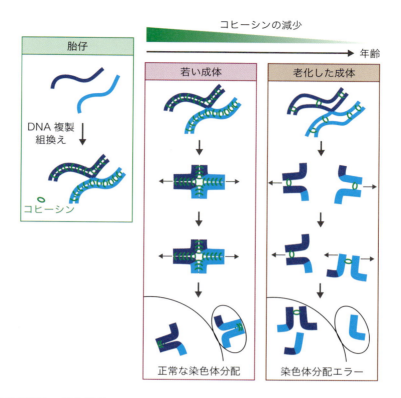

図3　老化に伴う卵母細胞の染色体分配エラーを説明するコヒーシン仮説
卵母細胞はDNA複製および組換えが胎仔でのみ起こるため，染色体接着因子コヒーシンによる染色体接着はこれらのときに確立する．個体が出生した後には，コヒーシンによる染色体接着は起こらないため，染色体接着を担うコヒーシンは徐々に減少していく．若い成体においてはコヒーシンによる染色体接着は十分残存しているため，正しいタイミングでコヒーシンによる接着が解除されることで，卵子に染色体が正しく分配される．ところが，老化した成体においてはコヒーシンによる染色体接着が減弱しており，染色体は早期に分離してしまう．すると染色体分配のタイミングではさらなる染色体分離が起こり，卵子に誤った数の染色体が分配される．

染色体分配エラーの主要な原因は，老化依存的に長くなる細胞周期停止期間におけるコヒーシンの減少にあることを支持している．

3）ヒト卵母細胞における老化

では，ヒトにおいてはどうか．ヒト卵母細胞においても，年齢とともに染色体接着に異常がみられる頻度が上昇する[12)13)]．コヒーシンの減少については，明確さではマウスから得られたデータには及ばないものの，ヒト卵母細胞でも減少している傾向を示すデータが提出されている[14)]．したがって，ヒト卵母細胞においても老化依存的な染色体接着の減少が染色体分配エラーの原因の1つであることは間違いないだろう．ただし，ヒト卵母細胞における染色体分配エラーの原因は，マウスにおけるそれよりも複合的な要因かもしれない．

この考えと一致して，ヒトの卵母細胞は若いときにも多くのエラーを示し，ライブイメージングからは染色体の早期分離のみならず，紡錘体の異常が原因と考えられるエラーが多く観察されている[6)]．なぜマウスよりもヒトの方がエラーを起こしやすいのかは全く理解されていない．マウスとヒトの間での老化速度の違い，細胞に内在する性質の違いなど，今後理解が進展することを期待したい生物学における大きな問題の1つだろう．

4）老化研究モデルとしての卵母細胞

もう1つ興味が尽きない問題は，コヒーシン仮説が示唆する，コヒーシン複合体の超長期安定性である．卵母細胞では老化とともにコヒーシンが減少するとはいえ，残ったコヒーシンに着目すれば，これらはマウ

スでは数カ月に及ぶ長期間（ヒトでは数十年）の間，染色体接着を維持し続けるほどのきわめて安定なタンパク質複合体である．生化学的視点からはほとんどありえそうもない現象であるが，それが卵母細胞に起きているとすれば，それを支持する機構とはどのようなものなのだろうか．この問題は染色体生物学のみならず老化研究の視点からも興味深く，卵母細胞は老化を分子的に理解するための研究モデルを提示している．

おわりに

本稿では述べなかったが，卵母細胞の特徴の多くが染色体分配の機構に影響している．減数分裂を行うこと，減数第一分裂と第二分裂がDNA複製なしに連続で起こること，極体放出という非対称分裂を行うこと，細胞質サイズが大きいこと，などである．これらについては筆者の研究室の論文[15]〜[17]および総説[18]を参照されたい．マウス卵母細胞を用いた研究はライブイメージングが可能であることに加え，RNAiやTRIM-Awayという標的タンパク質除去法[19]も開発され，細胞生物学的アプローチが充実しつつある．CRISPR/Cas9によるノックアウトマウスの迅速化もあいまって，この系を用いて多くのことが今後明らかになっていくだろう．また，最近の研究はマウスとヒトの卵母細胞の違いを明確に示しており，マウス以外の哺乳類，多様なモデル生物における研究の重要性も見逃せない．さらに，卵母細胞の染色体分配を理解するためには，卵母細胞が産生されてから卵子となるまで，すなわち胎児から大人までの長期間にわたる過程を知る必要がある．われわれは卵母細胞の一生のなかで，アプローチが可能となったごく短い期間にあるプロセスを知ることができるようになったにすぎない．今後，卵母細胞の一生を再現できる *in vitro* 培養系[20]がさらに確立していけば，より多くのプロセスの細胞生物学的，分子生物学的な研究が可能になっていくだろう．

文献

1) Hassold T & Hunt P：Nat Rev Genet, 2：280-291, 2001
2) Heald R, et al：Nature, 382：420-425, 1996
3) Schuh M & Ellenberg J：Cell, 130：484-498, 2007
4) Dumont J, et al：J Cell Biol, 176：295-305, 2007
5) Kitajima TS, et al：Cell, 146：568-581, 2011
6) Holubcová Z, et al：Science, 348：1143-1147, 2015
7) Kapitein LC, et al：Nature, 435：114-118, 2005
8) Nasmyth K：Nat Cell Biol, 13：1170-1177, 2011
9) Burkhardt S, et al：Curr Biol, 26：678-685, 2016
10) Chiang T, et al：Curr Biol, 20：1522-1528, 2010
11) Lister LM, et al：Curr Biol, 20：1511-1521, 2010
12) Sakakibara Y, et al：Nat Commun, 6：7550, 2015
13) Zielinska AP, et al：Elife, 4：e11389, 2015
14) Tsutsumi M, et al：PLoS One, 9：e96710, 2014
15) Yoshida S, et al：Dev Cell, 33：589-602, 2015
16) Kyogoku H & Kitajima TS：Dev Cell, 41：287-298.e4, 2017
17) Ding Y, et al：Curr Biol, 28：1661-1669.e4, 2018
18) Kitajima TS：Dev Growth Differ, 60：33-43, 2018
19) Clift D, et al：Cell, 171：1692-1706.e18, 2017
20) Hikabe O, et al：Nature, 539：299-303, 2016

＜著者プロフィール＞
北島智也：東京大学大学院理学系研究科生物化学専攻出身．2006年理学博士．'07年よりドイツEMBLハイデルベルグ博士研究員．'12年より理研CDB（'18年よりBDRに再編）染色体分配研究チーム，チームリーダー．京都大学大学院生命科学研究科，大阪大学大学院理学研究科，招へい准教授．卵母細胞の染色体分配を手掛かりに，分子から個体まで，胎児から大人まで，コンセプトがシャープにつながる仕事をしてみたい．

第4章　染色体はどのようにして次世代に継承されるのか？

4. 哺乳類生殖系列における クロマチンリプログラミング

野老美紀子，山縣一夫，山口幸佑，岡田由紀

体細胞の染色体は細胞分裂のたびに正常に倍化し，ジェネティック・エピジェネティック情報が娘細胞に正確に分配されることで細胞増殖や成長を保障する．それに対し，生殖系列では減数分裂や配偶子形成，ゲノムワイドなリプログラミングなど，通常の体細胞分裂ではみられない特殊な染色体およびクロマチンの一大イベントが起きる．これらイベントは特異的なメカニズムによって制御されることが，微量解析技術やライブセルイメージングなどの進展に伴い徐々に明らかとなってきた．本稿ではそれらを概説しつつ，一部われわれの取り組みについても紹介する．

はじめに

　生殖細胞として高度に分化した精子と卵子は，受精によって分化全能性をもつ受精卵（胚）になる．つまり，最終分化細胞を瞬時に初期状態に変換するわけであるから，そこには非常にダイナミックな適応機構—リプログラミング—が働くことは想像に難くない．特にエピジェネティックな調節機構は，雌雄染色体のグローバルな構造変化から遺伝子転写調節まで，多岐にわたってこのイベントを支える基盤であると考えられる．以下，これまでに明らかにされてきた生殖系列におけるクロマチンについてエピゲノム調節機構の関与を中心に，精子形成過程，受精前後，初期卵割過程に分けて概説する．図1Aにそれら過程でみられる各種イベントをまとめた．

1 精子形成におけるクロマチン構造の変化

　17世紀後半の精原説では，精子の中にはすでにヒトの形をした小人が入っており，卵子は小人に栄養を与える入れ子であると考えられていた．この説は19世紀になって発生学の進展とともに否定されたものの，親からの遺伝情報が子に引き継がれるという観点ではい

[略語]
Dnmt：DNA methyltransferase
FRAP：fluorescence recovery after photobleaching
HIRA：histone cell cycle regulation defective homolog A
Tet：ten-eleven translocation
ZGA：zygotic gene activation

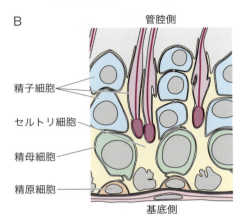

図1 マウス胚の着床前発生と精子形成
A）マウスの受精から胚盤胞期にみられる各種イベント．受精後の胚では精子のプロタミン-ヒストン置換やDNAの脱メチル化が起こり，その後胚性遺伝子の発現が開始する．受精により分化全能性を獲得するが，細胞分裂とともにそれは失われ，胚盤胞期になると内部細胞塊と栄養外胚葉へと分化する．
B）精細管断面の組織学的模式図．精巣は精細管とよばれる長い管腔構造からなり，外側が基底側，内側が管腔側である．生殖細胞は管腔内で層構造を形成する．最も未分化な精原細胞は基底側に位置し，分化に伴い管腔側に移動して，最終的に精子細胞が管腔内に泳出する．

まだ残存する思想ともいえる．しかし近年，精子から子に受け継がれるのが果たしてDNAだけなのかが議論されはじめた．（父）親の一過性の環境応答がエピゲノム変化を惹起し，精子を介して子孫に伝わるいわゆる「エピゲノム遺伝」現象が，数多く報告されはじめたからである．そしてその議論に明確な答えを与えるための基礎的知見が不十分であることが，現状の問題点ともいえる．

哺乳類の精子は，組織幹細胞である精子幹細胞を起点として，きわめて秩序だった時空間的制御のもとで産生されている（**図1B**）．出生後の精子形成過程は①精原細胞（spermatogonium）期（2倍体，体細胞分裂），②精母細胞（spermatocyte）期（4倍体，減数分裂），③精子細胞（spermatid）期（1倍体，核凝集）の3つの段階に大別され，それぞれが非常にダイナミックかつユニークな分化過程を辿る．特に受精に向けての最終イベントである③においては，ヒストンがクロマチン上から脱落し，プロタミン（protamine）に置換されるという，精子細胞に特有の現象が起こる．このヒストン-プロタミン置換は，精子の運動性獲得のみならず，DNAの物理的保護にも有効である．結果，成熟精子に残存するヒストンはわずか1％（マウス）〜10％（ヒト）と言われているが，その分子基盤はいまだ解明すべき点が多く残されている．

ヒストン除去の引き金として古くから提唱されているのは，ヒストンバリアントの存在とH4のアセチル化である（ヒストンバリアントと修飾については第1章-1，5も参照）．前者は，H2AL.2をはじめとする減数分裂後に特異的にクロマチンに組込まれるヒストンバリアントが，ヒストン-プロタミン置換に適切なクロマチン環境を提供することで，置換を促進するというものである（**図2**）[1]．実際H2AL.2欠損マウス精子

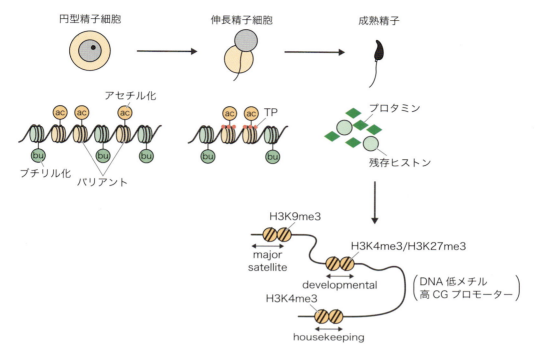

図2　精子形成過程におけるヒストン-プロタミン置換の模式図
ヒストン-プロタミン置換は減数分裂後の円型精子細胞期からはじまり，ヒストンアセチル化（ac），ブチリル化（bu），ヒストンバリアントの組込み，トランジションタンパク質（TP）の結合など，さまざまなエピジェネティックイベントが関与する．成熟精子でわずかに残存したヒストンは，その修飾形態に応じて特徴的なゲノム領域に残存する．

はクロマチン凝集不全のため不妊となる[1]．後者は長年，H4のN末端テールに存在する5, 8, 12, 16番目のリジン残基のアセチル化が注目されてきた．これらのアセチル化リジン残基が結合タンパク質BRDTやPA200によって認識されることで，ゲノムワイドなヒストン除去分解機構が惹起される[2〜4]．興味深いことに最近，これらのリジン残基にはブチリル化修飾も同時に起こり，アセチル化リジン結合タンパク質による認識から逃れることでその部分のヒストンが残存する可能性が報告された（**図2**）[5]．in vitroでは，アセチル化とブチリル化はいずれもp300によって触媒されることから，in vivoにおける両者のバランス機構の解明が注目される．

ヒストン除去と残存の決定機構については，前述の他にも複数の因子が複雑に絡み合った複合的かつ多段階反応の結果であると推察されるが，そもそもヒストンが精子ゲノムのどこに残存しているかは20年近い議論があり，その原因もまた，精子のユニークなクロマチン構造にある[6〜10]．プロタミンが90％以上を占める精子クロマチンは超音波破壊や酵素処理に耐性であり[7]，過度の可溶化処理が結果にバイアスを生じる可能性が示唆されていたが，かといって体細胞と同程度の可溶化処理では精子クロマチンは溶出（露出）しないことから，さまざまな実験手法における障壁となっていた．最近われわれは，プロタミン除去因子として知られるヌクレオプラスミンで精子を処理することで，その可溶性を劇的に向上させることに成功した[11]．さらにヌクレオプラスミン処理精子を各種実験に用いた結果，精子ヒストンはその修飾形態に応じて，特徴的なゲノム領域に残存することを明らかにした（**図2**）[11]．本研究でも先行研究と同様に，胚発生関連遺伝子の転写開始点における修飾ヒストンの有意な残存が確認されたことから，この精子ヒストンマークが果たして次世代の転写調節に影響を与えるか否かは，エピゲノム

遺伝の有無を検討するうえで本質的な問いの1つであろう．これは卵由来のヒストンについても同様であり，実際酵母・線虫・ショウジョウバエでは配偶子由来のヒストンマークが次世代に伝わり表現型となって表出する例が報告されている[12)～14)]．高等生物においても今後，分子レベルの解明が進むと期待される．

2 受精直後のクロマチン変換と雌雄前核形成

前述のように，配偶子由来のエピゲノム情報の遺伝が注目される昨今であるが，一方で「受精＝初期化」という従来の概念のとおり，配偶子，特に精子由来のエピゲノム情報は，受精後に大規模に改変されるのも事実である．受精によって卵子細胞質内に精子が侵入すると，精子核は数十分の間に脱凝集し，その間にプロタミンが取り除かれ，卵子内に蓄積していた母性由来ヒストンH3.3がHIRA（histone cell cycle regulation defective homolog A）によってDNA複製非依存的に取り込まれる[15)]．ヒストンH3のバリアントであるヒストンH3.3は転写活性な遺伝子領域のマーカーとして知られており，受精後の雄性前核形成だけでなく，雌性前核よりも雄性で早期にみられる胚性遺伝子の活性化（zygotic gene activation：ZGA[※1]，詳細は後述）や胚盤胞期までの発生にも影響することが明らかになっている[16) 17)]．一方，雌性クロマチンでは受精直後にヒストンH3.3が急速に取り除かれ[18)]，主要型（canonical）ヒストンを含むヌクレオソームとなり，前核形成後に再度ヒストンH3.3が取り込まれる[19) 20)]．受精後に起こるこれらのヒストンの取り込みの違いが，この後に説明する雄雌クロマチンの非対称性を生む[19) 21)]．

受精後の雌雄クロマチンは，それぞれの周囲が核膜で覆われることにより雄性前核および雌性前核を形成する．この時期，雌雄前核内で独立してDNA複製やエピジェネティック修飾の変化がある．雌雄クロマチンにみられる非対称性を示す例として，DNAメチル化がある．卵子および精子DNAは高度にメチル化されている．受精により精子DNAはTet（ten-eleven translocation）ファミリータンパク質のTet3が5-メチルシトシンを酸化し，5-ヒドロキシメチルシトシンに変換することで，急速かつグローバルに脱メチル化される[22)]．雌性クロマチンでは，始原生殖細胞，卵母細胞および初期胚に特異的に発現するPGC7がヒストンH3K9me2を認識することにより，雌性クロマチンと結合することでTet3による能動的な5-メチルシトシンの酸化から保護されていると報告されている[23)]．これにより，雌雄前核のグローバルなDNAメチル化状態に非対称性が生じる．その後DNAの複製がはじまると，娘鎖DNAが合成されるが，受精卵ではDNAメチル基の維持に働くDNAメチル基転移酵素（DNA methyltransferase：Dnmt）の1つであるDmnt1oが2細胞期から8細胞期まで細胞質に局在するためDNAメチル化状態が維持されず，細胞分裂のたびにメチル化DNAは希釈され，徐々にDNAメチル化状態は低下する[24) 25)]．その他の雌雄クロマチンに起こる非対称なエピジェネティック修飾については，佐々木，松居による総説に詳しい[26)]．

3 初期卵割過程における胚性遺伝子活性化と未分化性

受精後，それまで完全に不活性であった遺伝子発現が開始する．これをZGAといい，時期は種によって異なる[27)]．マウスでは1細胞期後期から少量の胚性転写物の発現（minor ZGA）が起こり，その後2細胞期から大規模な胚性遺伝子発現（major ZGA）が起こる．minor ZGAは雄性前核において雌性前核よりも数時間早く起こることが明らかになっている[28)]．これは雄性前核において転写活性のマーカーであるヒストンH3.3やH3K27のアセチル化が優先的に存在していることや[29)]，転写抑制の修飾であるヒストンH3K9やH3K27のメチル化が雌性と比較して少ないためと考えられている[21)]．また，最近ではATAC-seq[※2]やChIP-seqなどの解析技術の進歩により，微量なサンプルからゲノムワイドにクロマチン構造を解析する方法が確立されている．マウス胚のATAC-seq解析では，minor ZGA

※1 ZGA
胚性の遺伝子発現が開始する現象．受精後直後の胚は転写抑制状態であり母性因子によって制御されているが，胚性の遺伝子発現の開始により母性から胚性へと発生の制御が移行する．

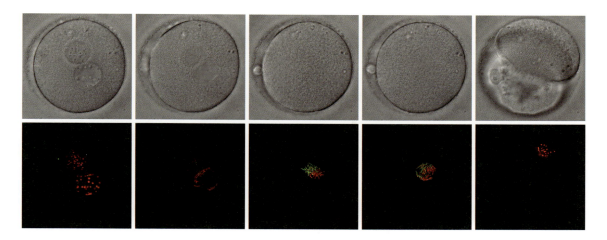

図3　ヒト胚のライブセルイメージング
1細胞期から2細胞期の染色体分配をライブセルイメージングによって観察した図．赤色は核および染色体，緑色は分裂期の雌性染色体を示す．前核が崩壊すると雌雄染色体は胚の中心に集まり，2つの細胞へ均等に分配される．

においてこの時期に発現が確認されているMuERV-Lなどのリピート配列周辺にオープンクロマチン領域が存在することが明らかになっている[30]．minor ZGAでは4,000以上の遺伝子は転写されるが[28)31)]，この時期の3′末端のプロセシングおよびスプライシングは非効率であり，発現したmRNAの多くは機能していない[32]．それにもかかわらず，minor ZGAを抑制するとmajor ZGAで発現が開始しない遺伝子が存在したり，その後の胚発生が抑制される．minor ZGAにおけるエピジェネティック修飾やクロマチン構造の変化が，その後のmajor ZGAにクロマチン構造の確立を容易にするための重要なステップであると考えられる[32]．

受精卵は唯一分化全能性をもつ細胞であるが，その後卵割をくり返し，胚は未分化な状態から徐々に個々の細胞へと分化していく．マウスでは2細胞期[33]，ウサギおよびヒツジでは4細胞期および8細胞期まで未分化な状態が維持されている[34)35)]．この時期のクロマチン構造の変化をDNase-seq※3法によって観察すると，マウス1細胞期ではクロマチンの弛緩は多くがプロモーター領域でみられたが，2細胞期および8細胞期ではプロモーター領域よりも遺伝子間領域でクロマチンが弛緩していることが明らかになった[36]．さらに，光褪色後蛍光回復法（fluorescence recovery after photobleaching：FRAP）によってクロマチン（特にヒストンタンパク質）の運動性（chromatin mobility）を解析した例では，マウス胚において2細胞期まではクロマチンのヒストンタンパク質に高い運動性がみられるが，その後の発生とともに徐々に運動性が低下する[37)～39)]．このようにマウス胚の分化全能性の消失時期と一致しており，クロマチン構造や運動性が大きくかかわっていることを示唆している．

4 ライブセルイメージングによる解析の例

ダイナミックに変化するクロマチンやエピジェネ

> ※2　ATAC-seq
> assay for transposase-accessible chromatin sequencingの略．ヒストンなどのタンパク質が結合していないDNAにトランスポゾンを挿入するTn5 transposaseとゲノムを反応させ，トランスポゾンの挿入部位を調べることでオープンなクロマチン領域を明らかにする方法．トランスポゾン内にある任意のシークエンスアダプターから配列を読むことで，ゲノム全体のどこにトランスポゾンが挿入されたのかを明らかにすることができる．

> ※3　DNase-seq
> ヒストンなどのタンパク質が結合している領域はDNase Iによる切断が起こらないことを利用して，オープンなクロマチン領域を明らかにする方法．DNA–タンパク質複合体をDNase Iで処理し，切断された領域を次世代シークエンシングによって特定する．

ティック修飾は，従来の免疫染色のような定点観察では時空間変化が捉えづらく，またその後の発生との関連を明らかにすることができなかった．そこでわれわれはこれまでに細胞にダメージなく長時間観察できる初期胚ライブセルイメージング技術を開発してきた[40)41)]．この方法では，蛍光タンパク質をコードするmRNAや蛍光色素を付加した抗体を卵子や胚に注入し，目的に応じた発生ステージまで培養しながら連続観察を行う．これにより受精卵における染色体動態やエピジェネティック修飾の変化などを経時的に観察でき，さらに観察後の胚を移植することで発生能と結びつけることができる．図3は，ヒストンH2B-mCherryのmRNAと同時に緑色蛍光を付加した抗ヒストンH3S10K9me3Fab断片（木村 宏博士提供，第1章-5参照）を導入することによりヒト胚の第1卵割における雌雄クロマチンをイメージングした例である．われわれは，ヒストンH2B-mRFP1プローブで染色体をラベルすることで，初期卵割時の染色体分配異常の発生頻度胚とその後の発生能が相関していることを世界ではじめて明らかにした[42)]．また，同様の方法を用いて体細胞クローン胚の染色体分配を観察した結果，桑実胚期までに90％以上の胚で染色体分配異常が起こっており，それが体細胞クローンの成功率の低さの一因であることを明らかにしている[43)]．この結果は，これまでエピジェネティックな相違が多く論じられてきた体細胞クローンに関してジェネティックな異常を提起する結果となった．

また，われわれはメチル化DNAに結合して転写を制御するタンパク質であるMBD1のメチル化DNA結合ドメインと核移行シグナルを蛍光タンパク質と融合したプローブ（EGFP-MBD-NLS）を作製し，個体発生や生殖系列におけるグローバルなDNAメチル化の変動を顕微鏡レベルで捉える試みを行っている．その結果，受精後から卵割を経るごとにメチル化DNAでラベルされるヘテロクロマチンが明確に形成されていき，その核内流動性が減少していくことを定量的に明らかにした[38)]．この結果は前述で紹介したFRAPを用いた検討[37)]と同じ結論であると言える．

おわりに

以上，本稿では精子形成から受精・初期卵割におけるクロマチン・エピジェネティクス制御のメカニズムについて概説した．冒頭述べたように生殖系列は大規模にこれらが変化する興味深い研究対象である．それにもかかわらず分子レベルでの解析が遅れてきたのは，その細胞の扱いにくさが原因と考えられる．しかし，近年は単一細胞レベルでの次世代シークエンス解析や超解像顕微鏡，さらには，多能性幹細胞からの配偶子誘導などあらたな技術や成果が次々と現れ，その性能や再現性は日進月歩である．それらにより，これまで仮説レベルで語られてきた生殖系列の特殊性がいよいよ現実に認められると期待される．また，これら知見の蓄積は，近年爆発的に増加している不妊症に対して，根本的な原因や治療法の発見につながるだろう．

文献

1) Barral S, et al：Mol Cell, 66：89-101.e8, 2017
2) Goudarzi A, et al：J Mol Biol, 426：3342-3349, 2014
3) Pivot-Pajot C, et al：Mol Cell Biol, 23：5354-5365, 2003
4) Qian MX, et al：Cell, 153：1012-1024, 2013
5) Goudarzi A, et al：Mol Cell, 62：169-180, 2016
6) Brykczynska U, et al：Nat Struct Mol Biol, 17：679-687, 2010
7) Carone BR, et al：Dev Cell, 30：11-22, 2014
8) Erkek S, et al：Nat Struct Mol Biol, 20：868-875, 2013
9) Hada M, et al：Sci Rep, 7：46228, 2017
10) Hammoud SS, et al：Nature, 460：473-478, 2009
11) Yamaguchi K, et al：Cell Rep, 23：3920-3932, 2018
12) Greer EL, et al：Nature, 479：365-371, 2011
13) Seong KH, et al：Cell, 145：1049-1061, 2011
14) Yu R, et al：Nature, 558：615-619, 2018
15) Loppin B, et al：Nature, 437：1386-1390, 2005
16) Inoue A & Zhang Y：Nat Struct Mol Biol, 21：609-616, 2014
17) Aoshima K, et al：EMBO Rep, 16：803-812, 2015
18) Akiyama T, et al：PLoS Genet, 7：e1002279, 2011
19) van der Heijden GW, et al：Mech Dev, 122：1008-1022, 2005
20) Santenard A, et al：Nat Cell Biol, 12：853-862, 2010
21) Santos F, et al：Dev Biol, 280：225-236, 2005
22) Gu TP, et al：Nature, 477：606-610, 2011
23) Nakamura T, et al：Nature, 486：415-419, 2012
24) Doherty AS, et al：Dev Biol, 242：255-266, 2002
25) Ratnam S, et al：Dev Biol, 245：304-314, 2002
26) Sasaki H & Matsui Y：Nat Rev Genet, 9：129-140, 2008
27) Jukam D, et al：Dev Cell, 42：316-332, 2017

28) Aoki F, et al：Dev Biol, 181：296-307, 1997
29) Hayashi-Takanaka Y, et al：Nucleic Acids Res, 39：6475-6488, 2011
30) Wu J, et al：Nature, 534：652-657, 2016
31) Bouniol C, et al：Exp Cell Res, 218：57-62, 1995
32) Abe K, et al：EMBO J, 34：1523-1537, 2015
33) TARKOWSKI AK：Nature, 184：1286-1287, 1959
34) Moore NW, et al：J Reprod Fertil, 17：527-531, 1968
35) Mulnard J：Manipulation of cleaving mammalian embryo with special reference to a time-lapse cinematographic analysis of centrifuged and fused mouse eggs.「Advances in the Biosciences 6: Schering Symposium on Intrinsic and Extrinsic Factors in Early Mammalian Development, Venice, April 20 to 23, 1970」（Gerhard Raspé, ed），Elsevier, 1971
36) Lu F, et al：Cell, 165：1375-1388, 2016
37) Bošković A, et al：Genes Dev, 28：1042-1047, 2014
38) Ueda J, et al：Stem Cell Reports, 2：910-924, 2014
39) Ooga M, et al：Epigenetics, 11：85-94, 2016
40) Yamagata K, et al：Genesis, 43：71-79, 2005
41) Yamagata K, et al：J Reprod Dev, 55：343-350, 2009
42) Yamagata K, et al：Hum Reprod, 24：2490-2499, 2009
43) Mizutani E, et al：Dev Biol, 364：56-65, 2012

＜筆頭著者プロフィール＞

野老美紀子：2010年にマウス初期胚の発生におけるエピジェネティック修飾とタンパク質発現動態というテーマで近畿大学生物理工学部において博士（工学）取得．その後，理化学研究所CDB若山照彦チームリーダーのもと，マウスクローン胚における遺伝子発現活性やマウス胚の簡易輸送システムの研究に従事．現在，医療法人浅田レディースクリニック主任研究員として近畿大学山縣研究室に出向しつつ，ヒトの不妊について研究を行っている．基礎研究の成果を臨床現場に届けるため日々奮闘中．

第5章 染色体の異常はどのようにして疾患や老化を引き起こすのか？

1. クロマチン制御とがん

高久誉大

> さまざまながん患者由来のがん細胞のゲノム解読が世界規模で行われ，ヒストンを含むクロマチン関連遺伝子の変異が多く同定された．これらの遺伝子変異は，細胞のがん化およびがんの悪性化の過程に深くかかわると考えられており，実際ヒストンの変異が細胞のがん化を誘発することも示されている．本稿ではクロマチン構成因子であるヒストンと，クロマチン制御因子に焦点を当て，これらの因子のがん細胞における機能と変異に関する最近の研究動向を紹介する．

はじめに

　ヒトのDNAは細胞核内でクロマチン構造を形成する．クロマチンの構成単位はDNAがヒストンに巻き付いたヌクレオソームであり，ヌクレオソームが複雑に折りたたまれ高次構造を形成することで，巨大なヒトゲノムは直径10 μmほどの小さな核内に収容されている．このクロマチン構造を通してDNAの複製，転写，および修復が行われるが，その際ヌクレオソーム構造もしくは高次クロマチン構造の除去や移動，再構築が必要となる．このようなクロマチン構造変換を行う際に必要な因子が，クロマチン制御因子である．代表的なクロマチン制御因子としては，クロマチンリモデリング因子，ヒストン化学修飾酵素，DNAメチル化・脱メチル化酵素，ヒストンシャペロンなどがあげられる．また細胞分化やリプログラミングの過程では，特定のDNA配列を認識し結合する転写因子によってクロマチン構造変換が誘導される．そのため，転写因子もクロマチン制御の過程に深くかかわる．さまざまな因子が機能的ネットワークを形成することで，クロマチン構造変換を正確に成し遂げ，細胞の性質や運命を決定している．

　このようにクロマチン制御にかかわる因子は細胞の機能維持と変換において非常に重要な役割を担っており，これらの因子に変異が生じてしまうと細胞機能に異常をきたし，最終的にはさまざまな疾患を誘発する原因となりうる．以下では，がん細胞で同定されたヒストンの変異，クロマチンリモデリング因子の変異，および転写因子の変異に関する研究を概説し，それらの具体的な例を通してクロマチン制御機構の破綻がどのようにして細胞の性質変化にかかわり，疾患につながっていくのかを議論する．

> [略語]
> CHD：chromodomain helicase DNA-binding protein
> DIPG：diffuse intrinsic pontine glioma
> PHD：plant homeodomain
> PRC2：polycomb complex 2
> ES：embryonic stem

Chromatin regulation in cancer
Motoki Takaku：National Institute of Environmental Health Sciences（米国国立環境健康科学研究所）

1 がん細胞におけるヒストン変異とその機能

1）がん細胞でのヒストン変異

ヌクレオソームはDNAとヒストンH2A，H2B，H3，H4から構成される．図1Aに示したように，がん細胞においてはすべてのヒストン遺伝子上で変異が見つかっているが，ヒストン変異と細胞のがん化およびがんの悪性化に関する研究はまだはじまったばかりであり，それぞれの変異体が有する機能については不明な点が多い．以下ではとりわけ知見が得られているヒストンH3の変異について紹介する．

近年，がん細胞におけるヒストン遺伝子上の変異が注目されるきっかけとなったのが，小児性脳腫瘍でのH3の変異の発見である[1,2]．小児性脳腫瘍のゲノム解析から，H3の27番目リジンがメチオニンに置き換わる（H3K27M）ミスセンス変異と，34番目のグリシンがアルギニンまたはバリンに置き換わる（H3G34R，H3G34V）ミスセンス変異が高頻度に見つかった．例えば，びまん性内在性橋グリオーマ（DIPG）は脳幹部にできる代表的なグリオーマの1つであるが，この腫瘍のおよそ80％においてH3K27Mが観測され，H3K27Mを有するグリオーマは野生型と比較して有意に予後不良であることも示された．興味深いことに，変異の位置によって腫瘍の観測される部位も異なり，H3K27Mは脳幹部で，H3G34R/Vは大脳半球でより多く観測される．またH3にはバリアント（亜型）が存在するが，K27M変異はH3.1およびH3.3の2つのバリアントで主にみられ，G34R/V変異についてはH3.3バリアント遺伝子上で主に同定されている．図1Bに示したように，前述以外の変異も他のがん細胞で見つかっている．36番目のリジンがメチオニンに置き換わる（H3K36M）ミスセンス変異は骨腫瘍で同定され，軟骨細胞の分化能低下を引き起こし，発がん過程にかかわることが示唆されている[3]．その他にも，子宮がんや乳がんなど多様ながん細胞でH3の変異が見つかっているが，それらの機能やがん細胞に及ぼす影響についてはほとんどわかっていない．

2）H3K27M変異体の機能

ヒストンH3のN末端領域はN末端テールとよばれ，さまざまな翻訳後修飾を受ける．転写の活性化領域で特異的に観測される翻訳後修飾や，逆に転写不活性領域で検出される翻訳後修飾などがあり，翻訳後修飾は直接的もしくは間接的に転写制御およびクロマチン構造形成にかかわる．H3の27番目のリジン（H3K27）は，この翻訳後修飾を受けるアミノ酸の1つである．H3K27はアセチル化およびメチル化修飾を受けることがわかっており，観測されるクロマチン領域も対照的である．H3K27のアセチル化（H3K27ac）はP300もしくはCBP酵素によって触媒され，転写活性化領域のプロモーターやエンハンサーで観測される．それに対し，H3K27のメチル化（H3K27me1, me2, me3）はPRC2によって触媒され，KDM6ファミリーによって脱メチル化される．アセチル化とは対照的にH3K27のメチル化は転写抑制領域にみられる．このようにH3K27の翻訳後修飾はヒストンを介した転写のエピジェネティック制御において重要な意味を有する．

前述したように小児性脳腫瘍においては，この転写活性制御に重要なH3K27Mミスセンス変異が高頻度に見つかっている．H3遺伝子はヒト染色体上に32カ所存在し，脳腫瘍で見つかっているすべての症例においてH3K27M変異はヘテロ変異である．つまり，H3K27Mミスセンス変異を有する細胞では，野生型と変異体どちらのタンパク質も発現している．実際，H3K27M変異を有するがん細胞においては，H3K27M変異体のタンパク質発現量は，ヒストンH3全体に対して3〜17％にすぎないことが示されている[1,2]．驚くべきことに，この比較的少量のH3K27M変異体の発現によって，ゲノム全体のH3K27のメチル化レベルが低下することがわかっている[4,5]．作用機序としては，H3K27MはPRC2のサブユニットの1つであるEZH2（H3K27メチル化酵素）と相互作用することで，PRC2の機能を阻害することが報告されている．こうした表現型から，H3K27Mが変異体特有の機能を有した機能獲得型変異であると考えられている．このような機能を有するH3K27M変異体は，がん抑制遺伝子として知られるTP53遺伝子の発現量低下時にグリオーマの形成を誘導することや，血小板由来増殖因子受容体PDGFA遺伝子の過剰発現時に腫瘍の悪性化を促すことがわかっている[6,7]．

3）H3K36MおよびH3G34R/V変異体の機能

H3の36番目のリジンは27番目のリジンと同様に，

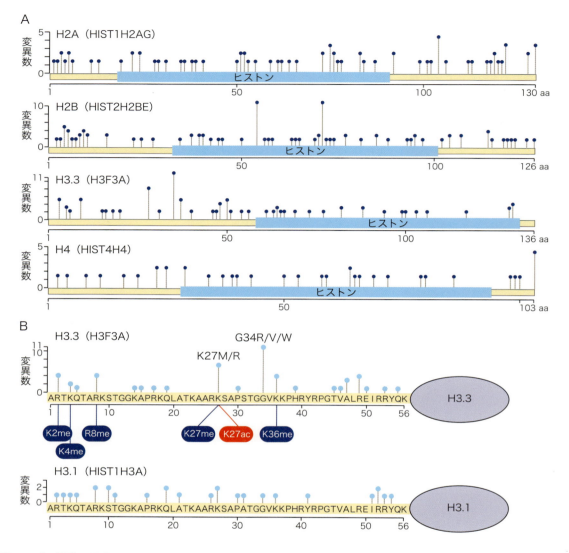

図1　がん細胞で同定されたヒストン変異
A）がん細胞で報告されているヒストン遺伝子変異．作図には C-bioportal に登録されているすべてのデータを用いた．H3 の変異について最も知見が得られているが，他のヒストンにも多くの変異が見つかっている．H4 に見つかっている変異数は，他のヒストンと比べてやや少ないこともわかる．B）H3.3 および H3.1 の N 末端領域に見つかっている遺伝子変異を頻度とともに示した．図に示されている変異数は C-bioportal に登録されているデータの総数である．me：メチル化修飾，ac：アセチル化修飾．

アセチル化（H3K36ac）およびメチル化（H3K36me1, me2, me3）を受けることがわかっている．それらの生物学的意義は多岐にわたると考えられ，H3K36ac が転写開始部位でより多く検出されること，H3K36me3 がヘテロクロマチンでみられることなどがわかっている．がん細胞で同定されている H3K36M 変異も H3K27ac 同様ヘテロ変異であり，野生型に比べ発現量は低いが，その発現によって野生型 H3K36 のメチル化が細胞レベルで低下することが示されている．

一方，H3 の 34 番目のグリシンについては翻訳後修飾を受けるという報告はない．前述した H3K27M や H3K36M 変異体と異なり，H3G34R もしくは H3G34V 変異体を強制発現した細胞においては，H3K27 および H3K36 のメチル化どちらについても細

胞レベルでの低下はみられない．しかし，細胞内ではH3G34変異体を有するヌクレオソーム上のH3K36me2およびH3K36me3が著しく低下していることや，H3G34変異体を有するヌクレオソームがH3K36メチル化酵素SETD2によるメチル化を受けにくいことが示されている．

4）H3変異細胞を標的としたがん治療方法の開発

前述したようにヒストンH3に対する変異がその翻訳後修飾に影響を与えることから，それらの化学修飾過程を化合物によってコントロールすることで，ヒストン変異細胞を特異的に死滅させる試みが行われている．神経前駆細胞を用いた実験系による化合物スクリーニングによって，Menin阻害剤であるMI-2がH3K27M変異細胞の腫瘍増殖能を低下することが示された[6]．MeninはヒストンH3K4メチル化酵素MLL1/2複合体の構成因子として知られるが，Menin阻害剤がどのようにして腫瘍増殖能の低下を引き起こすのかについては不明である．また最近，H3K27M変異体が局在するクロマチン上では，H3K27のアセチル化レベルが上昇し，転写活性化因子BRD4も共局在することが示された．このことに着目し，BRD4の阻害剤として知られるJQ1でH3K27M変異細胞を処理した結果，がん細胞増殖能を抑制することがわかった[8]．これらの化合物が実際に抗がん剤として効果を発揮するのか，新たな化合物の同定・開発とともに今後さらなる研究が期待される．

2 がん細胞におけるクロマチンリモデリング複合体の変異と機能

1）ヒトにおけるクロマチンリモデリング複合体

前述したように，ヒストン化学修飾酵素は新規抗がん剤開発の標的として広く認められ，多くの抗がん剤の臨床試験が行われている．特にヒストン脱アセチル化酵素であるHDAC（HDAC1，HDAC2など）を標的とした抗がん剤の開発は早くから行われており，すでにいくつかのHDAC阻害剤が，アメリカ，ヨーロッパ，日本などでがん治療薬として承認されている．それに比べ，もう一方の代表的なクロマチン制御因子であるクロマチンリモデリング複合体を標的とした臨床応用研究はまだはじまったばかりである．本項では最近急速に明らかになってきたクロマチンリモデリング複合体のがん細胞での変異とその機能に焦点をあて，具体的な例とともに最新の研究を概説する．

ヒトのクロマチンリモデリング複合体は主に4つのファミリー（SWI/SNF，ISWI，INO80およびCHD/NuRD複合体）に分類される．どの複合体もATP依存的なクロマチンリモデリング因子を含み，それらが他の構成因子と共同的に働くことで，ヌクレオソームの形成，移動，除去，もしくはヌクレオソーム中のヒストンの交換が行われることがわかっている．これらのリモデリング活性は，細胞内での転写やDNA複製，およびDNA修復の制御に重要であると考えられている．例えばSWI/SNFファミリーに属するBRG1（SMARCA4）複合体（図2）は，ヌクレオソームの移動および除去を触媒することが生化学的に示されており，細胞内では主に転写の活性化に重要であると考えられている．一方，CHD/NuRDファミリーのCHD4複合体は転写の不活性化に寄与すると考えられており，生化学的にはヌクレオソームの移動活性を示すが，ヌクレオソームの除去活性を示さない．また，図2からもわかるように，これらの複合体の構成因子には機能的に類似したパラログが存在し，特定の組織でしかみられない構成因子も存在することから，構成因子の組合わせによって組織特異的な機能を発現することも考えられている．

2）BRG1複合体とがん

SWI/SNFファミリーに属するBAFおよびPBAF複合体は，がん細胞において最も多くの変異が見つかっているクロマチンリモデリング複合体である（図2）．その頻度は，がん全体で平均しておよそ20％にも及ぶ[9]．そのなかでも，ATP加水分解活性を有しBRG1複合体の中心酵素であるBRG1には高頻度に変異が見つかっている（図3）．野生型のBRG1は，肺をはじめ多くのがん細胞においてがん抑制遺伝子として機能していると考えられ，これらの変異がBRG1のがん抑制遺伝子としての機能に変化を及ぼすと予想される．マウスにおいてBRG1の片方の遺伝子を欠失させると，乳がんを誘発することが知られており，変異によるBRG1の機能欠損は細胞のがん化につながることが示唆されている[10]．例えば，M272変異などのフレームシフト型変異は，タンパク質の大部分の領域を失うた

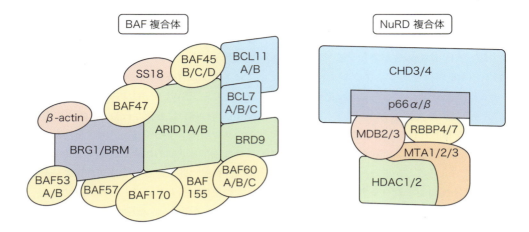

図2 BRG1およびCHD4クロマチンリモデリング複合体
BAF複合体にはBRG1もしくはBRMがコア酵素として含まれ，それぞれBRG1複合体もしくはBRM複合体を形成する．NuRD複合体にも同様にコア酵素としてCHD3およびCHD4が存在することがわかっており，CHD3複合体もしくはCHD4複合体を形成する．図からもわかるようにコア酵素だけでなく，その他の構成因子にも機能的パラログが存在する．

め機能欠損型の変異体だと考えられ，肺がんや子宮がんで見つかることから，それらの形成にかかわることが疑われている[11)～13)]．しかし，**図3**からもわかるように，高頻度な変異の多くがミスセンス変異であり，ATP加水分解活性に重要なATPaseドメインに集中している．これらの変異のほとんどがヘテロ変異であり，変異体が野生型のタンパク質に及ぼす影響を知ることが変異体の機能解析において鍵となる．最近の報告から，少なくともES細胞内ではATPaseドメイン変異体（G784Eなど）は，主に転写活性型クロマチン構造やH3K27のアセチル化状態を局所的に減少させ，遺伝子発現にも影響を与えることが示された[14)]．興味深いのは，ATPaseドメイン変異体が単純な機能欠損体ではなく野生型の機能を阻害するドミナントネガティブの表現型を有するということである．これらの変異体が細胞のがん化およびがんの悪性化に及ぼす影響を理解するためには，変異を導入したマウスやがん細胞における表現型を調べる必要がある．

また一方で，BRG1以外の複合体構成因子にも変異がみられることもわかっている[8)]．例えば，BAF47の変異は，ヒストンH3と同様に小児性脳腫瘍で，ARID1Aは卵巣がん，子宮がん，肝細胞がんなどで変異が同定されている．とりわけ，ARID1AはSWI/SNFファミリーのなかでも高頻度に変異が見つかっている

ため注目されている．肝細胞がんを用いたマウスの実験モデルでは，ARID1Aの過剰発現が原発腫瘍の成長を促進すること，逆にがん細胞の転移過程においてはARID1Aの発現抑制が転移を促進することがわかっている[15)16)]．このようなクロマチン制御因子のがん細胞における機能の両面性はARID1Aだけでなく，BRG1など他の因子についても指摘されており，クロマチンリモデリング因子のがん細胞における役割を理解するために，今後より多くの研究が必要である．

3）CHD4複合体とがん

抗がん剤の重要な標的の1つであるヒストン脱アセチル化酵素（HDAC1およびHDAC2）が構成因子に含まれるCHD4複合体にも変異が見つかっている（**図2, 3**）．ATP加水分解活性を有し複合体の中心酵素であるCHD4は，子宮内膜腫瘍において高頻度（最大17％程度）に変異が見つかっており，そのほとんど（約90％）がミスセンス変異である[17)]．BRG1と同様，がん細胞で同定されているミスセンス変異の多くが，ATPaseドメインに集積している．組換えタンパク質を用いた生化学的な解析からATPaseドメインにおける変異体（R1162QおよびL1215P）は，ヌクレオソームリモデリング活性およびATP加水分解活性が著しく低下していることが示された[18)]．同じATPaseドメイン内でもH1196Y変異体はヌクレオソームリモデリング活性が

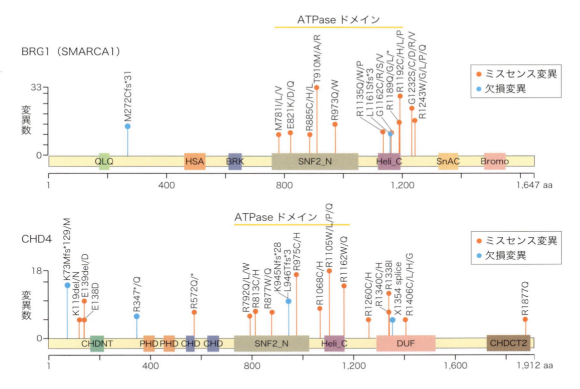

図3　BRG1およびCHD4遺伝子の変異

BRG1およびCHD4で高頻度に見つかっている遺伝子変異を示した．BRG1に関しては10以上の変異が，CHD4に関しては5以上の変異が同じアミノ酸上で報告されているものを示した．ATPaseドメインに多くの変異が見つかっていることがわかる．QLQ：QLQ（Gln, Leu, Gln）domain, HSA：helicase/SANT-associated domain, BRK：brahma（BRM）and KIS domain, SNF2_N：SNF2 family N-terminal domain, Heli_C：helicase conserved C-terminal domain, SnAC：Snf2-ATP couplingchromatin remodelling complex, Bromo：bromodomain, CHDNT：CHD N-terminal domain, PHD：plant homeodomainfinger, CHD：chromo domain, DUF：domain of unknown function, CHDCT2：CHD C-terminal 2 domain.

上昇していることがわかった．これらの変異体ががん細胞の性質に及ぼす影響についてはわかっていない．CHD4遺伝子の変異はATPaseドメインだけではなく，それ以外のドメインにも見つかっている．例えば，CHD4はヒストンH3のN末端テール領域との結合活性を有するPHDフィンガーを2つ有するが，この領域にも変異が見つかっている．最近の報告からPHDフィンガー上のミスセンス変異C464Yは，ATP加水分解活性やヌクレオソームリモデリング活性を低下させることが示された．このことは，PHDフィンガーを介したH3のN末端テール領域との結合が野生型のクロマチンリモデリング活性に重要であることを示唆しており，がん細胞由来の変異体の解析が野生型の機能を知るうえでも有用であることのよい例である．

4）クロマチンリモデリング複合体を標的とした治療方法の開発

肝細胞がんにおいてはBRG1の過剰発現が，メラノーマにおいてはINO80（INO80複合体の中心酵素）の過剰発現がみられ，それらの過剰発現は予後不良と相関する．またこれらの過剰発現したがん細胞で，BRG1もしくはINO80をノックダウン（発現抑制）すると，がん細胞の増殖能を抑えられることも示されている[19) 20)]．クロマチンリモデリング因子の過剰発現は，その他のがん細胞においてもみられることから，それぞれのクロマチンリモデリング因子に対する特異的な化合物の開発は，がん治療への応用につながると考えられている．しかし，クロマチンリモデリング因子は，転写調節や細胞周期制御など正常細胞の恒常性維持に

も必須な機能を担うため，クロマチンリモデリング因子を標的とするうえではがん細胞への特異性を考慮する必要がある．がん細胞への特異性を示した例として，CHD1の前立腺がんおよび乳がんでの機能の研究があげられる．

CHD/NuRDファミリーに属するCHD1は，ヌクレオソームリモデリング活性を有し，CHD1複合体の中心酵素である．がん抑制遺伝子PTENはさまざまながん細胞で機能欠損がみられるが，PTENが欠損した前立腺がんおよび乳がん細胞においてCHD1の発現を抑制するとがん細胞増殖能の低下がみられた[21]．CHD1ノックダウンによる細胞の増殖抑制は，PTENが野生型の細胞ではみられなかったことから，CHD1ノックダウンによる細胞の増殖抑制はPTEN依存的であり，PTENとCHD1は前立腺がんおよび乳がん細胞において合成致死の関係にあると考えられる．このことは，CHD1阻害剤がPTEN欠損型のがんに対する治療薬として応用できることを示唆しており，今後臨床応用を見据えたCHD1阻害剤の開発が期待される．

ここまでは野生型を標的とした阻害剤の臨床応用への可能性を議論してきたが，前述したようにクロマチンリモデリング因子には多くの変異が見つかっており，これらの変異体を有するがん細胞を標的とするためには，変異体特異的な化合物の開発など異なる戦略が必要となる．cryo-EM技術の発達により，去年から今年にかけてクロマチンリモデリング因子の構造解析が大きく進んだ[22) 23)]．こうした構造解析は変異体の機能予測や変異体特異的な化合物の開発に役立つと考えられ，今後より多くのクロマチンリモデリング因子の構造が明らかになることを期待したい．

3 転写因子とがん

1）パイオニア転写因子

MYC遺伝子発現の増加やTP53遺伝子の変異など，がん細胞においては転写因子の発現異常や変異が高頻度に生じ，それらががん細胞の形質変化にかかわることが古くから示されてきた．転写因子のなかでも，最近とりわけ注目されているのがパイオニア転写因子（パイオニア因子）である．

パイオニア因子は，細胞分化やリプログラミングを誘導する転写因子であり，不活性クロマチン領域に最初に結合し，活性型クロマチン構造への変換を誘発する．多くの転写因子にとってヌクレオソーム構造は物理的障害となり，ヌクレオソーム上の標的DNAに結合できないが，パイオニア因子は標的DNAがヌクレオソーム構造上に存在しても結合できるため，不活性クロマチン領域に局在できると考えられている（図4A）[24]．パイオニア因子によるクロマチン構造変換のメカニズムの詳細は不明だが，パイオニア因子が単独で構造変換を誘導する機構と，BRG1複合体など他の因子を必要とする機構が報告されている（図4B）[24) 25)]．また，パイオニア因子は細胞形態変化を誘導できるほどの非常に強い転写制御能を有することから，パイオニア因子の機能異常は多くの疾患につながると考えられている．

2）パイオニア因子とがん

パイオニア因子として知られるFOXA1やGATA3は，正常な乳腺の形成に必須の転写因子であるが，それらの機能異常が乳がんの形成にかかわることも示されている．例えば，GATA3の発現レベルの低い乳がんは転移性が高く，予後不良であることが知られている．また最近の乳がんゲノムの大規模解析から，FOXA1およびGATA3が高頻度に変異していることもわかった[26) 27)]．特にGATA3の乳がんにおける変異の頻度は10％以上と高く，GATA3は乳がん細胞において最も高頻度に変異している遺伝子の1つであると認識されるようになった．クロマチンリモデリング因子と同様，GATA3で同定されている変異のおよそ9割以上がヘテロ変異である．興味深いのは，GATA3の変異の多くが数塩基の欠損もしくは挿入によるフレームシフト型の変異であり，結果的にGATA3タンパク質のC末端領域の欠損やアミノ酸の付加を誘発する（図4C）．

最近われわれは，GATA3のDNA結合ドメインに生じるフレームシフト型の変異（R330フレームシフト変異）が，乳がん細胞のクロマチン構造および遺伝子発現のリプログラミングを誘導し，より悪性度の高い乳がん細胞へと変化させることを示した[28]．DNA結合領域への変異は機能欠損を誘発すると予想していたが，R330変異体は独自のクロマチン結合能を有し，野生型GATA3を新たなゲノム領域に誘導することから，機能獲得型変異であると考えられる．

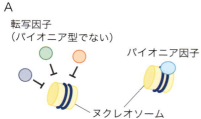
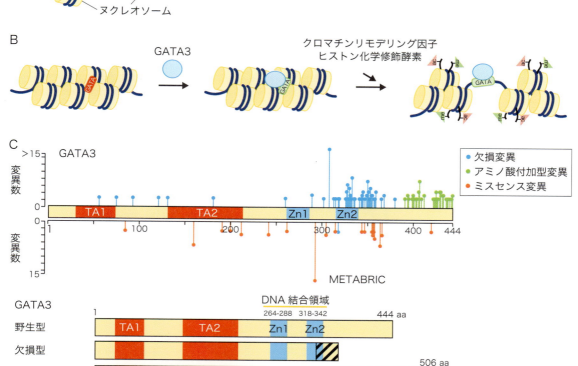

図4 パイオニア転写因子GATA3の乳がんにおける変異

A）パイオニア因子はヌクレオソーム上の結合モチーフを認識できるが，それ以外の転写因子にとってはヌクレオソーム構造が阻害的に働き，結合できない．B）パイオニア因子GATA3によるクロマチン構造変換．GATA3は単独で閉じたクロマチン領域に結合できるが，クロマチン領域の活性化にはクロマチンリモデリング因子などのその他の因子が必要だと考えられる．C）GATA3の乳がんで見つかっている変異を変異型および変異数とともに示した．作図にはMETABRIC（Molecular Taxonomy of Breast Cancer International Consortium）プロジェクトによって同定された変異情報を用いた．ミスセンス変異に比べフレームシフトによる欠損変異やアミノ酸付加型変異が多いことがわかる．また，代表的な欠損変異およびアミノ酸付加型変異のドメイン構造も示した．斜線部はフレームシフトによってアミノ酸置換が起きた領域を，ピンク色の領域はアミノ酸が付加された領域をあらわしている．TA：transactivation domain, Zn：zinc-finger motif.（文献32，33より作成）

同じ乳がんでもGATA3の変異は浸潤性乳管がんで高頻度にみられるのに対し，FOXA1の変異は浸潤性小葉がんでみられる．こうした部位特異性は，FOXA1変異体の乳がんにおける役割がGATA3変異体とは異なることを示唆しているが，FOXA1変異体が乳がん細胞に及ぼす影響についてはわかっていない．また，パイオニア因子の変異はがん以外の疾患でも同定されており，例えばGATA3と同じGATAファミリーに属しパイオニア因子であるGATA4の変異は，先天性心疾患で見つかっている．GATA4のミスセンス変異はDNA

結合活性の低下や転写活性の変化を誘導し，心筋細胞におけるGATA4の機能に異常をきたすことがわかっている[29]．こうしたパイオニア因子に機能異常が生じた疾患細胞をどのように治療するのか，パイオニア因子を標的とした治療方法の開発が今後期待される．

おわりに

　世界中で大規模ながん細胞のゲノム解析が行われ，クロマチン制御因子をはじめ多くの新規遺伝子変異が見つかった．同時に近年確立されたゲノム編集技術（CRISPR-Cas9やTALEN）の急速な発展により，ヒトやマウス由来の細胞のゲノム上に直接遺伝子変異を導入することも比較的容易となった．こうした背景のなか，がん細胞で見つかった変異を最新のゲノム編集技術を用いてヒトの培養細胞やマウスのゲノムに直接導入し，それらの細胞の表現型を解析するといった，高度かつ実際の疾患状態をより忠実に再現した実験モデルが多く開発されている．このような実験モデルを活用することで，今後ヒストンおよびクロマチン制御因子の遺伝子変異の機能的意義が多く解明されるであろう．また，高度な疾患モデルの開発は，新規がん治療法の開発に大きく貢献すると期待される．医療分野におけるクロマチン研究は遺伝子変異だけにとどまらず，ヒストンの化学修飾の解析やヌクレオソームの位置情報の解析が，がんの診断治療に応用できる可能性も示唆されており[30)31)]，クロマチン制御機構の基礎研究が今後さらに多くの医療分野に貢献することを期待したい．

文献

1) Schwartzentruber J, et al：Nature, 482：226-231, 2012
2) Weinberg DN, et al：Cold Spring Harb Perspect Med, 7：pii: a026443, 2017
3) Behjati S, et al：Nat Genet, 45：1479-1482, 2013
4) Lewis PW, et al：Science, 340：857-861, 2013
5) Chan KM, et al：Genes Dev, 27：985-990, 2013
6) Funato K, et al：Science, 346：1529-1533, 2014
7) Pathania M, et al：Cancer Cell, 32：684-700.e9, 2017
8) Piunti A, et al：Nat Med, 23：493-500, 2017
9) Kadoch C, et al：Nat Genet, 45：592-601, 2013
10) Bultman SJ, et al：Oncogene, 27：460-468, 2008
11) Jordan EJ, et al：Cancer Discov, 7：596-609, 2017
12) Giannakis M, et al：Cell Rep, 15：857-865, 2016
13) Cancer Genome Atlas Research Network, et al：Nat Genet, 45：1113-1120, 2013
14) Hodges HC, et al：Nat Struct Mol Biol, 25：61-72, 2018
15) Fang JZ, et al：PLoS One, 10：e0143042, 2015
16) Sun X, et al：Cancer Cell, 32：574-589.e6, 2017
17) Le Gallo M, et al：Nat Genet, 44：1310-1315, 2012
18) Kovač K, et al：Nat Commun, 9：2112, 2018
19) Chen Z, et al：Cell Death Dis, 9：59, 2018
20) Zhou B, et al：Genes Dev, 30：1440-1453, 2016
21) Zhao D, et al：Nature, 542：484-488, 2017
22) Liu X, et al：Nature, 544：440-445, 2017
23) Farnung L, et al：Nature, 550：539-542, 2017
24) Iwafuchi-Doi M & Zaret KS：Genes Dev, 28：2679-2692, 2014
25) Takaku M, et al：Genome Biol, 17：36, 2016
26) Cancer Genome Atlas Network：Nature, 490：61-70, 2012
27) Ciriello G, et al：Cell, 163：506-519, 2015
28) Takaku M, et al：Nat Commun, 9：1059, 2018
29) Ang YS, et al：Cell, 167：1734-1749.e22, 2016
30) Gezer U, et al：Oncol Lett, 3：1095-1098, 2012
31) Snyder MW, et al：Cell, 164：57-68, 2016
32) METABRIC Group.：Nature, 486：346-352, 2012
33) Pereira B, et al：Nat Commun, 7：11479, 2016

<著者プロフィール>
高久誉大：2005年早稲田大学理工学部卒業．'10年早稲田大学先進理工学部にて学位を取得し，助教などを経て，'13年よりアメリカ国立研究所National Institute of Environmental Health Sciences（NIEHS）にて博士研究員として乳がんの分子メカニズムの研究を行っている．

第5章 染色体の異常はどのようにして疾患や老化を引き起こすのか？

2. がんにおけるコヒーシンおよび関連分子の遺伝子異常

吉田健一

近年の遺伝子解析技術の進歩により，さまざまながんにおいてコヒーシン複合体および関連分子に体細胞変異が生じていることが明らかになった．特に，膀胱がんやEwing肉腫などの固形腫瘍，急性骨髄性白血病などの造血器腫瘍で変異が高頻度に報告されている．これらの遺伝子異常による発がんのメカニズムについてはまだ十分にわかっていないが，染色体の異数性を介するものではなく，最近新たにわかってきたコヒーシンの役割である染色体構造や遺伝子発現の制御の異常を介するものであると考えられている．

はじめに

近年，次世代シークエンス（next-generation sequencing：NGS）技術などの進歩によりさまざまながんにおいて網羅的な遺伝子解析が行われ，発がんにかかわる多くの新しい遺伝子や機能的パスウェイが同定されてきている．そのなかでコヒーシンおよび関連分子もさまざまながんにおいて遺伝子異常が報告されている．当初はメカニズムとしてはコヒーシンの遺伝子異常は染色体の異数性を介して発がんに寄与していると報告されたが，その後さまざまながんでコヒーシンに遺伝子異常をもった腫瘍では染色体不安定性は獲得されていないことが報告され，染色体構造や遺伝子発現の変化などの機序で発がんにかかわっているものと考えられている．本稿では，がんにおけるコヒーシンおよび関連分子の遺伝子異常およびその発がんメカニズムについての現在の知見を概説する（コヒーシンについては第3章-1参照，コヒーシン関連遺伝子の異常に伴う発生疾患については第5章-3参照）．

[略語]
- **AML**：acute myeloid leukemia
  （急性骨髄性白血病）
- **CMML**：chronic myelomonocytic leukemia
  （慢性骨髄単球性白血病）
- **MDS**：myelodysplastic syndromes
  （骨髄異形成症候群）
- **NGS**：next-generation sequencing
  （次世代シークエンス技術）
- **PAPR**：poly ADP-ribose polymerase
- **TCGA**：The Cancer Genome Atlas

1 コヒーシンとがん

1）造血器腫瘍

造血器腫瘍は造血幹細胞から生じるが，造血幹細胞は骨髄系幹細胞とリンパ系幹細胞に分かれるため，どちらから生じるかで造血器腫瘍は骨髄系とリンパ系造血器

Genetic alterations in cohesin and related molecules in cancer
Kenichi Yoshida：Department of Pathology and Tumor Biology, Graduate School of Medicine, Kyoto University（京都大学大学院医学研究科腫瘍生物学）

腫瘍に分けられる．造血器腫瘍におけるコヒーシンの遺伝子異常は骨髄性腫瘍で特に高頻度に認められ，はじめに急性骨髄性白血病（acute myeloid leukemia：AML）[1]や骨髄異形成症候群（myelodysplastic syndromes：MDS）[2]，慢性骨髄単球性白血病（chronic myelomonocytic leukemia：CMML）で変異が報告された．変異はSTAG2に最も多く認められ，STAG2，RAD21では多くが機能喪失型の変異であり，一方，SMC1A，SMC3ではミスセンス変異が比較的多く認められた（図1A）．頻度はAMLで12～13％，MDSで8％程度と報告された．コヒーシン複合体の変異は相互に排他的で，1症例に1つの遺伝子に変異がみられる（図1B）．STAG2変異などコヒーシンの変異はAML，MDSでは予後不良因子であると考えられている．

ダウン症候群の小児では高頻度に骨髄性腫瘍の1つである急性巨核芽急性白血病（DS-AMKL）を発症し，従来からトリソミー21に加えて，ほぼ全例にGATA1遺伝子変異を獲得していることが知られていたが，NGSを用いた解析により，DS-AMKLではコヒーシンおよび関連分子であるNIPBLに50％以上の頻度で異常が同定され，さらにCTCFにも20％の症例で異常が認められた[3]．

2）膀胱腫瘍

膀胱がんは大部分が尿路上皮がんに分類されるが，進展度により筋層非浸潤性がん，筋層浸潤性がん，転移性がんに分けられる．GuoらはSTAG2変異を膀胱がんの11％の症例に同定し，大多数の変異がナンセンス変異，フレームシフト変異，スプライス部位の変異といった機能喪失型の変異であった．また，欠失やプロモーター領域の高メチル化の認められた症例もあったと報告した．STAG2異常のある症例は予後不良である傾向がみられた[4]．Balbasa-MartinezらはSTAG2，STAG1，SMC1A，SMC1Bに変異を報告し，STAG2変異は低ステージあるいは低グレードの腫瘍で主に認められ，STAG2の発現消失は筋層非浸潤性がん，筋層浸潤性がんどちらにおいても予後良好因子であったとした[5]．Solomonらは295例の膀胱がんを含む2,000症例を超える腫瘍についてSTAG2の発現について調べ，膀胱がんの18％で発現消失がみられたと報告し，またSTAG2変異も21％の症例でみられたと報告した[6]．またSTAG2の発現低下は筋層非浸潤性がんでより高頻度であり，筋層非浸潤性がんでは発現低下例は予後良好である傾向がみられた．一方で，筋層浸潤性がんではSTAG2発現消失例は予後不良である傾向がみられた．

3）Ewing肉腫

Ewing肉腫は小児期から青年期に発症する肉腫であるが，SolomonらはSTAG2の発現を消失しているEwing肉腫由来の細胞株を同定し，さらにSangerシークエンスによりSTAG2変異を同定し，また患者検体でもSTAG2変異が同定されたと報告した[7]．その後，NGSを用いた網羅的な遺伝子解析の結果が報告された．BrohlらはSTAG2の変異は21.5％と最も高頻度にみられた変異であったと報告し，またSTAG2の発現消失がみられた症例はより進行した症例であり，予後不良である傾向がみられたと報告した[8]．Cromptonらは，STAG2の発現消失が15％の症例にみられ，発現消失は変異，染色体構造異常などにより起こっていて，これらの症例では高頻度に再発をきたしていたと報告した[9]．また，Tirodeらは，STAG2変異はEwing肉腫で最も高頻度（17％）にみられた変異だったと報告し，またしばしばTP53変異とSTAG2変異は同一症例で共存していたが，両方の変異をもった症例は特に予後不良であったと報告した[10]．また，STAG2変異がEwing肉腫の再発に関与していることが示唆された．

4）その他のがん

前述のSolomonらの論文[7]では悪性膠芽腫，悪性黒色腫の検体でもSTAG2の遺伝子変異や欠失を報告していた．その後アメリカの大型がんゲノムプロジェクトであるTCGA（The Cancer Genome Atlas）の解析でも，STAG2変異は悪性膠芽腫の7％に認められている[11]．また，TCGAによる乳がんの解析ではCTCFがドライバー遺伝子として同定されている[12]．

最近ではNGSを用いた網羅的な遺伝子解析が多くの腫瘍について報告され，さまざまながん種をあわせて解析したPan-cancer analysisが多く報告されているが，その結果でもコヒーシン（STAG2，RAD21，SMC1A，SMC3），CTCFはドライバー遺伝子として同定されている[13]．

一方，Katainenらは全ゲノムシークエンスにより大腸がんではコヒーシンとCTCFの結合するゲノム上の部位では高頻度に変異が集積していると報告し，

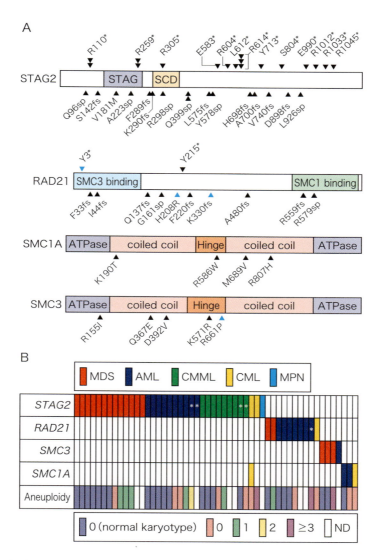

図1 骨髄性腫瘍で同定されたコヒーシン複合体を構成する遺伝子の変異
A）変異はMDS，AML，CMMLなどで同定され，各遺伝子の変異は排他的にみられていた．また変異がみられた症例の多くが正常核型で，変異と染色体異数性との相関はみられなかった．B）*STAG2*，*RAD21*の変異は多くが機能喪失型変異であったのに対して，*SMC1A*，*SMC3*ではミスセンス変異が多くみられた．文献2より引用．

変異がAからCあるいはGへの置換を示すパターンをとることが多いことや，*POLE*遺伝子変異によりPolymerase εを欠損した症例に発症する大腸がんでは同部位に変異の集積を認めなかったことからDNA複製時にエラーが起こっているのが変異の原因であると想定されている[14]．

2 コヒーシンの遺伝子異常による発がんメカニズム

1）異数性

Solomonらは*STAG2*に遺伝子異常がない細胞株においてナンセンス変異（がんで報告がなかったもの）をノックインすることにより姉妹染色体分離および染色体数が増加したと報告した．また，*STAG2*に機能喪

失型変異を有する細胞株に対してアデノ随伴ウイルスベクターを用いて変異を修正することにより，姉妹染色体接着や染色体数増加が正常化したといったデータを示し，これらの結果から STAG2 異常は染色体不安定性あるいは染色体異数性を介して発がんにかかわっていると報告した[7]．しかし，その後さまざまながんで STAG2 などのコヒーシンの変異と染色体数の増加との相関はみられず，しばしば染色体異常が全くない腫瘍があることも明らかになり，染色体異数性が主要な発がんメカニズムであるという考えは否定的なものとなった．また，同グループはこういった報告を踏まえて，実際にがんで報告がみられた9つの変異について以前の文献7と同様の実験を行った[15]．その結果，がんで見つかっている変異のごく一部の変異のみで姉妹染色体接着の異常が観察され，やはり染色体異数性以外のメカニズムが腫瘍化に関与していることが示唆された．

造血器腫瘍についてはコヒーシン複合体の変異と染色体数の異常との相関はみられなかったが，昆らはコヒーシン複合体の機能喪失型変異をもった，あるいは発現が低下している細胞株では，コヒーシンのコンポーネントの発現低下がみられていても，姉妹染色体接着は保たれていることを報告した[2]．

膀胱がんでは Guo らは STAG2 変異のある症例で異数性がより多くみられたと報告したが[4]，Balbasa-Martinez らは STAG2 の発現消失と染色体異数性に相関はみられなかったと報告し，また膀胱がんの細胞株において STAG2 をノックダウンしても分裂中期の染色体数の変化はみられなかったと報告している[5]．

2）造血器腫瘍における発がんメカニズム

昆，南野らはコヒーシン複合体の構成タンパク質の変異あるいは発現の低下を伴う細胞株において，SMC1A，SMC3，RAD21，STAG2 を含む1つ以上のコヒーシン複合体の構成タンパク質のクロマチン結合画分において発現の有意な低下が認められたとし，変異によりコヒーシンの結合がさまざまなゲノム上の部位で失われていると報告した[2]．Viny らは造血器特異的な Smc3 コンディショナルノックアウトマウスを作製し，両アレルをノックアウトした場合には骨髄形成不全をきたし，また不完全な姉妹染色体分離により異数性を示した細胞が多くみられたと報告した[16]．一方，片アレルのみのノックアウトでは造血幹細胞分画の細胞の増加や，造血細胞の自己複製能の増加がみられたと報告した．また，RNA-seq により Smc3 ハプロ不全によりグローバルに転写活性が低下していることが示唆され，さらに ATAC-seq により発現が低下していた遺伝子領域ではクロマチンアクセシビリティが低下していたと報告し，Smc3 はクロマチンアクセシビリティを介して転写を制御していると考えられた．Mullenders らはコンディショナルに片アレルの Rad21，Smc1a，Stag2 をノックダウンできる shRNA マウスを作製し，他の白血病マウスでもみられる表現型である脾腫が観察され，また骨髄では骨髄系細胞への偏った分化傾向（myeloid skewing）がみられたと報告した[17]．ATAC-seq ではノックダウンにより発現上昇がみられた遺伝子でアクセシビリティが変化しており，これらは骨髄系の細胞で発現が高い遺伝子であったことから，コヒーシンは骨髄球系への分化をクロマチンアクセシビリティを介して制御している可能性が考えられた．Mazumdar らは AML 細胞株や臍帯血由来 CD34 陽性の造血幹細胞分画細胞にコヒーシンの変異を導入し，変異により造血細胞の分化が抑制されると報告した[18]．また，コロニーアッセイではコヒーシンの変異により骨髄系のコロニーの数が増加し，myeloid skewing がみられた．さらに，ATAC-seq により RAD21，SMC1A 変異を導入した細胞株では一部のゲノム部位でアクセシビリティが増加しており，ERG，GATA2，RUNX1 などの造血幹細胞で発現が高く重要な制御因子として知られている転写因子の結合部位が多く含まれていたと報告し，また ChIP-seq でこれらの転写因子の結合が増加していることが確認された．さらに，これらの転写因子をノックダウンすることで造血細胞の分化抑制がみられなくなったことから，コヒーシン変異は ERG，GATA2，RUNX1 のクロマチンアクセシビリティ，発現，活性上昇を介して，造血幹細胞の分化を障害し，また白血病化にかかわっているとした（図2）．

3）固形腫瘍

CTCF の変異は子宮内膜がんや乳がん[12]で報告され，変異は機能喪失型変異の他に，zinc finger ドメインにミスセンス変異が多くみられ，DNA 配列認識能に変化をもたらしていると考えられている．Kemp らは Ctcf

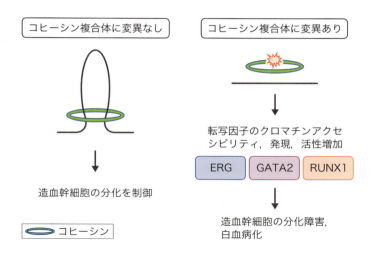

図2　コヒーシン変異による造血器腫瘍発生のメカニズム
コヒーシンは造血幹細胞の分化を制御しているが，変異が入るとERG，GATA2，RUNX1などの転写因子の結合するゲノム上の部位のクロマチンアクセシビリティが上がり，さらに発現および活性の増加により，造血幹細胞の分化障害，白血病化をきたすと考えられている．

ヘミ接合性ノックアウトマウスではさまざまな組織に腫瘍が自然発生することを報告し，腫瘍のDNAメチル化をゲノムワイドに調べたところ特定のCpG領域が同マウスで高メチル化状態にあることを示した[19]．同様に*CTCF*におけるコピー数異常あるいは変異の有無により，子宮内膜がんの症例ではDNAメチル化状態が異なったパターンを示していた．

3　コヒーシン異常と治療抵抗性

Shenらは悪性黒色腫でBRAF阻害剤の抵抗性を獲得した症例において*STAG2*変異が獲得されている症例を同定し，またBRAF阻害剤に抵抗性を獲得した症例および細胞株においてSTAG2，STAG3の発現の低下がみられたと報告した[20]．また，*STAG2*あるいは*STAG3*を悪性黒色腫細胞株あるいはゼノグラフトにおいてノックダウンすることにより，BRAF阻害剤への抵抗性が獲得されていた．これらの細胞では，STAG2変異によりCTCFの結合低下によるBRAF–MEK–ERK経路にあるERKホスファターゼであるDUSP6の発現低下が起こり，それによりMEK-ERKシグナルの再活性化によりBRAF阻害剤の抵抗性が獲得されていると考えられた．

4　治療標的分子としてのコヒーシン

コヒーシンは他の*BRCA1*，*BRCA2*などのPAPR（poly ADP-ribose polymerase）阻害剤に感受性を示す遺伝子と同様にDNA複製やDNA修復にかかわっていることからコヒーシンの変異がある症例はPARP阻害剤に感受性があるのではないかと想定されていた．Baileyらは*STAG2*に変異のある細胞株および変異を修正した細胞株に対してPARP阻害剤を使用し，変異のある細胞株で有意にPAPR阻害剤に効果がみられたと報告した[21]．van der LelijらはCRISPR/Cas9によりHCT116細胞株に*STAG2*変異およびそれによるタンパク質発現消失を導入し，親細胞株および変異を導入した細胞株にさらに*STAG1*をノックダウンしたところ，*STAG2*を欠損している細胞株だけで著明な細胞生存率の低下がみられたとした[22]．また，*STAG2*を欠損した細胞に*STAG1*をノックダウンすることにより姉妹染色体接着の障害やアポトーシスの増加がみられることを示し，STAG1およびSTAG2のsynthetic lethality（合成致死性）のメカニズムは姉妹染色体接着の異常とそれによる細胞分裂の異常，細胞死であることが示唆された（**図3**）．

図3　STAG1，STAG2における合成致死性
STAG2変異のみでは姉妹染色体分離は保たれているが，STAG1，STAG2両方に異常があると姉妹染色体分離の異常から細胞が致死性となる．

おわりに

　NGSなどを用いた遺伝子解析により膀胱がんやEwing肉腫などの固形腫瘍，急性骨髄性白血病などの造血器腫瘍でコヒーシン複合体の変異が明らかになった．これらの遺伝子異常による発がんのメカニズムについても，当初報告された染色体の異数性を介するものではなく，染色体構造や遺伝子発現の変化を介するものであると明らかになってきているが，Hi-C解析など最新の解析手法により今後さらに詳細な発がんにおけるメカニズムや特定の腫瘍で変異の頻度が高い理由などについても明らかにされるものと思われる．また，コヒーシンの変異が治療抵抗性やあるいは治療感受性につながるといった新たな側面も明らかになり，特に治療標的としては今後の臨床応用が期待される．

文献

1) Welch JS, et al：Cell, 150：264-278, 2012
2) Kon A, et al：Nat Genet, 45：1232-1237, 2013
3) Yoshida K, et al：Nat Genet, 45：1293-1299, 2013
4) Guo G, et al：Nat Genet, 45：1459-1463, 2013
5) Balbás-Martínez C, et al：Nat Genet, 45：1464-1469, 2013
6) Solomon DA, et al：Nat Genet, 45：1428-1430, 2013
7) Solomon DA, et al：Science, 333：1039-1043, 2011
8) Brohl AS, et al：PLoS Genet, 10：e1004475, 2014
9) Crompton BD, et al：Cancer Discov, 4：1326-1341, 2014
10) Tirode F, et al：Cancer Discov, 4：1342-1353, 2014
11) Brennan CW, et al：Cell, 155：462-477, 2013
12) Cancer Genome Atlas Network：Nature, 490：61-70, 2012
13) Lawrence MS, et al：Nature, 505：495-501, 2014
14) Katainen R, et al：Nat Genet, 47：818-821, 2015
15) Kim JS, et al：PLoS Genet, 12：e1005865, 2016
16) Viny AD, et al：J Exp Med, 212：1819-1832, 2015
17) Mullenders J, et al：J Exp Med, 212：1833-1850, 2015
18) Mazumdar C, et al：Cell Stem Cell, 17：675-688, 2015
19) Kemp CJ, et al：Cell Rep, 7：1020-1029, 2014
20) Shen CH, et al：Nat Med, 22：1056-1061, 2016
21) Bailey ML, et al：Mol Cancer Ther, 13：724-732, 2014
22) van der Lelij P, et al：Elife, 6：pii: e26980, 2017

＜著者プロフィール＞
吉田健一：2005年，東北大学医学部医学科卒業．卒業後は聖路加国際病院で初期研修および小児科専門研修を行う．'10年，東京大学大学院医学系研究科に入学し，卒業後は京都大学腫瘍生物学講座にて小川誠司教授の指導のもと，次世代シークエンサーを用いて造血器腫瘍などの遺伝子解析に従事した．'18年3月から最先端のゲノム解析を学ぶためWellcome Trust Sanger Institute（英国）に留学している．

第5章 染色体の異常はどのようにして疾患や老化を引き起こすのか？

3. コヒーシン・コンデンシンの欠損を原因とする発生疾患

坂田豊典，白髭克彦

> コヒーシン，コンデンシン複合体およびその関連タンパク質をコードする遺伝子の変異によって，さまざまな発生疾患が引き起こされることが知られている．コヒーシンとその制御因子の遺伝子変異を原因とする発生疾患は，CdLSを代表として，総じてコヒーシン病とよばれており，その臨床症状は多岐にわたる発生異常を特徴としている．一方，コンデンシンの変異では，出生時に脳のサイズが非常に小さい小頭症となることが報告されている．これまでの研究から，これらの変異による影響の解析や発症メカニズムの解明が進められている．

はじめに

　コヒーシンとコンデンシンはともにSMC（structural maintenance of chromosomes）タンパク質複合体であり，細胞周期を通して染色体構造を制御している．コヒーシンがS期から細胞分裂後期にかけてDNA複製後の姉妹染色分体間接着に機能している一方で，コンデンシンは細胞分裂期の正常な染色体凝縮および分配を促進する（コヒーシンとコンデンシンについては第3章-1〜3参照）．

　コヒーシンは姉妹染色分体間接着以外にも，DNA組換え，修復，転写といったさまざまな染色体機能において，重要な役割を担っていることが知られている．特に，われわれを含む複数のグループがインスレーターとして転写に寄与することを2008年に発見して以降[1]〜[4]，コヒーシンは転写制御と染色体高次構造を連動する可能性のある因子として大きくとり上げられるようになった．さらに，コヒーシンやその制御因子の遺

[略語]
ALF：AF4/LAF4 (lymphoid nuclear protein related to AF4) /FMR2 (fragile XE mental retardation syndrome)
BET：bromodomain and extra-terminal domain
CdLS：Cornelia de Lange syndrome（コルネリア・デ・ランゲ症候群）
CIS：chromosome instability syndromes
RBS：Roberts syndrome（ロバーツ症候群）
SEC：super elongation complex
SMC：structural maintenance of chromosomes

Developmental disorders caused by mutations in genes encoding cohesin, condensin complexes and those related proteins
Toyonori Sakata/Katsuhiko Shirahige：Laboratory of Genome Structure and Function, Research Division for Quantitative Life Sciences, Institute for Quantitative Biosciences, The University of Tokyo（東京大学定量生命科学研究所先端定量生命科学研究部門ゲノム情報解析研究分野）

伝子変異を原因とするいくつかの発生疾患も報告されており，これらは総じてコヒーシン病（cohesinopathy）とよばれている．

コンデンシンは進化的によく保存されており，後生動物ではコンデンシンⅠとⅡの2つのサブタイプが存在している．コンデンシンⅠは細胞分裂時の核膜崩壊後に染色体に結合して機能する一方で，コンデンシンⅡは細胞周期を通して核内に局在するが，どちらの複合体も分裂時の正常な染色体凝縮には必須である．これまでのところ，コンデンシンは特に小頭症とのかかわりが報告されている．

そこで，本稿ではコヒーシン，コンデンシンがかかわる発生疾患について，最新の知見を交えて解説していく（がんにおけるコヒーシン関連遺伝子の異常については第5章-2参照）．

1 コヒーシンとその関連疾患（cohesinopathy）

1）CdLS

コヒーシン病で最も代表的なものとしては，CdLS（Cornelia de Lange syndrome）が知られている．この疾患は1933年にオランダの小児科女医，Cornelia Catharina de Langeにより報告されており，出生1万人あたり1人程度と推測される優性遺伝病である．その臨床症状は，多岐にわたる発生異常を特徴としており，精神運動発達遅滞，成長障害，特異顔貌，多毛，上肢の異常，心奇形，消化管異常，横隔膜ヘルニア，血小板数低下，免疫異常などが知られている[5]．このCdLSの原因となるコヒーシン関連遺伝子は，現在までのところ5つ（NIPBL，SMC1A，SMC3，HDAC8，SCC1）が報告されている．

2004年に，Krantz博士らがCdLSの原因遺伝子として，コヒーシンローダー遺伝子をコードするNIPBLをはじめて報告した．現在までに報告されているNIPBL遺伝子変異は片側アレルのミスセンス変異，遺伝子座全長を含む欠失，そしてフレームシフト変異であり，興味深いことにすべての症例でハプロ不全（haploinsufficiency）[※1]である[6)7)]．コヒーシンサブユニットの遺伝子であるSMC1AとSMC3の変異もハプロ不全であり，ほとんどがミスセンス変異あるいはインフレームの数塩基欠失である[8)～10)]．また，同じくコヒーシンサブユニットの遺伝子であるSCC1については，完全欠失やミスセンス変異が確認されている[11)]．さらに2012年には，コヒーシン脱アセチル化酵素であるHDAC8の変異がCdLSの原因となることを，われわれのグループが報告した[12)]．HDAC8の変異はミスセンス変異であり，患者細胞ではHDAC8の酵素活性がほぼ消失していることがわかった．これらのCdLSの原因となる遺伝子変異のなかで，特にNIPBLの変異が一番高頻度であり，約60％の患者で同定されている．一方でSMC1A，SCC1とHDAC8の変異の頻度はそれぞれ約5％程度であり，SMC3変異は1～2％と推定されている．NIPBL変異患者では，重篤な発達遅滞，四肢の異常，内臓奇形が特徴的に認められるが，一方で，SMC1A，SMC3，HDAC8の変異患者は症状がより軽度な傾向にあり，四肢の異常は認められない．また，SCC1変異患者でも，重度な認知障害は報告されていない[13)]．

CdLSについては，3割程度の症例についてはいまだに原因遺伝子が特定されていないが，最近になって，新たな原因遺伝子としてBRD4が報告されている[14)]．BRD4はBET（bromodomain and extra-terminal domain）タンパク質ファミリーに属しており，アセチル化修飾されたヒストンに結合する．さらに，後述のp-TEFb複合体と相互作用して，そのキナーゼ活性を促進することで，遺伝子の転写を促進することが知られている．BRD4の遺伝子変異もミスセンス変異とフレームシフト変異，さらに遺伝子座全長を含む欠失であり，やはりすべてハプロ不全であることが確認されている．おもしろいことに，BRD4はコヒーシンおよびNIPBLと相互作用して，遺伝子のプロモーターやエンハンサー領域において共局在することも明らかとなっており，コヒーシンとの機能的なかかわりが示唆されている．

コヒーシン関連遺伝子に変異がみられる一方で，

※1 ハプロ不全

接合体のもつ一対の遺伝子において，変異と野生型遺伝子のヘテロ接合体で機能不全がみられること．遺伝子の片方に変異が起こって発現がなくなると，野生型遺伝子1つ（ハプロイド）からつくられるタンパク質だけでは量が不足してしまい，表現型が現れる．

CdLS患者細胞では染色体上のコヒーシン総量の顕著な減少は観察されず，驚くべきことに，姉妹染色分体間の接着もほぼ正常であることが確認されている．これらのことから，CdLSの病態の直接的原因は，コヒーシンが発現を制御している一群の遺伝子の発現異常であると考えられている．

これまでに，NIPBLとSMC1A変異を有するCdLS患者細胞においてトランスクリプトーム解析が行われており，健常者と比較してCdLS特異的に遺伝子発現の増加が認められる遺伝子群が同定されている．また，コヒーシンのChIP-seq解析から，これらの遺伝子群のプロモーター領域では，有意にコヒーシンの局在が失われていることが確認された[15]．さらに，われわれのグループの解析から，HDAC8に変異をもつ患者由来の細胞では，コヒーシンのアセチル化が亢進しており，細胞周期を通してのコヒーシンの染色体への着脱制御に異常をきたしていることが明らかとなった．その結果として，健常者に比べてゲノム上のコヒーシン局在部位がやはり2割程度減少しており，遺伝子発現プロファイルもNIPBL変異のCdLS患者細胞と相関がみられた．また，このような発現変動の傾向は，SCC1をノックダウンしたときのヒト培養細胞株においても観察されている[1]．

これらのことから，CdLS患者に特徴的な遺伝子発現プロファイルは，コヒーシンの局在が失われることに伴う遺伝子発現の脱抑制によることが示唆されている．一方で，これまでの解析の限りでは，コヒーシン変異による遺伝子発現変動はかなり穏やかであることもまた事実である．発現変動は発生や分化に重要な転写因子を含む数百の遺伝子について観察されるものの，その変化は高々1.5倍程度である[15]．このようなわずかな転写変動が発生や分化の過程では大きな影響を及ぼすのか，あるいは，今までの解析で見落とされているような転写産物の変化（スプライシング異常やRNAの修飾状態の変化などの質的変化）が存在するのかについては不明であり，今後より詳細な解析が必要となるであろう．

2）CHOPs症候群

2015年に，Krantz博士らは，CdLSと類似の臨床所見を有する患者を3例同定し，CHOPs症候群と名づけた[16]．われわれがKrantz博士らとともに同疾患の分子病態の解析を行ったところ，CHOPs症候群とCdLSの患者細胞の間で遺伝子発現プロファイルの高い相関が認められ，両疾患の間に類似の遺伝子発現異常が存在することが明らかとなった[16]．さらに，エキソーム配列解析から，CHOPs症候群患者全例にAFF4遺伝子のミスセンス変異が同定された．これらの変異は，AFF4タンパク質のALF〔AF4/LAF4（lymphoid nuclear protein related to AF4）/FMR2（Fragile XE mental retardation syndrome）〕ホモロジードメインに集積していた．このALFホモロジードメインは，E3リガーゼであるSIAH1を介したプロテアソームによる分解に必要であることがマウスにおいて示されていた．そこで，変異をもつAFF4タンパク質がSIAH1により分解されるか検証したところ，CHOPs症候群で同定された3例の変異AFF4タンパク質は確かに分解に抵抗性を示した．さらに，CHOPs症候群患者由来の細胞においては，AFF4タンパク質量の増加が確認された．これらの結果から，CHOPs症候群のAFF4遺伝子の変異は機能獲得型変異（gain-of-function mutations）※2であることが示唆された．

AFF4はSEC（super elongation complex）を構成する巨大タンパク質で，AFF4がコアとなりp-TEFb（CDK9/cyclinT1）を含む9個のタンパク質からなる巨大複合体を形成する（**図1A**）[17]．高等真核生物においては，転写開始後，RNAポリメラーゼⅡ（RNAP2）が約50塩基程度RNAの転写を行った後，一時的に停止することが知られており，このステップはpromoter proximal pausingとよばれている[18]．pausing状態のRNAP2を転写伸長反応に移行させるためにはp-TEFbの活性が必要となるが，SECはこのようなRNAP2の再活性化に機能する（**図1B**）．われわれはCHOPs症候群とCdLSの間で共通の転写異常を引き起こすメカニズムを解析しているが，これらの患者由来の細胞においては，ともにAFF4の染色体上での局在箇所が増加していることがこれまでに明らかとなっている．これはコヒーシンもSECとともにRNAP2の再活性化に関与しており，AFF4の局在とRNAP2の再活性化を負

※2　機能獲得型変異

遺伝子からつくられるタンパク質の活性を異常に上昇させる，または本来と異なる新な活性を与えてしまうような変異．

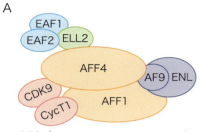

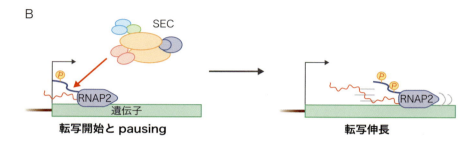

図1 SECとRNA転写伸長の制御
A）SECはAFF4，AFF1，ELL2，p-TEFb（CDK9/CycT1）といった9個のタンパク質から形成される巨大複合体であり，RNAP2（RNAポリメラーゼ2）によるRNA転写伸長を促進する．**B**）RNAP2タンパク質はC末端に7個のアミノ酸のくり返し配列を有し，高等真核生物においては，このくり返し配列がリン酸化されることにより転写開始・伸長反応の制御が行われている．転写開始時にはRNAP2のくり返し配列の5番目のセリンにリン酸化（図中の Ⓟ）が起こり，転写伸長反応移行時には2番目のセリン（Ser2）がリン酸化される．SECはSer2をリン酸化し，pausingの状態にあるRNAP2を転写伸長モードへと再活性化する．

に制御している可能性を示唆している．したがって，CdLSとCHOPs症候群でみられる転写異常はどちらもRNAP2の活性化異常に起因していると考えられる（**図2A**）．

3）RBS

コヒーシン病として知られている疾患には，CdLSの他にRBS（Roberts syndrome）がある[19)20)]．RBSはSMC3のアセチル化酵素であるESCO2の遺伝子変異で引き起こされる常染色体劣性遺伝病であり，成長障害，発達遅滞，特異顔貌，重篤な四肢欠損を特徴とする．顔貌や四肢欠損のタイプはCdLSとは異なっており，小頭症，眼球突出，眼間解離，口唇裂／口蓋裂，耳の奇形が高頻度で認められ，四肢の異常は上肢に強く認められる．

RBSの原因遺伝子であるESCO2はSMC3のアセチル化を通して，姉妹染色分体間接着の確立に機能することが知られている．実際，RBS患者由来の細胞においては，顕著な姉妹染色分体間接着の異常が確認されており，特にセントロメアおよびヘテロクロマチン領域において，特徴的な早期分離が観察される[19)21)]．また，RBS患者細胞はDNA損傷に対して高い感受性を示すことも報告されている．CdLS患者細胞は顕著な接着異常は認めず，DNA損傷に対する感受性も正常であることから，RBSはCdLSとは明確に異なっている（**図2B**）．

2 コンデンシンとその関連疾患

1）常染色体劣性原発性小頭症

コンデンシンがかかわる発生疾患としては，常染色体劣性原発性小頭症が知られており，出生時に脳のサイズが非常に小さいことと精神遅滞を特徴とする．特に大脳皮質で顕著なサイズの減少が認められるものの，脳の構造自体は正常である．このような小頭症の原因遺伝子は，多くが細胞周期の進行に必須のタンパク質をコードしているが，そのうちの1つとしては，MCPH1

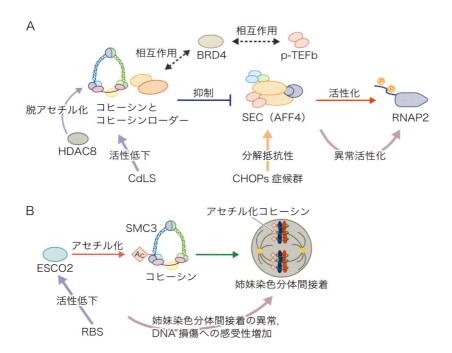

図2　コヒーシン病発症のモデル
A) コヒーシンはSECとともにRNAP2の再活性化に関与しており，SEC（AFF4）の局在とRNAP2の再活性化を負に制御している可能性が考えられる．また，BRD4はコヒーシンおよびコヒーシンローダー（NIPBL），p-TEFbと相互作用する．CHOPs症候群とCdLSの患者細胞では，AFF4の染色体への局在箇所がともに増加しており，両疾患の間では遺伝子発現プロファイルの高い相関が認められる．このとき，CdLSではコヒーシンの活性低下，CHOPs症候群ではAFF4分解抵抗性によって，それぞれAFF4の局在が増加していると予想され，結果としてどちらもRNAP2の活性化異常を招いていると考えられる．B) ESCO2はDNA複製時にSMC3のアセチル化修飾を介して，コヒーシンによる姉妹染色分体間接着の確立に機能する．RBSでは，ESCO2の活性低下によって，姉妹染色分体間接着に異常をきたし，DNA損傷への感受性も増加する．

が知られている．このMCPH1は，コンデンシンⅡのNCAPD3とNCAPG2サブユニットに結合し，G2期におけるコンデンシンⅡの活性を負に制御していることがこれまでに明らかとなっている[22)～24)]．また，MCPH1とNCAPG2のヘテロ変異が組合わさると，やはり小頭症と精神遅滞がみられることが報告されている[25)]．

さらに最近になって，小頭症の患者を対象としたエキソームシークエンス解析から，コンデンシンⅠのサブユニットであるNCAPD2とNCAPH，コンデンシンⅡのサブユニットのNCAPD3の変異がそれぞれ同定された[26)]．これらはホモあるいは複合ヘテロ接合変異（compound heterozygous mutations）※3の常染色体劣性遺伝であることが確認されている．これらの患者では，顕著な脳のサイズの減少に加えて，知的障害もみられ，一部の患者では軽度の低身長も認められた．

コンデンシン変異によって小頭症を発症するメカニズムとしては，染色体分配の異常による神経発生不全が考えられている[26)]．コンデンシン変異の患者細胞では，コンデンシンサブユニットのタンパク質量が減少しており，分裂期染色体凝縮活性の異常が確認されている．さらに，分裂後期に染色体分配異常の発生頻度が上昇しており，結果として，小核や異数体がより高頻度で観察されている．また，このような異常は

> **※3　複合ヘテロ接合変異**
> 接合体のもつ一対の遺伝子について，父親と母親からそれぞれ異なる変異が遺伝すること．一対の遺伝子の片方ずつに遺伝した2つの異なる変異が合わさることで，片方だけではみられなかった機能不全の表現型が現れるようになる．

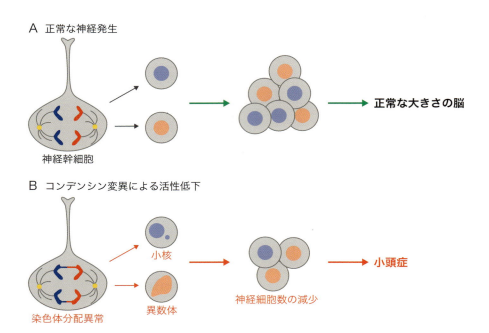

図3　コンデンシン変異によって小頭症が発症するモデル
A） 神経発生においては，神経幹細胞の増殖，分化が必要である．神経幹細胞は，対称分裂によって自己増殖を行うと同時に，一部は非対称分裂により神経細胞を産生する．**B）** コンデンシン変異の患者では，コンデンシンの活性が低下しており，分裂後期に染色体分配異常の発生頻度が上昇する．その結果として，一部の染色体が核に取り込まれずに生じる小核や通常の細胞と染色体の数が異なる異数体が通常より高頻度で生じる．これらの異常は，最終的に神経幹細胞の増殖阻害や細胞死を招き，神経発生に必要な細胞数が確保できなくなってしまうと考えられる．

NCAPH2変異のマウスや神経細胞特異的なコンデンシンⅠおよびⅡの条件的ノックアウトマウスでも確認されている[26)27)]．これらのことから，コンデンシン変異では，神経発生時の神経幹細胞の分裂において，染色体分配の異常が誘発されて，最終的に細胞増殖阻害や細胞死に至り，発生に十分な神経細胞数が確保できなくなってしまっていると考えられている（**図3**）．一方で，このようなことは神経細胞以外の他の細胞種でも起こりうることから，コンデンシン変異の影響がどのような原因で神経発生に特異的なのかは非常に不思議である．今後，神経細胞分裂において特別なコンデンシンの機能や制御などが明らかとなってくるのかもしれない．

おわりに

本稿ではコヒーシン，コンデンシンがかかわる発生疾患について解説した．CdLSにおける転写不全がコヒーシンのどの機能側面から説明可能なのか，より明確になるには今しばらく時間が必要であると思われる．このためには，患者細胞や患者のゲノム変異情報を有効に活用しながら研究を進めていくことが肝要となるだろう．また，通常の培養細胞だけでなく，実際の発生や分化過程において，CdLSでみられる変異がどのように影響するのか，動物実験等で今後解析していく必要があると思われる．一方で，これまでのところ，コヒーシンと比較してコンデンシン変異の影響は穏やかであり，神経発生に限定されている．しかし，NCAPH2変異のマウスにおいて，T細胞の分化および免疫反応の異常も報告されていることから[28)]，今後は免疫不全等の新たな疾患の原因遺伝子としてコンデンシンが同定されることも考えられる．

最近では，もう1つのSMCタンパク質複合体であるSMC5-SMC6複合体も疾患の原因となることが報告されている．この複合体のサブユニットの1つであるNSMCE3の両アレルのミスセンス変異では，細胞の染

色体不安定性や免疫不全を示し，その病態はCIS（chromosome instability syndromes）とよばれる一連の常染色体劣性遺伝病と類似していることが示されている[29]．これらの遺伝病の特徴は，いずれの原因遺伝子も染色体の安定性やDNA修復にかかわっていることである．また，別のサブユニットのNSMCE2の両アレルのフレームシフト変異では，始原小人症，インスリン抵抗性，さらに生殖腺機能不全がみられることも報告されている[30]．

近年では，シークエンス解析技術の発達によって，より安価で簡便にゲノム配列解析が行えるようになってきた．今後は，さらにSMCタンパク質複合体の変異についての情報が蓄積されてくることが予想され，これまでに報告されていない新たな病気についても，原因遺伝子として同定されるかもしれない．また，最近ではCRISPR/Casシステムを用いて，より容易に患者の変異を細胞株やマウスに導入することが可能となっている．さらに，Hi-Cをはじめとする高次構造解析や in vitro の染色体再構成など生化学的手法によって，染色体構造の構築や制御におけるコヒーシン，コンデンシンの機能解析が近年で急速に進んできている．そこで，患者細胞や患者変異を導入したモデル細胞株において，これらの解析を行うことで，疾患発症のメカニズムがより詳細に明らかとなってくるだろう．

文献

1) Wendt KS, et al：Nature, 451：796-801, 2008
2) Stedman W, et al：EMBO J, 27：654-666, 2008
3) Rubio ED, et al：Proc Natl Acad Sci U S A, 105：8309-8314, 2008
4) Parelho V, et al：Cell, 132：422-433, 2008
5) Deardorff MA, et al：Cornelia de Lange Syndrome.「GeneReviews®」(Adam MP, et al, eds), University of Washington, 1993-2018
6) Krantz ID, et al：Nat Genet, 36：631-635, 2004
7) Tonkin ET, et al：Nat Genet, 36：636-641, 2004
8) Deardorff MA, et al：Am J Hum Genet, 80：485-494, 2007
9) Liu J, et al：Hum Mutat, 30：1535-1542, 2009
10) Gil-Rodríguez MC, et al：Hum Mutat, 36：454-462, 2015
11) Deardorff MA, et al：Am J Hum Genet, 90：1014-1027, 2012
12) Deardorff MA, et al：Nature, 489：313-317, 2012
13) Mannini L, et al：Hum Mutat, 34：1589-1596, 2013
14) Olley G, et al：Nat Genet, 50：329-332, 2018
15) Liu J, et al：PLoS Biol, 7：e1000119, 2009
16) Izumi K, et al：Nat Genet, 47：338-344, 2015
17) Luo Z, et al：Nat Rev Mol Cell Biol, 13：543-547, 2012
18) Liu X, et al：Trends Biochem Sci, 40：516-525, 2015
19) Vega H, et al：Nat Genet, 37：468-470, 2005
20) van der Lelij P, et al：PLoS One, 4：e6936, 2009
21) Van Den Berg DJ & Francke U：Am J Med Genet, 47：1104-1123, 1993
22) Trimborn M, et al：Cell Cycle, 5：322-326, 2006
23) Wood JL, et al：J Biol Chem, 283：29586-29592, 2008
24) Yamashita D, et al：J Cell Biol, 194：841-854, 2011
25) Perche O, et al：Eur J Med Genet, 56：635-641, 2013
26) Martin CA, et al：Genes Dev, 30：2158-2172, 2016
27) Nishide K & Hirano T：PLoS Genet, 10：e1004847, 2014
28) Gosling KM, et al：Proc Natl Acad Sci U S A, 104：12445-12450, 2007
29) van der Crabben SN, et al：J Clin Invest, 126：2881-2892, 2016
30) Payne F, et al：J Clin Invest, 124：4028-4038, 2014

参考図書

- 西出賢次，平野達也：真核生物は2つのコンデンシンをどのように使い分けているのか？ 細胞工学，32：304-308, 学研メディカル秀潤社, 2013
- 小野教夫, 他：分裂期を超えたコンデンシンIIの多彩な役割．実験医学，31：2586-2591, 羊土社, 2013
- 白髭克彦, 他：コヒーシン制御の破綻を伴う発生疾患．実験医学，31：2568-2572, 羊土社, 2013
- 坂田豊典, 白髭克彦：コヒーシンによる転写制御と関連疾患．生化学，89：525-532, 日本生化学会, 2017

＜筆頭著者プロフィール＞

坂田豊典：2016年東京大学大学院農学生命科学研究科博士課程修了．同年から'17年東京大学定量生命科学研究所特任研究員，'18年より特任助教．研究テーマはコヒーシンやコンデンシンといったSMCタンパク質複合体による染色体構造制御のメカニズムの解明．主にChIP-seqをはじめとする次世代シークエンサーを用いた実験手法を用いて研究を進めている．最近は染色体の三次元構造に着目しており，Hi-C法を用いた解析も行っている．

第5章 染色体の異常はどのようにして疾患や老化を引き起こすのか？

4. 放射線と染色体異常

田代　聡

原爆，原発事故による放射線災害は，放射線被ばくが悪性腫瘍などの人体影響をもたらすため社会に大きな影響を与えてきた．放射線の人体影響には被ばくによる染色体異常が大きくかかわっているため，放射線生物学の分野では原爆被爆者の染色体解析が長い研究の歴史をもつ．最新の遺伝子解析技術，画像解析技術，数理モデル開発などを通して，これまで蓄積されてきた歴史的知見についての理解を深め，新しい角度からの染色体研究が展開されることが期待される．

はじめに

1945年8月6日に，世界で最初の原子爆弾（原爆）が広島に，そして8月9日には2番目の原爆が長崎に投下された．原爆は，通常の爆弾と同様の爆風と熱線による火傷や外傷とともに，放射線による人体障害を引き起こし，長年にわたって被爆者を苦しめている．1986年，チェルノブイリ原子力発電所の事故では，発電所の消火活動に当たった作業者に重度の被ばくによる障害が発生し，一般住民では小児の甲状腺がんの多発が大きな問題となっている[1]．2011年の東電福島第一原発事故では，幸いなことに重度の放射線被ばく者は発生しなかった．しかし，多くの一般住民が避難することとなり，その後甲状腺超音波検査で甲状腺がんをもつ小児が見つかり，大きな社会問題となっている．

原爆，原発事故など放射線災害は社会に大きな影響を与えてきたが，その影響の本質は放射線被ばくによる健康障害にある．この健康障害の原因として最も重要なものがゲノム障害，すなわち染色体異常とされている．本稿では，放射線被ばくによる健康障害から，その原因となる染色体異常形成の分子機構について概説する．

1 放射線被ばくによる健康障害

放射線被ばくの人体影響は，確定的影響と確率的影響に分けられる．確定的影響は，脱毛，下痢，血球減少など被ばく後数カ月以内の早期に発症する障害が多く，重篤な被ばくによる細胞死の誘導による臓器の機能不全が原因とされている．このため，確定的影響はある程度以上の被ばく線量で必ず認められ，その重症度は被ばく線量に相関する．原爆被爆者では，確定的影響による急性期死亡は1945年12月までとされ，広

[略語]
DSB：double strand break（DNA二本鎖切断）
NHEJ：non-homologous end joining
　（非相同末端結合）
PHA：phytohemagglutinin

Radiation-induced chromosome aberrations
Satoshi Tashiro：Department of Cellular Biology, Research Institute for Radiation Biology and Medicine, Hiroshima University（広島大学原爆放射線医科学研究所細胞修復制御研究分野）

島，長崎の急性期死亡者数は，それぞれ11.4万人，7.3万人前後であった[2]．

確率的影響は，被ばくから数年以上を経て発生する白血病やがんなどの悪性腫瘍が含まれる．放射線被ばくによる染色体DNA損傷の修復過程に一定の「確率」で発生するエラーにより染色体異常などが形成され，遺伝情報の改変が引き起こされることが原因とされている．原爆被爆者では，大規模な疫学研究から，原爆放射線の確率的影響が明らかにされてきた[1]．被ばく4年後から小児に多発した白血病は，8年後に発症のピークを迎えて，その後すみやかに減少している．一方，悪性固形腫瘍については，甲状腺がんが被ばく10年後くらいから，さらに20年後から乳がんなど，さまざまながんの発症増加が認められており，白血病より発症時期が遅れているが，その影響は現在も継続している．興味深いことに，白血病の類縁疾患であり固形腫瘍と同様に高齢者に多く発症する骨髄異形成症候群は，原爆被爆者で発生頻度の増加が現在も認められている[2]．

2 放射線被ばくによる染色体異常

放射線被ばくにより誘導される染色体異常については，主に検体採取が比較的容易な末梢血のTリンパ球をPHA（phytohemagglutinin）により増殖刺激しM期細胞を調製することで解析が行われてきた[3][4]．その結果，放射線被ばくによる染色体異常は，被ばく後長期間体内で検出される染色体転座※1，逆位，欠失などの安定型染色体異常と，数カ月から数年で消失するとされる動原体を2つもつ二動原体染色体※2や環状染色体などの不安定型染色体異常に分けられることが明

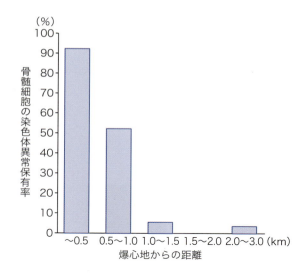

図1　原爆被爆者骨髄細胞の染色体異常
500 m以内のほぼすべての近距離被爆者では，骨髄細胞の染色体異常が認められている．文献6をもとに作成．

らかにされた．安定型染色体異常の数は，個人が検査時までに受けた放射線被ばくなどの影響の総和を反映し，不安定型染色体異常は，直近の放射線被ばくなどの影響を反映するとされている．

染色体転座や二動原体染色体などの染色体異常は，放射線が染色体DNAに2カ所のDNA二本鎖切断DSB（DNA double strand break）を誘導し，さらにその修復過程でのエラーによりDNA断片が相手を間違って結合されることにより形成されると考えられる．2つのDSBを誘導するには，放射線の1本の飛跡が1つのDSBを誘導する場合と，2つのDSBを誘導する場合が考えられる．前者では2カ所のDSBの形成は放射線線量の一次関数で記述され，後者は被ばく線量の二次

※1　染色体転座
2カ所のDNA二本鎖切断のDNA切断端が本来つながれるべき断端とは異なる場所に結合し，染色体のアームの一部が入れ替わることで形成される．染色体転座をもつ染色体は，正常染色体と同様に細胞分裂時に娘細胞に分配される．このため，体内に長期間存在する安定型染色体異常とされ，過去の放射線被ばくの線量評価に用いられる．白血病や悪性固形腫瘍では，疾患特異的な染色体転座が存在し診断に用いられる．

※2　二動原体染色体
染色体転座と同様に，DNA二本鎖切断のDNA切断端が本来とは異なる場所に結合されて形成されるが，セントロメアを含む部分同士が結合することで，1つの染色体上に2つのセントロメアをもつ二動原体染色体が形成される．細胞分裂時に正常に分配されず細胞死が誘導されるので，体内では数カ月から数年で消失する不安定型染色体異常とされ，緊急被ばく医療では直近の放射線被ばくの線量評価に用いられている．

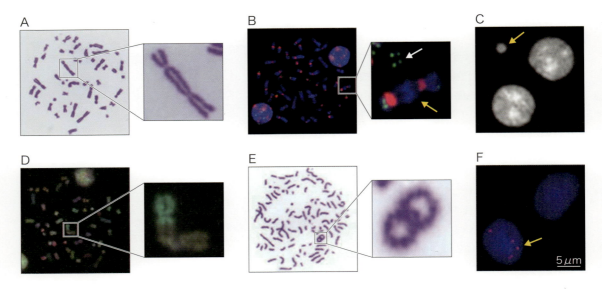

図2 放射線被ばくの生物学的線量評価に用いられる解析法
A）標準的なギムザ染色による二動原体の検出，B）セントロメアおよびテロメアのPNAプローブを用いた二動原体（黄矢印）および染色体断片（白矢印）の検出，C）細胞質分裂抑制細胞での微小核の検出，D）染色体ペインティングプローブを用いたマルチカラーFISH法による染色体異常の検出，E）未熟染色体凝集法PCCによる環状染色体の検出，F）γH2AXフォーカスの検出．文献4より転載．

関数で記述できるため，染色体異常数（Y）と被ばく線量（D）の関係は線形二次モデルlinear quadratic，すなわち

$$Y = \alpha D + \beta D^2$$

と記述されている[5]．

原爆被爆者では，被ばく後数十年たっても正常骨髄細胞や末梢血リンパ球に染色体異常が認められることが知られている．これらの染色体異常をもつ細胞の割合は被ばく線量が高いほど高く，特に爆心地から500 m以内で被ばくした近距離被ばく者ではリンパ球の染色体異常保有率が90％以上と非常に高くなっている（図1）[2]．

3 染色体を用いた生物学的線量評価

緊急被ばく医療では，治療方針を決定するために被ばく線量が重要であるが，原子力災害などでは被ばく傷病者の被ばく線量は不明なことが多い．そこで，放射線の被ばく線量とよく相関する染色体異常が，被ばく線量の推定に用いられる．このなかでもヒト末梢血リンパ球を用いた二動原体染色体や環状染色体などの不安定型染色体の解析は，最も重要な生物学的な被ばく線量の指標として確立されている（図2）[4]．この他には，未熟染色体凝集法（premature chromosome condensation）や細胞質分裂抑制細胞での微小核検出法（cytokinesis-block micronucleus assay）などの染色体異常が被ばく線量の推定に用いられる（図2）[3][4]．

一方，通常のギムザ染色による染色体解析は熟練を要し，また時間もかかるため，緊急被ばく医療での染色体を用いた被ばく線量評価を行うことが可能な研究室や検査室は限られてしまう[3]．われわれはこれらの問題点を解決するために，FISH法を応用して迅速かつ正確に染色体異常を評価する手法を開発した（図2）[6]．また，ゲノム損傷部位でリン酸化されたヒストンH2AXが形成する細胞核内フォーカスなどDNA修復関連タンパク質が構築する細胞核内高次構造体の定量的解析も（図2），新しい生物学的線量評価として緊急被ばく医療への応用が期待されている[3][4]．

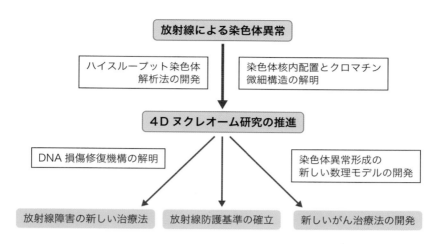

図3 これからの放射線被ばくによる染色体異常の研究

4 被爆者白血病と染色体異常

　放射線被ばくは，染色体DNAの損傷を誘導し，その修復エラーがさまざまな遺伝情報の変異をもたらす．さまざまな遺伝子情報の変異が正常細胞に蓄積することが，細胞のがん化につながるとされている．

　被爆者に発生した白血病の特徴は，非常に複雑な染色体異常をもつことにある．原爆近距離被爆者の定期的な検診を通した長期間にわたる染色体解析から，骨髄にさまざまな染色体異常をもつクローンが発生しては消失し，ある時点で白血病に特徴的な染色体異常をもつクローンが出現し，白血病が発症することが報告されている[7]．さらに，被爆者の骨髄異形成症候群でも，非被爆者と比べて複雑な染色体異常が認められており，被爆者と非被爆者の骨髄異形成症候群が異なる特徴をもつ可能性が示唆されている[8]．

5 染色体転座形成の分子機構

　染色体転座は，DNA二本鎖切断の修復過程でエラーが発生し，「DNA断端をつなぎ間違う」ことで形成されるとされている．このため，DNA二本鎖切断の修復機構のなかでも染色体DNA断端を確認なく結合する非相同末端結合（non-homologous end joining：NHEJ）が，染色体異常の形成に大きく関与するとされている．特にリンパ球系の悪性腫瘍では，染色体転座切断点付近の遺伝子塩基配列の解析から，リンパ球の分化に伴う生理的な遺伝子組換え反応の関与が示されているNHEJやそのバックアップ機構として考えられているalternative NHEJによる染色体DNA断端の誤った融合が，免疫グロブリン遺伝子やT細胞受容体遺伝子とmycやbcl-2などの発がん関連遺伝子との染色体転座にかかわっていることが明らかにされている[9]．

　リンパ球系以外の悪性腫瘍では，前立腺がんの疾患特異的染色体異常であるアンドロゲン受容体遺伝子とERG遺伝子の融合遺伝子が，免疫グロブリン遺伝子の生理的組換え機構にかかわるAIDのステロイドホルモン刺激などによる発現誘導により促進されることが知られている[10][11]．最近，われわれは，NHEJだけでなく，DSBの正確な修復システムとして知られている相同組換え修復機構の制御異常が，抗がん剤治療後に発症する二次性白血病で最も多く認められる11q23染色体異常の形成にかかわっていることを見出している[12][13]．しかし，リンパ球系以外や放射線による悪性腫瘍にかかわる染色体異常の形成機構についてはいまだ不明な点が多い[9]．

　染色体転座の形成には，DNA修復システムや遺伝子組換えシステムとともに，染色体DNAの構造が深くかかわっていることも明らかになりつつある．放射線によるDNA損傷に対してコンパクトなクロマチン構造は保護的に働くことの報告などもなされている[13]．さらに，クロマチンがオープンな構造をとっていると

ころが悪性腫瘍にみられる染色体転座の転座切断点になりやすいともされている[14]．最近，クロマチンの高次構造を形成するために重要なCTCFは，染色体安定性維持に重要であることなどが示され，クロマチン高次構造の構築が染色体異常の形成と深くかかわっている可能性が示唆されている[15]．

おわりに

これまでは「どうやってDNAをつなぐか？」が，放射線被ばくによるDNA損傷の修復についての主な研究課題であった．しかし，放射線はDSB以外にも酸化ストレスによるDNA損傷などさまざまなゲノム障害を誘導するため，放射線被ばくから「遺伝情報を維持するシステムとしてのDNA修復機構」を理解するためには，複合的なDNA損傷から染色体異常の発生を抑制するメカニズムを明らかにする必要がある．1960年代から続く放射線による染色体異常についての研究の蓄積には，このような研究を進めるうえでの大きなヒントが隠されていると考えられる．

東電福島第一原発事故や医療被ばくで問題になっている低線量被ばくの人体影響についてはいまだ不明な点が多く，新しいハイスループット画像解析技術を用いた大規模な染色体解析による放射線感受性の個人差の検討など[16]，今後の研究の展開が待たれる．一方で，染色体異常の形成を記述する線形二次モデルについては，修復機構の能力の限界などについては全く考慮されておらず，生命システムをより深く組込んだ染色体異常形成の数理モデルの開発も望まれる．また，超解像顕微鏡を用いた炭素線による放射線誘発核内ドメインの微細細胞核構造の解析など，新しい観点からの放射線によるゲノム障害の研究も展開されている[17]．AIを用いたハイスループット細胞画像解析システムや次世代シークエンサーなど，このような新しい研究手法を用いた「正確なDNA修復」のメカニズムの解明は，細胞核構造構築の四次元的包括的解析から生命現象の理解に取り組む4Dヌクレオーム研究とも位置付けられる．放射線被ばくによる染色体異常についての4Dヌクレオーム研究は，生命活動を維持するシステムの根源的な理解に寄与するとともに，放射線障害の新しい治療法，放射線防護基準の確立や二次がんの発症抑制を踏まえた新しいがん治療法の開発につながることが期待される（**図3**）．

文献

1) UNSCEAR：Annex D: Health effects due to radiation from the Chernobyl accident.「SOURCES AND EFFECTS OF IONIZING RADIATION-UNSCEAR 2008 REPORT Vol. II」, pp47-66, UNSCEAR, 2011
2) 「原爆放射線の人体影響 改訂第2版」（放射線被曝者医療国際協力推進協議会／編），文光堂，2012
3) 「Cytogenetic Dosimetry: Applications in Preparedness for and Response to Radiation Emergencies」, IAEA, 2011
4) Shi L & Tashiro S：J Radiat Res, 59：ii121-ii129, 2018
5) 「Radiobiology for the Radiologist, 7th Edition」(Hall EJ & Giaccia AJ. eds), Lippincott Williams & Wilkins, 2011
6) Shi L, et al：Radiat Res, 177：533-538, 2012
7) Kamada N, et al：Cytogenetic studies of hematological disorders in atomic bomb survivors.「Radiation-Induced Chromosome Damage in Man」(Ishihawa T & Sasaki MS, eds), pp455-474, Alan R. Liss, 1983
8) Horai M, et al：Br J Haematol, 180：381-390, 2018
9) Byrne M, et al：Ann N Y Acad Sci, 1310：89-97, 2014
10) Lin C, et al：Cell, 139：1069-1083, 2009
11) Mani RS, et al：Science, 326：1230, 2009
12) Sun J, et al：PLoS One, 5：e13554, 2010
13) Sun J, et al：Elife, 7：pii: e32222, 2018
14) Hogenbirk MA, et al：Proc Natl Acad Sci U S A, 113：E3649-E3656, 2016
15) Lang F, et al：Proc Natl Acad Sci U S A, 114：10912-10917, 2017
16) Shi L, et al：Radiat Res, doi: 10.1667/RR14976.1, 2018
17) Lopez Perez R, et al：FASEB J, 30：2767-2776, 2016

<著者プロフィール>
田代　聡：1986年広島大学医学部卒業，'92年広島大学大学院修了．大学院時代は白血病の疾患特異的染色体異常について形成機構の研究を行った．ゲノム修復機構の研究のため'98年ミュンヘン大学Thomas Cremer教授のもとに留学し，ゲノム修復タンパク質の動態解析を行う．2004年より現職．現在は，ゲノム修復機構と細胞核高次構造の関係，放射線被ばくにより形成される染色体異常などに興味をもって研究を進めている．

第5章　染色体の異常はどのようにして疾患や老化を引き起こすのか？

5. ヘテロクロマチンと細胞老化

成田匡志

細胞老化は個体老化や老化関連疾患などさまざまな病態生理に関与する．細胞や刺激の種類によって多彩なエフェクター機構が活性化し，多彩な細胞老化の誘導および維持などに関与する．「ヘテロクロマチンロス」も老化関連エフェクターとして提唱されてきた．一方で，老化細胞における新たなヘテロクロマチン形成等の報告もあり，ヘテロクロマチンロスモデルでは単純にすぎるという指摘がなされてきた．近年，細胞老化において，グローバルなレベルのみならず，ゲノムの特異的な領域におけるクロマチン変化が明らかになりつつある．

はじめに

老化の原因としては，さまざまな説が提唱されているが，その1つにヘテロクロマチンロス（heterochromatin loss）モデルがある（ヘテロクロマチン一般については，第1章-2参照）．発生期に確立したヘテロクロマチン領域が年齢に伴い徐々に崩壊することによって，不活化遺伝子の異常な発現が誘導され，老化に貢献するという説である[1]．ヘテロクロマチンロスモデルは加齢におけるモデルとして紹介されることが多いが，もともとは細胞老化（cellular senescence）の系において提唱された[1]．個体老化とヘテロクロマチンマーク減少との関連に関しても，少なくとも哺乳類では異なる個体由来の細胞同士を培養系で比較していることが多く，実際に生体での比較（individual aging, 個体老化）か，培養系を介している（cellular senescence, 細胞老化）か注意を要する．

細胞老化は，細胞傷害性のストレスによって引き起こされる現象で，非可逆的な細胞増殖・周期停止を特徴とする[2]．細胞老化は長らく培養系のみで研究が進んだが，老化した個体においても細胞老化が観察されたことから，細胞老化が個体老化の原因となるかという問題が議論されてきた．しかし，細胞老化が個体老化を促進する可能性が実験的に示されたのはそれほど古くない．まず，組織幹細胞・前駆細胞（progenitor cell）において細胞老化が蓄積することにより組織再生能が落ちることが，個体の老化を促進するという説が複数の組織を用いて提唱された[3]．こうした細胞老化の自律的側面に加え，非自律的活性が，近年ますます注目を浴びている．老化細胞は炎症性サイトカインなどさまざまな因子を分泌することによって局所，そ

[略語]
OIS : oncogene-induced senescence
SADS : senescence-associated distension of satellites
SAHF : senescence-associated heterochromatic foci
TAD : topologically associating domain

Heterochromatin and cellular senescence
Masashi Narita : Cancer Research UK Cambridge Institute, University of Cambridge（英国がん研究所，ケンブリッジ大学）

しておそらくは全身の組織に影響を与え，個体老化を促進するという説である．これは，老化細胞を遺伝学的あるいは薬学的に除去することによって，マウス個体の寿命が伸びるという結果によって，強く支持されている（図1）[4]．

このように，細胞老化は複数のレベルで個体老化に貢献していると考えられる．技術の発達に従って「老化」におけるエピジェネティクス変化の研究も急速に進んできている．しかし，特にゲノムワイド解析においては，非常に不均一な細胞や臓器およびそれら同士のコミュニケーションを扱う個体レベルでの解析はいまだ困難である．こうしたなか，細胞老化が，エピジェネティクス変化を調べる系の1つとして注目されている．ここでは，細胞老化を個体老化や老化関連疾患に対する理解への入り口の1つとしてとらえ，特にヘテロクロマチン関連の知見を概説する．

1 細胞老化の種類

細胞老化を検出するためには持続的な細胞周期停止という必須要素に加え，複数のマーカーを示す必要がある．これは，アポトーシスにおけるカスパーゼ活性化のような決定的なマーカーを欠くためである．細胞の種類および刺激の種類・強さなどにより，さまざまな細胞老化「亜表現型（subphenotypes）」をもつ細胞老化が存在するものと考えられる[2]．細胞老化におけるクロマチン構造変化もこの亜表現型の1つとして考えるとすると，細胞老化の種類によってクロマチン形態が異なることも理解しやすい．

細胞老化は，ヒト線維芽細胞の培養系において分裂誘導性細胞老化として見出され，テロメア短縮による持続的なDNA損傷が主な原因と判明している（テロメア一般については第1章-4参照）[5]．その後，同様の表現型がさまざまなストレスによっても誘導されることが示された．なかでも，がん遺伝子であるRASおよびその下流因子の過剰な活性化によって誘導されるものはがん遺伝子誘導性細胞老化（oncogene-induced senescence：OIS）とよばれる．OISは前がん状態の組織においても見出されることから，がん抑制のモデルとして用いられている．これに対し，培養系における分裂誘導性細胞老化はその「時間依存性」

からの類推で，加齢のモデルとして論じられることがある[2]．

2 細胞老化とDNAメチル化

細胞老化とエピジェネティクスの関係は，DNAやヒストン修飾のみならず，ヒストンバリアントやnon-coding RNA等の関与などさまざまなレベルで論じられてきた．特に，メチル化DNA（特にCpG配列における5′-メチルシトシン）の低下は古くから知られ，前述のヘテロクロマチンロスモデルの根拠の1つとなっている[1]．このメチル化DNAは特に反復配列等において恒常的ヘテロクロマチンのマーカーとして知られる．一方，哺乳類のプロモーターに多くみられるCpGアイランド※は一般に低メチル状態であるが，例えば，がん抑制遺伝子CpGアイランドがメチル化を受けると遺伝子が抑制され，がん化が促進される例が知られる．近年，Cruickshanksらはゲノムワイドな詳細な解析から，ヒト線維芽細胞における分裂誘導性細胞老化の系におけるDNAメチル化の変化は必ずしも「ロス」という一方向ではないことを示した（図2）[6]．つまり，低メチル化は一般にヘテロクロマチンとよばれる領域で起きるようだが，一部のCpGアイランドではむしろ高メチル化が起きているらしい．特にCpGアイランドのメチル化ががんにおいてよくみられるDNAメチル化変化と類似のパターンを示すことから，がんにおけるメチル化DNAの獲得は細胞老化の過程ですでに起きており，細胞老化エスケープの過程においてがん化促進に関与している可能性が示唆された[6]．

しかし，本来がん抑制機構と考えられる分裂誘導性細胞老化が，がん化促進メチル化DNAの温床かもしれないとする考えには，異論も出されている[7]．Xieらは，同一のヒト線維芽細胞から分裂誘導性細胞老化および形質転換・がん化を誘導し，メチル化DNAを直接比較した．Cruickshanksらと同様，老化とがん，いずれにおいてもグローバルなメチル低下と局所的メチ

※ **CpGアイランド**
ゲノムにおいて，CGという順番で並ぶ2塩基配列の頻度が高い領域．哺乳類のプロモーターの多くにみられる．脊椎動物ではCpGのC（シトシン）の5位炭素がメチル化されているが，CpGアイランドは一般的に低メチルである．

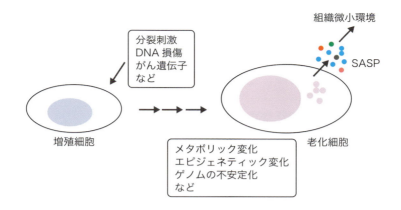

図1　細胞老化
細胞老化はさまざまな刺激によって誘導され，多彩な形態をしめす．安定な細胞周期停止を特徴とするが，サイトカイン等の分泌因子を通して組織微小環境にも多大な影響を及ぼす．SASPやエピジェネティクス変化など，多くのエフェクター機構が総合的に細胞老化表現型の質を決めると考えられる．SASP：senescence-associated secretory phenotype．

ル上昇を認めたが，特にメチル変化を受ける遺伝子領域の相違から，細胞老化とがんにおけるDNAメチル化変化は独立した事象と解釈されている．ちなみに，OISにおけるDNAメチル化変化はあまり認められないらしく，細胞老化の多様性が支持される[7]．

いずれにせよ，細胞老化およびがんに共通してみられる，反復配列からなるヘテロクロマチン領域におけるメチル化DNAの低下は，レトロトランスポゾンの活性化などを通し，ゲノムの不安定化を促進する可能性がある．実際，分裂誘導性細胞老化において，レトロトランスポゾンやサテライト配列（セントロメアやテロメア領域に存在）の活性化が報告されている[8]．

おもしろいことに，DNAメチル化の変化に対応するように，分裂誘導性細胞老化におけるクロマチンアクセシビリティの「フラット化」が観察される[9]．すなわち，ヘテロクロマチン領域はよりオープンに，アクティブな遺伝子領域はよりクローズドに変化するとされる（**図2**）．しかし，DNAメチル化およびクロマチンアクセシビリティの変化に因子関係があるかどうかは，筆者の知る限り，実験的には示されていない（**3**-2）参照）．

3 細胞老化におけるクロマチン構造変化

細胞老化の多様性については触れたが，老化細胞でみられるクロマチン構造変化もいくつか知られる．最近では，NOTCHシグナルが老化細胞において非常に均一なクロマチン構造を誘導することが「smoothening effect」として記述された[10]．ちなみに，このNOTCHによる著明なクロマチン変化は隣接細胞にも受け継がれる．細胞老化の細胞自律的および非細胞自律的側面を直接結ぶ一例と言える．以下，特に顕微鏡下に明らかなヘテロクロマチン構造変化について述べる．

1）SAHFs

SAHF（senescence-associated heterochromatic foci）は細胞老化において非常に特徴的なヘテロクロマチン変化として知られる[11]．もともと，H3K9me3やHP1などのヘテロクロマチン因子と共局在する斑点状のクロマチン凝縮構造として記述された．その後，それぞれ単一のSAHFはH3K9me3の「コア」がH3K27me3の「シェル」に囲まれるという非常にユニークな二重構造をしており，さらにその外側に転写活性領域が局在することが示された（**図3**）．その構造の生物学的意義に関しては，今後の課題であるが，当初強調されていたSAHF内における遺伝子抑制のみならず，inter-SAHF領域における遺伝子活性化，さらにそれらの安定化が細胞老化表現型の維持に貢献しているのではないかと推察している．

SAHFに局在あるいは，その形成に関与する因子は，

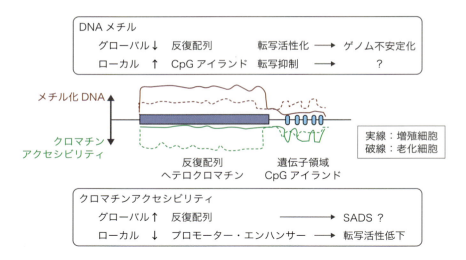

図2　フラット化する老化細胞ゲノム？
細胞老化におけるクロマチン変化．恒常的ヘテロクロマチンや遺伝子抑制のマークであるメチル化DNAは分裂誘導性細胞老化において，グローバル（特に反復配列領域において）には低下，ローカル（CpGアイランド）には上昇する傾向がみられる．クロマチン構造がオープンである指標としてのアクセシビリティの変化も，これと一致するようである．しかし，2つの指標が同一の領域において，どのように相関するか，また，機能的に関係しあっているかは明らかでない．図はあくまで，複数の論文より総合的に解釈し，単純化したイメージであり，例えば，細胞老化において活性化するエンハンサーなどもよく知られている．また，OISには，必ずしも適用できない．

前述のヘテロクロマチンマーカーの他にもいくつか知られる．なかでも，がん抑制遺伝子産物であるRB（retinoblastoma）およびその上流として働くp16はいずれも，細胞老化そのものにおいても重要な因子である．RBは特に細胞周期に関する遺伝子発現の抑制に関与するが，SAHFとの明瞭な構造的関与を示さず，おそらく機能的にSAHF形成を促進していると考えられるが，詳細は不明である．これに対し，DNA結合タンパク質であるHMGA（high-mobility group A）はSAHFと共局在し，特にHMGA1はその形成に必須であることから，SAHFの重要な構造因子と考えられる[12]．前述のNOTCHシグナルは，RASを高発現したOIS細胞においてもSAHFを消失させることができ，これは，NOTCHシグナルがHMGAを抑制することに依る部分が大きい[10]．さらに，NOTCHシグナルはクロマチンアクセシビリティを上昇させる．HMGA1のノックダウンでは，SAHFは抑制されるが，クロマチンsmootheningeffectは得られない．したがって，NOTCHによるクロマチンsmootheningはクロマチンアクセシビリティ変化と関連するのかもしれない．
ChIP-seqデータによると，染色体レベル（低解像度下）では，H3K9me3およびK3K27me3の分布が細胞老化誘導時に大きく変わらない．また，一般に，哺乳類の核では，周辺部にH3K9me3ヘテロクロマチンが豊富であるが，SAHF形成においてはH3K9me3をコアとするクロマチンの凝縮に伴い，核周辺ヘテロクロマチンの減少がみられる．これらのことから，SAHFは新たにH3K9me3によるヘテロクロマチン化が増加するというより，もともと存在するH3K9me3領域が空間的配置を変えることにより形成されると考えられた[11]．さらに，この考えは，以下に述べる細胞老化における核エンベロープの変化からも支持される．

核エンベロープは核ラミナという線維状網目の構造体によって支持されている．核ラミナの構成タンパク質はAタイプラミン（主にlamin A/C）とBタイプラミン（主にlamin B1，B2）に大きく分けられる．lamin Aは早期老化（プロジェリア）症候群（Hutchinson-Gilford progeria syndrome）の原因遺伝子の1つとして知られる．一方，近年，lamin B1が細胞老化において特異的に低下することが複数のグループより相次いで示された[12]．おもしろいことに，細胞老化におけるlamin B1の低下は，ゲノム上均一に

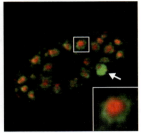
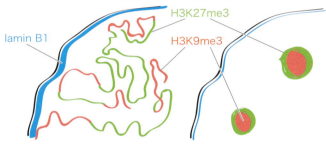

図3 SAHF形成モデル

ヒト線維芽細胞（IMR90細胞）にがん性RASを強制発現した後，ヘテロクロマチンのマーカーであるH3K9me3およびK3K27me3を免疫染色にて視覚化した（上）．矢印は不活化X染色体を指す．がん性RAS誘導性細胞老化において著明なSAHF形成を認める．それぞれのSAHFはH3K9me3とK3K27me3からなる層構造をなす．細胞老化ではlamin B1が低下し，H3K9me3ヘテロクロマチンが核周辺部より移動することでSAHF形成が促進されると考えられる（下）．文献11より引用.

起きるものではなく，特にH3K9me3領域と結合している部分において著明であった[13]．しかし，lamin B1の低下は核周辺のヘテロクロマチンの消失を誘導できるが，SAHF形成には十分でない．したがって，SAHF形成にはlamin B1の低下やHMGA1の活性化など複数のプロセスが協調して働く必要があると考えられる（図3）．

2）SADS

細胞老化において，顕微鏡下に観察可能なヘテロクロマチン構造変化はSAHFにとどまらない．Swansonらは，セントロメアにおいてヘテロクロマチンとして凝縮していたサテライト領域が，老化細胞特異的に伸展する現象をSADS（senescence-associated distension of satellites）として報告した[14]．これは，前述の，老化細胞の恒常的ヘテロクロマチン領域におけるDNAメチル化低下およびクロマチンアクセシビリティ上昇を彷彿とさせるが，Swansonらは，SADSとDNAメチル化低下との間に因果関係を認めないとした[14]．一方，同時期に，De Ceccoらも，SADSに関する記述を行っている（ちなみに彼らはSADSというよび名を使っていない）[9]．彼らはSADSとクロマチンアクセシビリティの変化を関連付けて論じているようだが詳細は不明である（図2）．

SAHFが細胞の種類や刺激の違いによってその出現頻度および程度にばらつきがあるのに対し，SADSは組織を含めより広汎に認められるという[14]．しかし，最近，コンデンシンIIの構成因子であるhCAP-H2の強制発現が細胞老化を誘導することが示されたが，この場合，SAHF陽性かつSADS陰性であるらしい[15]．コンデンシンIIは細胞周期間期においてもクロマチンの高次構造の調節に関与しているが[16]，細胞老化におけるクロマチン調節機構を探るうえでの有用な因子としても注目される．

4 細胞老化におけるクロマチン高次構造変化—Hi-Cテクノロジー

クロマチン構造は，主にFISHや免疫染色などのイメージングを用いた手法に，一次元データであるChIP-seqを組合わせて解釈されてきたが，近年，ゲノムワイドにクロマチン同士の結合をマップできるようになってきた（Hi-C, 第2章-4参照）．これにより，その解像度によって，ループ構造やTAD（topologically associating domain）という近傍のクロマチン結合をあらわす指標から，A/Bコンパートメントというオープン・クローズドを示す情報が得られる[17]．一般に，TADは発生段階および進化においてよく保存されているが，A/Bコンパートメントはより動的にコントロー

ルされている．ChandraらはHi-Cを用いてヒト線維芽細胞OISでのクロマチン高次構造を解析し，特にヘテロクロマチンの特徴を示すTAD内における近傍のクロマチン結合は低下するのに対し，それらのTAD同士の遠位の結合の頻度が上がることを示した[18]．これらのTADはlamin B1と結合する領域と一致する傾向があり，SAHFのイメージデータと一致する（図3）．Zirkelらによると，遠位のクロマチン結合の頻度が上がることは，ヒト線維芽細胞およびヒト臍帯静脈内皮細胞の分裂誘導性細胞老化においてもみられるがA/Bコンパートメントの変化はほとんどみられないという[19]．これらに対し，Criscioneらは，かなり異なる見解を示している．彼らは，ヒト線維芽細胞の分裂誘導細胞老化の系で，近位クロマチン結合の上昇および遠位クロマチン結合の減少，さらに一部のTADにおいてA/Bコンパートメントの転換がみられるとしている[20]．細胞老化におけるクロマチン高次構造の変化はこのように今のところ，明瞭に意見の一致をみていないが，少なくともOISの系におけるデータはSAHF形成過程のモデルをよくあらわしており，説得力を感じる．Hi-Cおよびその膨大なデータの解析方法は比較的新しく，今後さらなるデータの蓄積，解析法の改善が期待される．

おわりに

細胞老化におけるエピジェネティクス変化は多岐に及ぶ．本稿では，最もよく研究されているDNAメチル化について述べた．他にもヒストン修飾などの変化が知られるが，老化における普遍的な意義については明らかでない．典型的なエピジェネティックな変化に加え，コアヒストンの量的な減少も以前より知られていた[21][22]．最近，細胞質にリークしたクロマチン断片が，cGAS-STING経路を刺激することが判明した[23]．cGAS-STING経路は細胞に侵入したウイルスなどのDNAを認識し生体防御機構に関与するが，同様の経路が細胞老化にも積極的に「流用」されているようだ．これは，細胞老化の新たなエフェクターとして重要であるが，老化においてゲノム変異が蓄積する新しいメカニズムをも示唆している．DNAメチル化のところでも述べたが，ゲノムの不安定化さらには特定の遺伝子における変異ががん化のみならず老化にも関与する可能性がある．また，老化細胞におけるクロマチン高次構造の変化の詳細，その機能的意義および上流メカニズムなどにおいても不明な点は多い．こうした細胞老化における研究から個体老化やがんなど老化関連疾患への展開も今後の挑戦であろう．

文献

1) Villeponteau B：Exp Gerontol, 32：383-394, 1997
2) Salama R, et al：Genes Dev, 28：99-114, 2014
3) Sharpless NE & DePinho RA：Nat Rev Mol Cell Biol, 8：703-713, 2007
4) van Deursen JM：Nature, 509：439-446, 2014
5) Shay JW & Wright WE：Nat Rev Mol Cell Biol, 1：72-76, 2000
6) Cruickshanks HA, et al：Nat Cell Biol, 15：1495-1506, 2013
7) Xie W, et al：Cancer Cell, 33：309-321.e5, 2018
8) De Cecco M, et al：Aging (Albany NY), 5：867-883, 2013
9) De Cecco M, et al：Aging Cell, 12：247-256, 2013
10) Parry AJ, et al：Nat Commun, 9：1840, 2018
11) Chandra T & Narita M：Nucleus, 4：23-28, 2013
12) Parry AJ & Narita M：Mamm Genome, 27：320-331, 2016
13) Sadaie M, et al：Genes Dev, 27：1800-1808, 2013
14) Swanson EC, et al：J Cell Biol, 203：929-942, 2013
15) Yokoyama Y, et al：Cell Cycle, 14：2160-2170, 2015
16) Hirano T：Genes Dev, 26：1659-1678, 2012
17) Eagen KP：Trends Biochem Sci, 43：469-478, 2018
18) Chandra T, et al：Cell Rep, 10：471-483, 2015
19) Zirkel A, et al：Mol Cell, 70：730-744.e6, 2018
20) Criscione SW, et al：Sci Adv, 2：e1500882, 2016
21) O'Sullivan RJ, et al：Nat Struct Mol Biol, 17：1218-1225, 2010
22) Ivanov A, et al：J Cell Biol, 202：129-143, 2013
23) Li T & Chen ZJ：J Exp Med, 215：1287-1299, 2018

＜著者プロフィール＞

成田匡志：英国がん研究所，ケンブリッジ大学，シニアグループリーダー．1992年大阪大学医学部卒業．臨床勤務（外科），大阪大学大学院医学系研究科博士課程を経て2000年よりコールドスプリングハーバー研究所，ポスドク．'06年より英国がん研究所，ケンブリッジ大学，ジュニアグループリーダー．'12年より現職．

第5章　染色体の異常はどのようにして疾患や老化を引き起こすのか？

6. 反復遺伝子の不安定化が引き起こす細胞老化

小林武彦

> 翻訳を司るリボソームRNA遺伝子は，染色体上に100コピー以上がくり返して存在する反復遺伝子で，コピーの脱落と遺伝子増幅をくり返す染色体のなかで最もダイナミックに変化する領域である．しかし，そのダイナミックさゆえに不安定化しやすく，細胞老化を引き起こす「老化シグナル」の発信源となる．本総説ではこの「暴れん坊領域」がいかに制御され，またその維持機構の不調が，老化シグナルを発生し細胞老化を引き起こすメカニズムについて，最新の知見を交えて紹介する．

はじめに

ゲノムを維持する機能を理解するうえで，その多くの部分を占める反復配列の理解は欠かせない．例えばヒトのゲノムの組成では，大小合わせると全ゲノムのおおよそ半分が反復性の配列で占められている．大型の反復単位にはレトロトランスポゾンや偽遺伝子などの遺伝子の「残骸」があり，それらはかつて「ジャンクDNA」とよばれ機能が不明であったが，近年のゲノム解析技術の進歩により，適応応答や進化，サイレンシングなどのゲノムの維持に重要な働きをもつことが解明されはじめている[1]．一方遺伝子として反復している配列にはリボソームRNA遺伝子※1（rDNA）がある．リボソームは細胞中に最も多量に存在するタンパク質—RNA複合体であり，その遺伝子rDNAも多コピーで存在する．例えば出芽酵母では約150コピーが染色体12番に並列にくり返して巨大反復遺伝子群を形成し，ゲノムの約10％を占める．リボソームはすべての生物にとって必須な翻訳装置であり，rDNAの多コピー状態を維持する機構も必須である．実際に出芽酵母のrDNAを人為的に減らすと，数日で元の150コピーまで回復する[2]．このように，rDNAは常に変化している領域であり，その分不安定化するリスクが高

[略語]
ARS: autonomously replicating sequence（複製開始点）
E-pro: expansion promoter（非コードプロモーター）
rDNA: ribosomal RNA gene repeat（リボソームRNA遺伝子）
RFB: replication fork barrier（複製阻害点）
SPB: spindle pole body

> ※1　リボソームRNA遺伝子
> リボソームは，RNAとタンパク質からなる翻訳装置，そのRNA部分の遺伝子がリボソームRNA遺伝子．すべての生物で保存性が高く，真核細胞では最多の遺伝子でもある．

Stability of repetitive sequence affects cellular senescence
Takehiko Kobayashi：Institute for Quantitative Biosciences（IQB），The University of Tokyo（東京大学定量生命科学研究所）

い領域である．

本稿ではこのrDNAがダイナミックに変化するメカニズム，そしてそれらが分裂回数を増すと不安定化し細胞老化（cellular senescence）※2 を引き起こす老化シグナルの発生経路について概説する．

1 進化を加速するrDNA

リボソームはすべての生物がもつ翻訳装置でありセントラルドグマの中心因子の1つである．出芽酵母のリボソームは4本のRNA（リボソームRNA：5.8S，18S，25S，5S）と79種のタンパク質（リボソームタンパク質）からなる巨大な複合体である．その量は，例えば出芽酵母では，細胞内のタンパク質の約70％がリボソームタンパク質で，RNAの約60％がリボソームRNAである[3]．リボソームタンパク質は主に翻訳の開始，終結などの調節を行い，リボソームRNAは翻訳の触媒反応を担う．

細胞の機能を維持するためには非常に多量のリボソームが必要である．リボソーム「タンパク質」についてはmRNAを介してつくられるため，mRNAがなんども翻訳されることでタンパク質の多量供給が可能だが，リボソーム「RNA」は，RNAそのものが最終産物であり，多量生産のためには遺伝子のコピー数を増やす必要がある．細胞が大きくなり多機能化する進化の過程で，rDNAはそのコピー数を増やしてきた．別の言い方をすればrDNAの多コピー状態を維持する機構の獲得が，細胞の多機能化を可能にしたと推察される．

2 rDNAの増幅機構

細胞の巨大化・多機能化と引き換えに，ゲノムは反復遺伝子という厄介な領域を維持する必要が生じ，そのための機構を同時に進化させてきた．反復遺伝子はその構造上，どうしてもリピート間での相同組換えを生じやすく，コピーが脱落してしまう．そのため一定のコピー数を維持するためには，遺伝子数を回復させる遺伝子増幅作用が必要である．

出芽酵母rDNAの増幅機構は，われわれが中心となりその基本的な機構については解明されている．キーとなる因子は複製阻害点（replication fork barrier：RFB）※3 である．図1Aに示すように出芽酵母のrDNAは9.1kbの反復単位が約150回12番染色体上に連なって存在する．遺伝子（35Sと5S rDNA）の間の非コード領域に存在するDNA複製開始点から複製フォークが両方向に進行するが，図でいうと右方向に進むフォークは，複製阻害点でFob1タンパク質の作用により進行が止められる．すると，複製フォークの一本鎖部分で切断が起こり，姉妹染色分体間との相同組換えにより修復される．そのときに切断末端が「ずれて」隣のコピーと組換えると，そこで複製を再開するため同一コピーが2度複製されることになりコピーが増加する．

この複製阻害点での切断末端の「ずれる」反応が，増幅の調節の鍵となるが，この「ずれ」は遺伝子間の非コード領域に存在する転写のプロモーター（E-pro）によって誘導される．コピー数が減少して増幅が必要になるとSir2（ヒストン脱アセチル化酵素）が減少する．すると，それまでSir2によって抑えられていたE-proがオンになり，転写が両方向に進行し，コヒーシンやコンデンシンといった姉妹染色分体の接着にかかわる因子がそこから取り除かれる[4)5)]．その結果切断末端がずれやすくなり，遺伝子増幅が引き起こされる．さらに最近，この「ずれる」反応に切断末端部分のリセクションがかかわっていることが判明した[6)]．リセクションとは，相同組換え修復の最初のステップで，二本鎖切断末端の一本鎖部分が削られRad51,52などによる相同配列の検索を容易にする反応である．コピー数が低いときには，切断末端にリセクションが起こり相同組換え修復系が働き積極的に相同配列を探しにいくが，コピー数が回復するとリセクションが抑えられ，

※2 細胞老化
細胞の機能が不可逆的に低下し，やがて完全に停止して最終的に細胞が死んでしまう過程に起こる変化．細胞の構成成分の劣化が原因．なかでもゲノムの不安定化の影響は大きいと考えられている．

※3 複製阻害点
rDNAの転写終結点近傍にある～100bpの配列．Fob1が結合しDNAの複製を止め，rDNAの転写と複製の衝突を回避する．また組換えのホットスポットとしても働き，遺伝子増幅を誘導する．

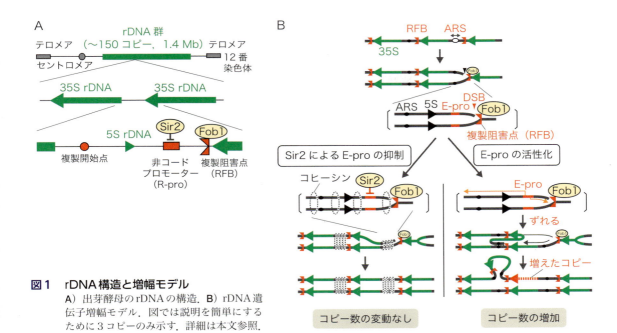

図1 rDNA構造と増幅モデル
A）出芽酵母のrDNAの構造．B）rDNA遺伝子増幅モデル．図では説明を簡単にするために3コピーのみ示す．詳細は本文参照．

相同組換え系は抑えられるため，相同組換えとは異なる「ずれ」を伴わない組換え様式によって修復されていると推定される．

3 rDNAと細胞老化

rDNAの増幅制御にかかわる*FOB1*と*SIR2*は，出芽酵母の寿命に影響を与える老化制御遺伝子としても知られている[7)8)]．通常出芽酵母は約20回分裂すると老化して死んでしまうが，*SIR2*欠損株では寿命が約半分に短縮し，*FOB1*欠損株では逆に約60％延長する．前節の説明からも推察されるように，*SIR2*欠損株ではE-proの発現が上昇し，切れた末端がずれやすくなり，rDNAが非常に不安定，つまりコピー数の変動が起こりやすい．逆に*FOB1*欠損株では二本鎖切断が起こらないため，組換えそのものが起こらず安定化する．これらのことから，筆者はrDNAの安定性が細胞の老化および寿命に影響を与えていると考えている（細胞老化のrDNA仮説[9)]）．ゲノムの安定性が寿命に影響を与えることは，一般的に知られており，例えば寿命が短縮する遺伝病であるヒト早期老化症は，DNAの修復遺伝子の変異が原因で生じる[10)]．あるいは酵母の修復遺伝子の変異は寿命を短縮し[11)]，非常に強い放射線被曝

やDNA損傷薬剤の摂取によっても寿命の短縮効果が知られている．そこで本仮説では，rDNAはゲノムのなかで大きな領域を占め，また不安定であることから，この安定性がゲノム全体の安定性を左右し，ひいては寿命に影響を与えていると考えている．

4 rDNAから発せられる老化シグナルの正体

rDNAの不安定化が老化を誘導し寿命を制限していると考えると，その領域から何らかの「老化シグナル」が発せられていると推察される．この「老化シグナル」の正体を解明するために，まずrDNAが不安定な変異株を単離した．これらの大部分は短寿命と考えられるが，そのなかにもし寿命が短縮しない株があれば，その変異遺伝子は「老化シグナル」にかかわっていると考えられる．そこで出芽酵母遺伝子欠損ライブラリー（4,800株）の株をすべてパルスフィールド電気泳動で調べ（rDNA4800プロジェクト），rDNAが不安定な株（約700株）を単離した[12)]．図2にその一部を示す．rDNAが不安定化すると，それが乗っている12番染色体のバンドが，コピー数の変動によりブロードになるため容易に判定ができる．さらにそのrDNA不安定株

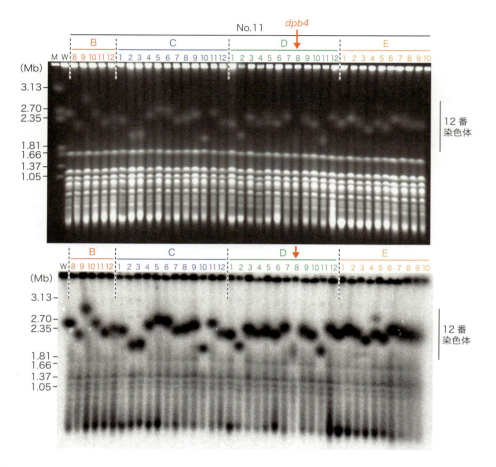

図2 パルスフィールド電気泳動によるrDNA不安定株の検出
上はエチジウムブロマイド染色，下はrDNAプローブによるハイブリダイゼーション．それぞれのレーンは異なる遺伝子の欠損株．矢印は *dpb4* を解析したレーンを示す．Mはサイズマーカー（*H.wingei* 染色体），Wは野生型株の染色体．http://lafula-com.info/kobayashiken/geldata/index.php より許可を得て転載．

のなかから文献情報を頼りに寿命が短縮していない株を探した．その結果，3つの遺伝子が候補となり，興味深いことにそれらはDNA複製のリーディング鎖合成にかかわる因子で，pol ε のサブユニット（Dpb3，Dpb4）および結合因子（Mrc1）であった（**図3**）[12]．これらがrDNAの複製阻害点に到達した際，何らかの反応に関与し老化シグナルの発生にかかわっていると考えられる．そこで複製阻害に付随して起こる反応にこれらの変異が与える影響を調べたところ，E-proの発現が減少していることがわかった．今のところわかっているのはここまでで，E-proの発現が複製阻害点での何らかの反応に関与し，老化シグナルを発していると予測している．

5 老化シグナルの不等分配メカニズム

不安定化したrDNAが老化シグナルの発信源となっているとすると次に疑問となるのは，その不安定な染色体がどのように分配されるかである．動物細胞では，すべての細胞が同じように老化するわけではなく，幹細胞や生殖細胞は老化しにくい．つまり細胞分裂時に老化シグナルには偏りがある，言い換えれば不安定化した染色体はどちらかの細胞に不等分配されると推定される．出芽酵母は**図4**に示すように不等分裂を行い，元となる母細胞から出芽により小さな娘細胞が生じる．母細胞は約20回，つまり約20個の娘細胞を生むと老化により分裂が停止しやがて死ぬ．一方，娘細胞を中

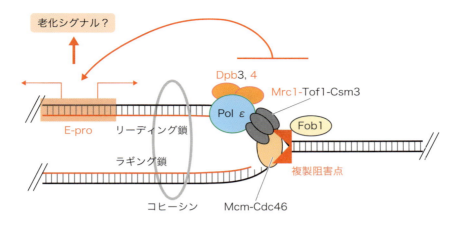

図3　複製阻害点から発生する老化シグナル
複製阻害点で停止した複製フォークのリーディング鎖に結合しているタンパク質と非コードプロモーター（E-pro）．老化シグナルにかかわる因子は赤字で示す．

心に考えると，これは分裂のたびにリセットされて「若返り」を起こし，再び20回分裂する能力を回復する．酵母の母細胞は，動物細胞の分化した細胞に相当し，娘細胞は幹細胞に相当する．

では，母細胞と娘細胞で老化シグナルの発信源であるrDNA（12番染色体）の分配は一体どうなっているのだろうか？　興味深いことに分裂直後のG1期の母と娘細胞をエルトリエーター遠心機で分離し，それらの染色体をパルスフィールド電気泳動で解析すると，母細胞から抽出した12番染色体はウェルに引っかかりうまく泳動されないのに対し，娘細胞の染色体は引っかかる量が減少していた．ウェルに引っかかる分子は，組換え中間体など異常な構造によると考えられる．このことは2つの可能性を示唆しており，つまり①分裂が終了した直後のG1期の母細胞では，依然修復が行われている（娘細胞では修復が終了している），あるいは②M期に傷が少ない染色体が選択されて娘細胞に分配されている，と考えられる．ちなみに12番以外の染色体は，母と娘細胞で安定性に差はみられない[13]．

6　ダメージは一方の染色分体でのみ起こる

出芽酵母の母と娘細胞でrDNAの安定性に差があり，これが母細胞を老化させ，娘細胞をリセットする原因になっていると考えられる．この差を生み出すメカニズムとして，上で述べたような2つの可能性が考えられる．1つは，染色体の分配としてはランダムだが，分配後即座に娘細胞でDNAの修復が起こる，もう1つは，傷が少ない染色体を選別する可能性である．前者は，分裂直後の細胞をとっているので，修復する時間があるとは思えず可能性は少ないと考えている．そこで後者の選別の可能性について検討してみる．

まず選別による不等分配を可能にするためには，前提条件としてrDNAの不安定性に偏り，つまりダメージがどちらか一方の姉妹染色分体に集中している必要がある．都合のよいことに，複製阻害点での二本鎖切断はリーディング鎖のみでしか起こらないことが報告されているため，これはクリアできる[14]．**図1B**でいうと複製阻害点は左からの複製しか止めないので，リーディング鎖が切れるとすると，すべての複製阻害点で上の姉妹染色分体が切れ，そちらで増幅が起こる（ダメージ鎖）．もう一本の姉妹染色分体は修復の鋳型となるため切断によるダメージは受けないことにある（鋳型鎖）．実際にrDNAコピー数が減少している母細胞の細胞壁をビオチンで標識して数回分裂させた後にビオチン抗体で元の母細胞を回収すると，それらでのみ増幅が確認される（飯田・小林未発表）．つまり二本鎖切断が起こり，増幅組換えが生じている「不安定な」姉妹染色分体は「選択されて」母に残っていることになる．

7 rDNAの不等分配モデル

　それでは二本鎖切断を受けた姉妹染色分体がどのように母細胞側に分配されるのだろうか？現象的には分配というより，出芽による分裂なので母細胞に「残留」である．現在このメカニズムについては解析中であり，結論は得られていないが，関連した興味深い結果を少しだけ紹介したい．

　rDNAの核内での局在をクロマチン染色体免疫沈降法で調べたところ，核膜孔およびMps3付近に結合することがわかった（鵜之沢・堀籠ら投稿中）．Mps3はSPB（spindle pole body）という動物細胞の中心体に相当する器官の形成にかかわっている．SPBは不等分配されることが知られており，元からある古いSPBは娘細胞に移動し，新しくつくられたSPBは母細胞側に残る（**図4**）．さらにこの結合はFob1および，損傷応答にかかわるTel1に依存していることから，二本鎖切断が起こった染色分体が選択されて核膜孔およびMps3付近に移動すると推察される．rDNA以外の領域でも，相同組換え修復が起こらない人工的な系で二本鎖切断を誘導すると，その領域が核膜孔およびMps3に移動することが観察されている[15]．ここから先は完全に憶測となるが，二本鎖切断を受けた側の姉妹染色分体のセントロメアが，何らかの機構により新しいSPBにトラップされ，それが母細胞側に残り細胞周期をまたいで修復をされていると推察している．そしてこの母細胞にもち越されたダメージの残ったrDNAからの老化シグナルにより母細胞でのみ老化が起こると予測している．

まとめ

　今回，解析が進んでいる出芽酵母を例にrDNAの不安定性と老化の関係を概説したが，動物細胞においても同様の関係を示唆する報告がある．例えば，古い例では，早期老化症の細胞ではrDNAが不安定化している[16]．また老齢マウスの造血幹細胞ではrDNAで複製ストレス（複製障害）を受けており，それが増殖低下を引き起こしている[17]．さらに最近の例では，ショウジョウバエの観察で，老化した生殖幹細胞においてrDNAのコピー数に顕著な減少が検出されている[18]．

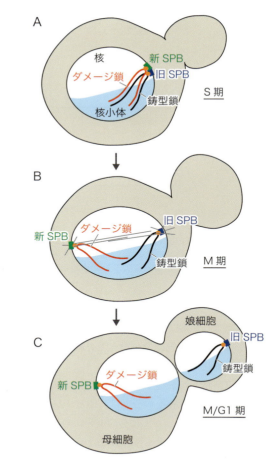

図4　出芽酵母のrDNA不等分配モデル
A) DNA複製時に阻害点で切れたDNAは，通常姉妹染色分体との組換えにより修復されるが，修復されなかった切断部位をもつ染色分体（ダメージ鎖）は核膜孔/Mps3に移動する．次にMps3は新しいSPB（新SPB）を古いSPB（旧SPB）の近傍に形成し，そこにダメージ鎖のセントロメアがトラップされる．**B)** 新しいSPBは反対極に移動する．**C)** 新しいSPBと古いSPBの位置関係を維持したまま核が分離し，古いSPBにトラップされた鋳型鎖は娘細胞に移動し，新しいSPBとダメージ鎖は母細胞側に残る．

　以上のように，rDNAが高度な反復構造をもつ真核細胞では，老化に伴う不安定化は共通した現象である．別の見方をすれば，rDNAはゲノムの不安定性を一早く感知して細胞老化を誘導する「センサー」的な役割を担っているということも可能である[19]．もちろんrDNA以外の反復配列も同様の機能をもつと推察されるが，rDNAのような高頻度の転写や増幅機構がない

ことから，その動的な変化はrDNAに比べるとかなり小さいのかもしれない．

文献

1) 「DNAの98％は謎」（小林武彦/著），講談社，2017
2) Kobayashi T, et al：Genes Dev, 12：3821-3830, 1998
3) Warner JR：Trends Biochem Sci, 24：437-440, 1999
4) Kobayashi T & Ganley AR：Science, 309：1581-1584, 2005
5) Ide S, et al：Science, 327：693-696, 2010
6) Sasaki M & Kobayashi T：Mol Cell, 66：533-545.e5, 2017
7) Kaeberlein M, et al：Genes Dev, 13：2570-2580, 1999
8) Defossez PA, et al：Mol Cell, 3：447-455, 1999
9) Kobayashi T：Bioessays, 30：267-272, 2008
10) Wang L, et al：Nucleic Acids Res, 26：3480-3485, 1998
11) Park PU, et al：Mol Cell Biol, 19：3848-3856, 1999
12) Saka K, et al：Nucleic Acids Res, 44：4211-4221, 2016
13) Ganley AR, et al：Mol Cell, 35：683-693, 2009
14) Burkhalter MD & Sogo JM：Mol Cell, 15：409-421, 2004
15) Nagai S, et al：Science, 322：597-602, 2008
16) Caburet S, et al：Genome Res, 15：1079-1085, 2005
17) Flach J, et al：Nature, 512：198-202, 2014
18) Lu KL, et al：Elife, 7：pii: e32421, 2018
19) Kobayashi T：Cell Mol Life Sci, 68：1395-1403, 2011

＜著者プロフィール＞
小林武彦：九州大学大学院修了（理学博士），米国ロッシュ分子生物学研究所（製薬企業），米国国立衛生研究所，基礎生物学研究所，国立遺伝学研究所を経て現職．三島市在住．伊豆の海と富士山・箱根をこよなく愛する．生命の連続性を担うゲノムの維持・再生メカニズムを研究し，人類の進化の方向性を知りたい．2017年より日本遺伝学会会長．「Genetics（遺伝学）」の本来の意味は「遺伝と多様性を研究する学問」です．「多様性」もぜひお忘れなく！

索 引

数　字

- 10 nm 線維 …………………… 80, **81**
- 1 分子解析 ……………………………… 13
- 1 細胞 Hi-C ……………………………… 89
- 30 nm 線維 ……………………………… 81
- 3C ………………………… 14, 85, 87, 120

和　文

あ

- 悪性膠芽腫 …………………………… 180
- 悪性黒色腫 …………………………… 180
- アクセッシブルクロマチン構造 … 63
- アセチル化 ……………………… 114, 164
- 亜表現型 ……………………………… 198
- 異数性 ………………………………… 182
- 一分子ヌクレオソームイメージング
  ……………………………………… 82
- 一分子解析 …………………………… 126
- 遺伝子解析 …………………………… 184
- 遺伝子増幅 …………………………… 204
- インスレーター ………………… 131, 185
- インポーティン ……………………… 53
- エキソーム配列解析 ………………… 187
- 液滴 …………………………………… 33
- エストロゲン受容体 ………………… 108
- エピゲノム ……………………… 164, 166
- エピジェネティクス ……………… 19, 198
- エピジェネティックマーカー ……… 38
- エレノア ……………………………… 109
- 塩基対形成 …………………………… 150
- 炎症性サイトカイン ………………… 197
- オーロラ B キナーゼ ……………… 41, 57
- オルガネラ …………………………… 10

か

- 回転共役スライディング ………… 77
- 解離 …………………………………… 140
- 核運動 ………………………………… 145
- 核小体 ………………………………… 105
- 核スペックル ………………………… 109
- 核内コンパートメント A/B ……… 97
- 核内構造体 ………………………… 60, **103**
- 核内流動性 …………………………… 168
- 核マトリクス ………………………… 107
- 核ラミナ ……………………………… 200
- 化合物スクリーニング ……………… 173
- カテネーション …………………… **138**
- がん化 ………………………………… 15
- 還元分配 ……………………………… 142
- キアズマ ………………… 143, 151, 160
- 偽遺伝子 ……………………………… 203
- キネシン ……………………………… 160
- キネトコア ………………………… 26, 142
- 機能獲得型変異 …………………… **187**
- 急性巨核芽急性白血病 ……………… 180
- 急性骨髄性白血病 …………………… 180
- 凝縮 …………………………………… 140
- 局在型動原体 ………………………… 153
- 筋層浸潤性がん ……………………… 180
- 筋層非浸潤性がん …………………… 180
- 近接頻度 ……………………………… 120
- 組換え干渉 …………………………… 146
- クライオ電子顕微鏡 …… 77, 81, 106
- グルココルチコイド ………………… 57
- クロマチン ……………… 19, 65, 104, 163
- クロマチンシミュレーション ……… 75
- クロマチンドメイン ……………… 83, 97
- クロマチンリモデリング複合体
  ……………………………………… 173
- クロマチンループ構造 ………… 111, 115
- クロマチン制御因子 ………………… 170
- クロマチン構造 ………………… 170, 198
- クロマチン高次構造 …………… 60, 62, 88
- クロモシャドウドメイン …………… 32
- クロモドメイン ……………………… 32
- 蛍光相関分光法 ……………………… 121
- 蛍光顕微鏡 …………………………… 60
- ゲノム編集 ……………………… 82, 178
- ケミカルクロスリンク ……………… 113
- 原子爆弾 ……………………………… 192
- 減数第一分裂 ………………………… 142
- 減数第二分裂 ………………………… 142
- 減数分裂 ………………… 15, 142, 149
- コアヒストン ………………………… 52
- 交叉 …………………………………… 150
- 交叉干渉 ……………………………… 152
- 合成致死性 …………………………… 183
- 構成的ヘテロクロマチン ……… 24, 29, 107
- 高分子モデリング …………………… 65
- 個体老化 ……………………………… 197
- 骨髄異形成症候群 …………………… 180
- コヒージョン ………………………… **137**
- コヒーシン …… 12, 15, 83, 90, 111, 118, 126, 135, 139, 142, 146, 150, 179, 185, 204
- コヒーシン仮説 ……………………… 160
- コヒーシン病 ………………………… 186
- コンタクトマップ ………………… **67**
- コンデンシン …… 12, 15, 73, 115, 118, 126, 185, 204
- コンデンシン・パラドックス … 119
- コンパートメント …………………… 89
- コンパクション ……………………… 140

さ

- 細胞老化 ………………… 30, 197, **204**
- サイレンシング ……………………… 203
- サテライトリピート ………………… 47
- 磁気ピンセット ……………………… 126
- 次世代シークエンス ………………… 179

※**太字**は本文中に『用語解説』があります

シナプシス　150	染色体転座　**193**, 195	トランスポゾン　29
シナプトネマ複合体　146, 154	染色体トポロジー　155	**な**
姉妹DNA　12	染色体バンディング　96	内在性レトロウイルス　31, 55
姉妹染色体　12	染色体不安定性　179	二動原体染色体　**193**
姉妹染色体接着　182	染色体プローブ　60	乳がん　176
姉妹染色分体　113, 135, 142, 208	染色体分配　135, 157	ヌクレオソーム　12, 14, 27, 38, 52, 65, 80, 119, 128, 166, 171
シミュレーション　14	染色体分配エラー　160	ヌクレオソームシミュレーション　75
シャペロン　53	染色体融合　50	ネオセントロメア　37
ジャンクDNA　203	線虫　149	ノンコーディングRNA　30, **103**
シュゴシン　139	セントラルドグマ　204	**は**
受精　163	セントロメア　12, 14, 36	パイオニア因子　176
受精卵　163	セントロメアターゲットドメイン　40	爬行運動　**78**
主要型ヒストン　166	早期分離　188	発がんメカニズム　179
条件的ヘテロクロマチン　24, 29	早期老化　200	発生異常　15
ショウジョウバエ　149	造血器腫瘍　179	バネビーズモデル　**73**
常染色体劣性原発性小頭症　188	相同組換え　115	ハプロ不全　**186**
小児性脳腫瘍　171	相分離　14, 33, **103**, 105, **155**	パラスペックル　105
子宮内膜腫瘍　174	早老症　**49**	バリアント　171
進化　203	粗視化シミュレーション　75	パルスチェイス-クロマチン免疫沈降法　54
スーパーエンハンサー　54, 106	ソレノイド構造　123	反復遺伝子　204
スーパーコイリング活性　123	**た**	半保護状態　**48**
スクリュー運動　77	対合　142	非コード領域　204
スピンドル　143	ダイニンモーター　144	ピコニュートン　**127**
スピンドル極体　144	ダウン症　143, 180	微小核検出法　194
精原細胞　164	多糸染色体　152	微小管　135, 144
精子　163	チェックポイント分子　137	ヒストン　14, 15, 20, 164
精子幹細胞　164	超解像顕微鏡　13, **82**, 121	ヒストン・コード仮説　12, 27
精子細胞　164	超長期安定性　161	ヒストンバーコード仮説　27
生殖細胞　163	テール領域　22	ヒストンバリアント　25, 164
生細胞イメージング　121	適応応答　203	ヒストンフォールド　21
精母細胞　164	テロメア　12, 14, 44, 144, 198	非相同末端結合　115, 195
セキュリン　135, 137	テロメアクラスター　144	被ばく　192
ゼノグラフト　183	テロメラーゼ　44	フォトブリーチ法　58
セパレース　135	電子顕微鏡トモグラフィー　82	不活性X染色体　95
染色体　10	電子分光結像法　82	複合ヘテロ接合　189
染色体異常　195	天然変性領域　33	複合ヘテロ接合変異　**189**
染色体異常形成　192	動原体　**36**, 41, 137	複製foci　96
染色体凝縮　116	トポイソメラーゼ　**73**, 138	複製阻害点　**204**
染色体コンフォメーション　121	トポロジカルドメイン　89	複製ドメイン　96
染色体シミュレーション　73	トポロジカルに結合　**128**	
染色体数増加　182	トランスクリプトーム解析　187	
染色体テリトリー　14, 60		

索引

索引

複製ファクトリー ……………… 97
複製フォーク ……………… 131, 204
ブチリル化 ……………… 165
不等分配 ……………… 206
ブラウン運動 ……………… 86
フラクタル次元 ……………… **68**
フローストレッチング ……………… 128
プロタミン ……………… 164
ブロモドメイン ……………… 56
分散型動原体 ……………… 153
分子動力学シミュレーション
 ……………… 14, 72
ペアリング ……………… 142
ヘテロクロマチン ……………… 14, 28, 105
ヘテロクロマチンロス ……………… 197
ヘミ接合性ノックアウトマウス
 ……………… 183
放射線被曝 ……………… 205
ポリマー ……………… 10, 14
膀胱がん ……………… 180
紡錘体 ……………… 158
翻訳後修飾 ……………… 23

ま・や

マルチレプリコン構造 ……………… 95
慢性骨髄単球性白血病 ……………… 180
未熟染色体凝集法 ……………… 194
メチル化 ……………… 166, 198
メロテリック結合 ……………… 137
免疫グロブリン ……………… 195
免疫染色 ……………… 60
モーター活性 ……………… 133
モータータンパク質 ……………… 130
モンテカルロ計算 ……………… 75
有性生殖 ……………… 142
ゆらぎ ……………… 63, 75, 84

ら・わ

ライセンス因子 ……………… 39
ライブイメージング ……………… 61, 82, 155, 159
ライブセルイメージング ……………… 168
卵子 ……………… 163
卵母細胞 ……………… 158

リアルタイム計測 ……………… 127
リセクション ……………… 204
リプログラミング ……………… 30, 163
リボソームRNA遺伝子 ……………… **203**
ループ押出し ……………… 15, 73, 132
ループ形成速度 ……………… 133
ループ構造 ……………… 201
レゾルーション ……………… 140
レトロトランスポゾン ……………… 47, 48, 199, 203
老化 ……………… 15, 49, 157, 160, 197
老化シグナル ……………… 204, 205
老化症 ……………… 205

欧 文

A・B

αサテライト ……………… 37
A/Bコンパートメント ……………… 14, 65
AFF4 ……………… 187
AID ……………… 121, 195
ANCHOR/ParB ……………… 61
APC ……………… 136, 137
ARID1A ……………… 174
ATAC-see ……………… 63
ATAC-seq ……………… 166, **167**, 182
Aurora B ……………… 137
BACプローブ ……………… 60
BAF47 ……………… 174
BET ……………… 186
BFBサイクル仮説 ……………… **50**
BLM ……………… 138
BRAF阻害剤 ……………… 183
BRD4 ……………… 186
BrdU ……………… 96
BRG1 ……………… 173

C・D

CAF1 ……………… 53
CATD ……………… 40
CCAN ……………… **41**
Cdk1 ……………… 136
CdLS ……………… 186

CENP-A ……………… 38
CENP-Cブループリントモデル
 ……………… 41
CHD1 ……………… 176
CHD4 ……………… 174
ChIP-seq ……………… 57, 166, 182, 187, 200
CHOPs症候群 ……………… 187
ChromEMT ……………… 13
clutch ……………… 82
cohesinopathy ……………… 186
contact/loopドメイン ……………… 85
CpGアイランド ……………… **198**
CRISPR/Cas9 ……………… 61, 62, 82, 140, 183
cryo-EM ……………… 13, 82, 176
CTCF ……………… 93, 115, **131**, 196
DAXX ……………… 54
DDR ……………… 45
DNA-FISH ……………… 60
DNase-seq ……………… **167**
DNA strand invasion ……………… 150
DNAカーテン ……………… 128
DNA修復 ……………… 111
DNA傷害チェックポイント ……………… 49
DNA凝縮活性 ……………… 128
DNA損傷 ……………… 115
DNA複製 ……………… 95
DNA複製複合体 ……………… 131
DNA鎖侵入 ……………… **150**
Dnmt ……………… 166
DSB ……………… 45

E～G

entanglement ……………… 151
E-pro ……………… 204
ERKホスファターゼ ……………… 183
ESCO2 ……………… 188
ESI ……………… 82
Ewing肉腫 ……………… 180
FACS ……………… 97
FCS ……………… 121
FISH ……………… 140, 194, 201
FOXA1 ……………… 176

※**太字**は本文中に『用語解説』があります

FRAP	167	
G1期	99	
gain-of-function mutations	187	
GATA3	176	
GC%	88	

H

H2A	52
H2B	52
H3	52
H3K4me1	57
H3K4me3	57
H3K9me1	56
H3K9me3	34, 55
H3K27ac	56
H3K27me3	29, 56
H3K56ac	53
H3S10ph	57
H3S28ph	57
H3T3ph	57
H4	52
H4K5acK8ac	56
H4K5acK12ac	53
H4K20me1	56
haploinsufficiency	186
Haspin	57
HDAC	173, 186
HEATリピート	123
Hi-C	13, 14, 62, 72, 85, 87, 97, 120, 184
HIRA	54, 166
HJURP	39
HMGA	200
holocentric	153
HP1	32, 105
HPV	50
HR	46, 115

I～N

inchworm motion	**78**
INO80	175
k_BT	**67**
KMNネットワーク	**41**
KRAB	32
LacO/LacI-GFP	61
LAD	97
lamin	30
LBR	30
LCドメイン	106
LINC	144, 150
lncRNA	104
loop extrusion	15, 73, 93, 116, 121, 132
LTED	109
MCC	136
MCPH1	188
MELTモチーフ	136
monocentric	153
MTOC	159
MukB	**126**
M期	36, 135, 140
ncRNA	**103**
NGS	179
NHEJ	46, 115, 195
NIPBL	186
NOTCH	199

O～R

OIS	198
one-start helix	81
PC	152
PCNA	53
PHA	193
PHDフィンガー	175
pN	**127**
Poloキナーゼ	154
poly A	146
PP1	136
promoter proximal pausing	187
RanGTP経路	159
RB	200
RBS	188
rDNA	203
Rif1	101
RNA-FISH	60
RNA-seq	182
RNAクラウド	109

S

SAC	135
SADS	201
SAF-A	107
SAHF	199
SCC1	186
SEC	187
Sgo1	139
Sir2	204
SMC	15, 111, 126, 185
SMC1A	186
SMC3	40, 186
sme2	146
SNF2	138
sororin	139
SPB	208
STORM	62
SUN-KASH	144
SunTag	62
SYP-1	154
SYP-4	154
S期	95, 140

T～Z

TAD	62, 65, 85, 89, 120, 201
TALE	61
TALEN	155
TCGA	180
TDP	97, 99
Tet	166
TetO/TetR	61
two-start helix	81
UFB	138
worm-like chain model	75
Xist	30, 104
X染色体不活性化	30, 104
X線小角散乱解析法	82
X線結晶構造解析	77
ZF	61
ZGA	**166**
zinc finger	152, 182

索引

◆ 編者プロフィール

平野達也（ひらの　たつや）

1989年，京都大学大学院理学研究科博士課程修了．米国カリフォルニア大学サンフランシスコ校でのポスドクを経て，'95年からニューヨーク州郊外のコールド・スプリング・ハーバー研究所にて研究室を主宰（2003年よりFull Professor）．'07年理化学研究所（主任研究員）に移り，現在に至る．1994年にコンデンシンのコアサブユニットを発見して以来，四半世紀にわたって分野の発展とともに歩んできた．この間，多くのことがわかったようにも思える一方，一番知りたいことが何一つわかっていないようにも感じている．人生の目標は，絵画鑑賞を通してコンデンシンと染色体の理解を深めること．

胡桃坂仁志（くるみざか　ひとし）

1995年，埼玉大学大学院理工学研究科博士課程修了．米国NIHでのポスドクを経て，'97年から理化学研究所研究員，2003年から早稲田大学にて研究室を主宰（'08年より教授）．'18年より東京大学定量生命科学研究所（教授）に移り，現在に至る．1995年から一貫して，試験管内での再構成実験を基軸として，染色体の構造と機能の研究を行っている．人生の目標は，ギター演奏を通してヒストンと染色体の理解を深めること．代表曲として，Nucleosome song，染色体ラプソディーなど．

実験医学　Vol.36 No.17（増刊）

教科書を書き換えろ！ 染色体の新常識
ポリマー・相分離から疾患・老化まで

編集／平野達也，胡桃坂仁志

実験医学 増刊

Vol. 36 No. 17 2018〔通巻625号〕
2018年11月1日発行　第36巻　第17号
ISBN978-4-7581-0374-9
定価　本体5,400円＋税（送料実費別途）

年間購読料
24,000円（通常号12冊，送料弊社負担）
67,200円（通常号12冊，増刊8冊，送料弊社負担）
郵便振替　00130-3-38674

発行人　一戸裕子
発行所　株式会社　羊　土　社
〒101-0052
東京都千代田区神田小川町2-5-1
TEL　03（5282）1211
FAX　03（5282）1212
E-mail　eigyo@yodosha.co.jp
URL　www.yodosha.co.jp/
印刷所　株式会社　平河工業社
広告取扱　株式会社　エー・イー企画
TEL　03（3230）2744（代）
URL　http://www.aeplan.co.jp/

© YODOSHA CO., LTD. 2018
Printed in Japan

本誌に掲載する著作物の複製権・上映権・譲渡権・公衆送信権（送信可能化権を含む）は（株）羊土社が保有します．
本誌を無断で複製する行為（コピー，スキャン，デジタルデータ化など）は，著作権法上での限られた例外（「私的使用のための複製」など）を除き禁じられています．研究活動，診療を含み業務上使用する目的で上記の行為を行うことは大学，病院，企業などにおける内部的な利用であっても，私的使用には該当せず，違法です．また私的使用のためであっても，代行業者等の第三者に依頼して上記の行為を行うことは違法となります．

JCOPY ＜（社）出版者著作権管理機構　委託出版物＞
本誌の無断複写は著作権法上での例外を除き禁じられています．複写される場合は，そのつど事前に，（社）出版者著作権管理機構（TEL 03-3513-6969，FAX 03-3513-6979，e-mail：info@jcopy.or.jp）の許諾を得てください．

羊土社のオススメ書籍

実験医学別冊
あなたのタンパク質精製、大丈夫ですか？
貴重なサンプルをロスしないための達人の技

胡桃坂仁志,有村泰宏／編

生命科学の研究者なら 避けて通れないタンパク質実験,取り扱いの基本から発現・精製まで,実験の成功のノウハウを余さずに解説します.初心者にも,すでにタンパク質実験に取り組んでいる方にも役立つ一冊です.

- 定価（本体4,000円＋税）　■ A5判
- 186頁　■ ISBN 978-4-7581-2238-2

実験医学別冊 最強のステップUPシリーズ
シングルセル解析プロトコール
わかる！使える！　1細胞特有の実験のコツから最新の応用まで

菅野純夫／編

1細胞ごとの遺伝子発現をみる「シングルセル解析」があなたのラボでもできる！1細胞の調製法や微量サンプルのハンドリングなど実験のコツから,最新の応用例までを凝縮した1冊.

- 定価（本体8,000円＋税）　■ B5判
- 345頁　■ ISBN 978-4-7581-2234-4

実験医学増刊 Vol.35 No.5
生命科学で使える はじめての数理モデルとシミュレーション

鈴木 貴,久保田浩行／編

数理科学的な手法を取り入れてみたいけど,ハードルが高そう…とお思いの方は多いのではないでしょうか.本書は実験系の研究者が日々の研究に活用いただける形で,基礎知識から実際の研究事例まで幅広くご紹介します.

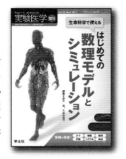

- 定価（本体5,400円＋税）　■ B5判
- 239頁　■ ISBN 978-4-7581-0361-9

演習で学ぶ 生命科学 第2版

東京大学生命科学教科書編集委員会／編

東大発、物理受験・化学受験といった高校生物非選択の学生に、解きながらシミュレーションしながら、生命科学を概説。生化学からシステム生物学まで、これからの「生命とは」を考える”感覚”を養える画期的入門書

- 定価（本体3,200円＋税）　■ B5判
- 199頁　■ ISBN 978-4-7581-2075-3

発行　羊土社 YODOSHA　〒101-0052　東京都千代田区神田小川町2-5-1　TEL 03(5282)1211　FAX 03(5282)1212
E-mail：eigyo@yodosha.co.jp
URL：www.yodosha.co.jp/

ご注文は最寄りの書店,または小社営業部まで

実験医学別冊

エピジェネティクス実験スタンダード
もう悩まない！ゲノム機能制御の読み解き方

編集 牛島俊和, 眞貝洋一, 塩見春彦／編

■ 定価（本体 7,400 円＋税）　■ B5 判　■ 398 頁　■ ISBN 978-4-7581-0199-8

羊土社
好評書籍の
ご案内

「遺伝子」みるなら「エピ」もみよう！結果を出せるプロトコール集

　エピジェネティクスの解析は，分子生物学・発生生物学はもちろん，疾患の理解にかかわるがんや神経疾患，免疫など，これまで以上に広い分野で解析が行われていることと思います．その解析対象は多岐にわたり，新たな手法や試薬も次々登場しているため，目的にあった手法を選ぶことが難しくなってきているという話も伺っています．

　そこでこの度，新たにエピジェネティクスの解析を行う研究者が目的に合った手法を選ぶための羅針盤として本書「エピジェネティクス実験スタンダード」を発刊いたしました．皆さまの研究にお役立ていただけましたら幸いです．（編集部）

本書の構成と内容

I エピジェネティクス解析ナビ
DNAメチル化，ヒストン化学修飾，非コードRNA解析の手法の選び方

II DNAメチル化解析
バイサルファイトシークエンス，メチル化特異的PCR，酵素活性測定，阻害剤，メチローム…など

III ヒストン化学修飾解析
ヒストン抗体による解析（WB／イメージング），クロマチン免疫沈降，酵素活性測定…など

IV 非コードRNA解析
複合体解析，超解像顕微鏡，遺伝学的解析，小分子RNA…など

V 核内高次構造解析
ヌクレオソーム解析，クロマチン高次構造解析…など

VI その他の新技術
エピゲノム編集，シングル・セル，結合タンパク質解析，新規標的分子…など